STR

ORDI

A LUCRUR

Antonio Damasio este profesor universitar; deține titlul de Profesor David Dornsife în neuroștiințe, neurologie și psihologie la Universitatea din California de Sud, unde conduce Brain and Creativity Institute. Cu o pregătire în domeniul neurologiei și în cel al neuroștiințelor, Damasio a adus numeroase contribuții în înțelegerea proceselor cerebrale aflate la baza emoțiilor, sentimentelor și conștiinței. Cercetările sale cu privire la rolul afectelor în luarea deciziilor au avut un impact major în neuroștiințe, psihologie și filozofie. Damasio este autorul mai multor articole științifice și a fost numit „Cercetător des citat" de către Institutul pentru Informație Științifică și este considerat unul dintre cei mai importanți psihologi actuali.

Este membru al Institutului de Medicină de pe lângă Academia Națională de Științe și al Academiei Americane de Arte și Științe. A scris numeroase articole științifice și a primit multe premii, între care Premiul Grawemeyer (2014), Premiul Honda (2010), Premiul Asturias pentru Știință și Tehnologie (2005) și Premiile Nonino (2003), Signoret (2004) și Pessoa (1992).

Deține doctorate onorifice de la mai multe universități de renume, unele dintre ele împreună cu soția sa, Hanna: de exemplu, École Polytechnique Fédérale de Lausanne (2011) și Sorbona, Université Paris Descartes (2015). A publicat lucrări de mare răsunet internațional, între care *Descartes' Error* (*Eroarea lui Descartes*, Humanitas, București, 2004), *The Feeling of What Happens*, *Looking for Spinoza* (*În căutarea lui Spinoza*, Humanitas, București, 2010) și *Self Comes to Mind* (*Sinele: Construirea creierului conștient*, Humanitas, 2016), traduse în peste 30 de limbi și folosite ca manuale în universitățile din toată lumea.

ANTONIO
DAMASIO

STRANIA ORDINE A LUCRURILOR

VIAȚA, SENTIMENTELE ȘI NAȘTEREA CULTURILOR

Traducere din engleză
de Carmen Strungaru

HUMANITAS
BUCUREȘTI

Redactor: Alexandru Anghel
Coperta: Ioana Nedelcu
Tehnoredactor: Manuela Măxineanu
Corector: Cristina Jelescu
DTP: Iuliana Constantinescu, Veronica Dinu

Tipărit la Artprint

Descrierea CIP a Bibliotecii Naţionale a României
Damasio, Antonio
Strania ordine a lucrurilor: viaţa, sentimentele şi
naşterea culturilor / Antonio Damasio;
trad. din engleză de Carmen Strungaru. –
Bucureşti: Humanitas, 2022
ISBN 978-973-50-7215-5
I. Strungaru, Carmen (trad.)
616

EDITURA HUMANITAS
Piaţa Presei Libere 1, 013701 Bucureşti, România
tel. 021/408 83 50, fax 021/408 83 51
www.humanitas.ro

Comenzi online: www.libhumanitas.ro
Comenzi prin e-mail: vanzari@libhumanitas.ro
Comenzi telefonice: 0723 684 194

Pentru Hanna

Văd prin simțire. —Gloucester către Lear,
Shakespeare, *Regele Lear*, actul 4, scena 6

Fructul e orb. Copacul este cel care vede. —René Char

CUPRINS

ÎNCEPUTURI

1

Această carte are în spate un interes și o idee. Sunt de multă vreme preocupat de lumea afectivă umană (cea a emoțiilor și a sentimentelor) și am petrecut mulți ani investigând-o: de ce și cum avem emoții, simțim și ne folosim sentimentele pentru a ne construi sinele; felul în care sentimentele ne susțin sau ne subminează cele mai bune intenții; de ce și cum interacționează creierul cu corpul pentru a menține astfel de funcții. Am obținut date și interpretări noi în legătură cu aceste subiecte.

Cât despre idee, e foarte simplu: sentimentelor nu li s-a acordat atenția pe care o merită ca stimulatori, supraveghetori și negociatori ai eforturilor culturale umane. Oamenii se deosebesc de toate celelalte ființe prin faptul că au generat o colecție spectaculoasă de obiecte, obiceiuri și idei numită, în general, cultură. Acest produs creat de om include arte, cercetări filozofice, sisteme morale și credințe religioase, justiție, guvernare, instituții economice, tehnologie și știință. De ce și cum s-a ajuns la așa ceva? Un răspuns frecvent întâlnit invocă o facultate importantă a minții umane (limbajul verbal), alături de alte trăsături distincte precum simțul social puternic dezvoltat și intelectul superior. Pentru cei interesați de biologie, răspunsul include, de asemenea, selecția naturală, care operează la nivelul genelor. Nu mă îndoiesc de faptul că intelectul, sociabilitatea și limbajul au avut un rol-cheie în acest proces și nu încape discuție că organismele capabile de invenție culturală, alături de facultățile specifice folosite în această invenție, sunt reprezentate de oameni grație selecției naturale și transmiterii genetice. Ideea este că a mai fost nevoie și de altceva pentru a demara această epopee a culturii umane, că trebuie să fi existat și un alt motiv. Mă refer în mod special la sentimente: de la durere și suferință la starea de bine și la plăcere.

Să luăm ca exemplu medicina, una dintre cele mai importante realizări culturale umane. Combinația tehnologiei cu știința specifică medicinei a început ca reacție la durerea și suferința provocate de boală, de la trauma fizică la infecții și cancer, în contrast cu opusul durerii și suferinței: starea de bine, plăcerea, perspectiva prosperității. Medicina nu a început ca un sport intelectual menit să exerseze iscusința de a descifra diagnostice sau mistere fiziologice, ci ca o consecință a sentimentelor specifice pacienților și medicilor, la care se adaugă compasiunea ce poate fi generată de empatie. Aceste motivații sunt valabile și astăzi. Nu există vreun cititor care să nu fi remarcat felul în care vizitele la stomatolog și intervențiile chirurgicale duc la schimbări în bine ale propriei vieți. Principala motivație din spatele unor îmbunătățiri precum anestezicele eficiente și instrumentele de precizie este reprezentată de nevoia de gestionare a senzațiilor de disconfort. Activitatea inginerilor și a oamenilor de știință joacă un rol în acest efort, dar este vorba de un rol motivat. Motivația profitului din industria medicamentelor și a instrumentelor medicale are și ea un rol important, deoarece oamenii au nevoie să-și reducă suferința, iar respectivele industrii răspund acestei nevoi. Urmărirea profitului este alimentată de diferite năzuințe, de dorința de a avansa, de a câștiga prestigiu, chiar și de lăcomie, care, toate, nu sunt altceva decât sentimente. Nu poți înțelege uriașul efort de a dezvolta terapii împotriva cancerului sau a bolii Alzheimer fără a lua în considerare sentimentele ca factori care motivează, monitorizează și negociază procesul. Tot așa, nu poți înțelege, de exemplu, efortul mai scăzut al culturilor occidentale de a dezvolta terapii împotriva malariei din Africa sau gestionarea dependenței de droguri de aproape pretutindeni, fără a lua în considerare rețeaua de sentimente motivante și inhibante. Limbajul, sociabilitatea, cunoașterea și rațiunea sunt principalii inventatori și executori ai acestor procese complicate. Dar sentimentele sunt cele care le motivează, cele care verifică rezultatele și cele care ajută la negocierea ajustărilor necesare.

Ideea este, în esență, că activitatea culturală a început și rămâne puternic sădită în sentimente. Dacă vrem să înțelegem conflictele și contradicțiile condiției umane, trebuie să fim conștienți de interacțiunile favorabile *și* nefavorabile dintre sentimente și rațiune.

2

Cum de au ajuns oamenii să fie, în același timp, victime, cerșetori, promotori ai bucuriei, filantropi, artiști și oameni de știință, sfinți și criminali, conducători binevoitori ai lumii și monștri ce caută s-o distrugă? Răspunsul la o astfel de întrebare necesită, desigur, contribuția istoricilor și a sociologilor, precum și pe cea a artiștilor, a căror sensibilitate intuiește adesea tiparele ascunse ale dramei umane. Însă acest răspuns are nevoie și de contribuția diferitelor ramuri ale biologiei.

Analizând felul în care sentimentele nu numai că au determinat primul avânt cultural, dar au și rămas o parte componentă a evoluției sale, am căutat o cale prin care să conectez viața umană actuală (echipată cu minte, sentimente, conștiință, memorie, limbaj, sociabilitate complexă și inteligență creativă) cu viața de acum 3,8 miliarde de ani. Pentru a stabili această legătură, am fost nevoit să pun la punct o ordine și o desfășurare în timp a dezvoltării și apariției acestor capacități critice în lunga istorie a evoluției.

Ordinea apariției structurilor și facultăților biologice descoperită de mine încalcă așteptările tradiționale și e tot atât de stranie precum o sugerează însuși titlul acestei cărți. În istoria vieții, evenimentele nu s-au conformat noțiunilor convenționale pe care noi, oamenii, le-am formulat cu privire la procesul de alcătuire a frumosului instrument pe care îmi place să-l numesc minte culturală.

Propunându-mi să spun o poveste despre substanța și consecințele sentimentelor umane, am ajuns să recunosc că modul nostru de a gândi despre minte și cultură este disonant cu realitatea biologică. Când un organism viu se comportă inteligent și eficient într-un context social, presupunem că este un comportament ce rezultă în urma previziunii, deliberării și complexității, toate acestea fiind sprijinite de un sistem nervos. Este totuși clar că astfel de comportamente s-ar fi putut ivi și din structura simplă a unei singure celule, și anume a unei bacterii, la începuturile biosferei. „Straniu“ este un cuvânt prea blând pentru a descrie o asemenea realitate.

Ne putem imagina o explicație care să se potrivească cu descoperirile contraintuitive. Explicația se bazează pe mecanismele vieții înseși și pe condițiile reglării ei, o serie de fenomene care sunt în general numite *homeostazie*. Sentimentele sunt expresia mentală a homeostaziei, în timp ce homeostazia, acționând sub acoperirea sentimentelor, este firul funcțional ce leagă formele timpurii de viață de parteneriatul extraordinar al corpurilor cu sistemele nervoase. Acest parteneriat este răspunzător pentru apariția minții conștiente și simțitoare, care, la rândul ei, este răspunzătoare de cele mai reprezentative două caracteristici ale umanității: culturile și civilizațiile. Sentimentele se află în centrul acestei cărți, dar ele își trag seva din homeostazie.

Conectarea culturilor cu sentimentele și homeostazia întărește legăturile lor cu natura și adâncește umanizarea proceselor culturale. Sentimentele și mințile creative culturale au fost asamblate printr-un lung proces în care selecția genetică ghidată de homeostazie a jucat un rol central. Asocierea culturilor cu sentimentele, homeostazia și genetica contrazice tot mai accentuata separare a ideilor culturale, a obiceiurilor și a obiectelor de procesele vieții.

Ar trebui să fie evident că legăturile pe care le stabilesc nu diminuează autonomia pe care fenomenele culturale au dobândit-o în decursul istoriei. Nu reduc fenomenul cultural la rădăcinile sale biologice și nici nu încerc să ofer o explicație științifică a tuturor aspectelor procesului cultural. Știința nu poate clarifica întreaga experiență umană fără lumina ce vine de la disciplinele umaniste.

Discuțiile despre generarea culturilor agonizează deseori între două scenarii aflate în conflict: unul în care comportamentul uman rezultă din fenomene culturale autonome și altul în care comportamentul uman este o consecință a selecției naturale. Dar aici nu e nevoie să favorizăm unul dintre aceste scenarii în detrimentul celuilalt: comportamentul uman rezultă în mare măsură din *ambele*, într-o ordine și în proporții variabile.

Ciudat este că descoperirea rădăcinilor culturii umane în biologia nonumană nu diminuează cu nimic statutul excepțional al oamenilor. Statutul excepțional al fiecărei ființe umane izvorăște din însemnătatea unică a suferinței și înfloririi în contextul amintirilor despre trecut și a memoriei pe care am construit-o cu privire la viitorul pe care-l anticipăm permanent.

3

Noi, oamenii, ne-am născut povestitori și ne place să spunem povești despre cum au apărut lucrurile. Avem un succes destul de mare atunci când povestim despre un mecanism sau despre o relație, poveștile de dragoste și de prietenie fiind marile teme ale narațiunilor despre origini. Nu suntem la fel de buni și adesea nu avem dreptate atunci când ne orientăm către lumea naturală. Cum a apărut viața? Cum au apărut mintea, sentimentele și conștiința? Când au apărut comportamentele sociale și culturile? Nimic nu este ușor în acest sens. Ar trebui menționat că atunci când și-a orientat atenția spre biologie și a scris cartea intitulată *Ce este viața?*, fizicianul Erwin Schrödinger nu a numit-o *„Originea" vieții*: știa că e o misiune pe care nu o poate duce până la capăt.

Și totuși, o astfel de misiune este irezistibilă. În această carte, îmi propun să prezint câteva fapte din spatele formării minții care gândește, creează povești și sensuri, își amintește trecutul și își imaginează viitorul; și să prezint câteva fapte din spatele mașinăriei sentimentelor și conștiinței responsabile pentru interconexiunea dintre minte, lumea exterioară și viață. Din nevoia de a face față frământărilor, din dorința de a elimina contradicțiile generate de suferință, frică, furie și căutarea stării de bine, oamenii au apelat la mirare și cutremurare și au descoperit muzica, dansul, pictura și literatura. Ei și-au continuat eforturile prin crearea unor fapte deseori frumoase (și uneori contradictorii) ce poartă numele de credințe religioase, întrebări filozofice și guvernări politice. De la naștere până la moarte, acestea au fost unele dintre modalitățile în care mintea culturală a abordat drama umană.

Partea întâi

DESPRE VIAȚĂ ȘI REGLAREA EI (HOMEOSTAZIA)

1. DESPRE CONDIȚIA UMANĂ

O SIMPLĂ IDEE

Atunci când suntem răniți și afectați de durere, indiferent care este cauza rănii sau tipul de durere, putem face ceva în această privință. Printre situațiile ce pot provoca suferință nu se numără numai vătămările fizice, ci și tot felul de dureri rezultate din pierderea cuiva drag sau din îndurarea unei umilințe. Actualizarea frecventă a amintirilor asociate cu durerea susține și amplifică suferința. Memoria ajută la proiectarea situației respective într-un viitor imaginat și ne permite să ne închipuim consecințele.

Oamenii ar fi putut să reacționeze la suferință prin încercarea de a-și înțelege starea și prin inventarea unor compensații, corecții sau chiar soluții radicale eficiente. Pe lângă durere, oamenii au avut parte și de experiențe diametral opuse, precum plăcerea și entuziasmul, într-o multitudine de situații ce merg de la trivial la sublim, de la plăcerea ce constituie o reacție la gusturi și mirosuri, la hrană, la vin, la sex și la confortul fizic până la fascinația jocului sau mirarea provocată de contemplarea unui peisaj ori admirația și afecțiunea profundă față de o altă persoană. Oamenii au descoperit de asemenea că exercitarea puterii, dominarea sau chiar distrugerea altora, jaful și masacrul pot să producă nu numai rezultate strategice valoroase, ci și plăcere. Oamenii ar fi putut folosi și în acest caz existența unor astfel de sentimente pentru un scop practic: s-ar fi putut întreba de ce există durere și de ce, în anumite circumstanțe, suferința produsă altora poate fi plăcută. Poate că ar fi folosit sentimente înrudite (precum frica, surprinderea, furia, tristețea și compasiunea) ca ghid cu ajutorul căruia să contureze modalități de a contracara suferința și sursele acesteia. Și-ar fi dat seama că, dintre diferitele comportamente sociale disponibile, unele (precum tovărășia, prietenia, grija, dragostea) sunt exact opusul agresivității și violenței și sunt asociate cu bunăstarea lor și a celorlalți.

De ce ar reuși sentimentele să îndemne mintea să acționeze într-un mod atât de avantajos? Un motiv ține de ceea ce sentimentele realizează *în* minte și de ceea ce *îi fac* minții. În circumstanțe obișnuite, sentimentele îi spun necontenit minții, fără să se rostească vreun cuvânt, despre direcția bună sau rea a procesului vieții din interiorul organismului. Făcând acest lucru, ele ne arată ce procese ale vieții sunt sau nu sunt orientate spre starea de bine și spre prosperitate.[1]

Un alt motiv pentru care sentimentele ar avea succes acolo unde ideile eșuează are de-a face cu natura lor unică. Sentimentele nu sunt un produs independent al creierului, ci sunt rezultatul unui parteneriat dintre corp și creier, care interacționează prin intermediul unei largi game de molecule chimice și de conexiuni nervoase. Acest aranjament special și deseori trecut cu vederea garantează că sentimentele influențează ceea ce altminteri ar fi un flux mental indiferent. Sursa sentimentelor este viața aflată în echilibru între înflorire și moarte. Drept urmare, ele sunt frământări mentale tulburătoare sau glorioase, blânde sau intense, și ne pot stimula în mod subtil, la nivel intelectual, sau cu intensitate, atrăgându-ne întreaga atenție. Chiar și sub forma lor cea mai pozitivă, sentimentele tind să ne tulbure pacea și să ne alunge liniștea.[2]

Pe scurt, sentimentul de durere și cel de plăcere, de la diferite niveluri ale stării de bine la starea de rău și boală, reprezintă catalizatori pentru procesele de investigare, înțelegere și rezolvare a problemelor ce disting atât de mult mintea umană de cea a restului viețuitoarelor. Prin investigare, înțelegere și rezolvarea problemelor, oamenii ar fi putut să dezvolte soluții surprinzătoare pentru greutățile cu care se confruntă în viață *și* să construiască mijloace prin care să-și promoveze bunăstarea. Ar fi găsit căi de a se hrăni, a se îmbrăca și a se adăposti, îngrijindu-și rănile și inventând treptat ceea ce se numește medicină. Când durerea și suferința erau provocate de alții (de ceea ce simțeau față de alții și de felul în care-i percepeau pe alții că simt în raport cu ei) sau când durerea era pricinuită de conștientizarea propriei condiții, precum confruntarea cu inevitabilul morții, oamenii și-ar fi putut dezvolta resursele individuale și colective și ar fi putut inventa o varietate de răspunsuri ce merg de la prescripții morale și principii ale dreptății până la modele de organizare și guvernare socială, manifestări artistice și credințe religioase.

Nu putem spune cu precizie când anume s-ar fi petrecut aceste lucruri. Ritmul lor a variat semnificativ în funcție de tipul de populație și de situarea sa geografică. Știm cu certitudine că în urmă cu 50.000 de ani astfel de procese erau deja prezente în jurul Mediteranei, în centrul și sudul Europei și în Asia, regiuni în care trăia *Homo sapiens*, aflat încă în compania omului de Neanderthal. Acest lucru s-a petrecut la mult timp după apariția lui *Homo sapiens*, cu aproximativ 200.000 de ani înainte.[3] Astfel, putem considera că începuturile culturilor umane datează de pe vremea vânătorilor-culegători, cu mult înainte de inventarea agriculturii, care a avut loc cu aproximativ 12.000 de ani în urmă și înainte de inventarea scrisului și a banilor. Perioadele în care au apărut sistemele de scriere în diferite părți ale lumii reprezintă o bună ilustrare a pluralității procesului evoluției culturale. Scrierea a apărut pentru prima oară în Sumer

(Mesopotamia) şi în Egipt, între 3500 şi 3200 î.Cr. Dar un sistem diferit de scriere s-a dezvoltat mai târziu în Fenicia şi a fost în cele din urmă folosit de greci şi romani. În jurul anului 600 î.Cr., scrisul s-a dezvoltat din nou în America Centrală, în timpul civilizaţiei maya, în zona Mexicului de astăzi.

Trebuie să-i mulţumim lui Cicero şi Romei antice pentru cuvântul „cultură", aplicat universului ideilor. Cicero a folosit termenul pentru a descrie cultivarea sufletului (*cultura animi*) şi trebuie să se fi gândit la lucrarea pământului şi la rezultatele sale, pregătirea şi îmbunătăţirea creşterii plantelor. Ceea ce se aplică pământului se poate foarte bine aplica şi minţii.

În momentul de faţă, există puţine îndoieli cu privire la principalul sens al termenului „cultură". Conform dicţionarelor, „cultura" se referă la manifestări ale realizărilor intelectuale privite la modul colectiv, iar în cazul în care nu se menţionează nimic altceva, este vorba numai despre cultura *umană*. Arta, filozofia, credinţele religioase, facultăţile morale, dreptatea, guvernarea politică, instituţiile economice (băncile, pieţele de capital) tehnologia şi ştiinţa reprezintă principalele categorii de realizări cuprinse sub numele de „cultură." Ideile, atitudinile, obiceiurile, manierele, practicile şi instituţiile care fac diferenţa dintre un grup social şi altul aparţin domeniului general al culturii, la fel şi noţiunea potrivit căreia culturile se transmit de-a lungul generaţiilor prin limbaj şi prin obiectele şi ritualurile create chiar de culturile respective. Acestea sunt fenomenele la care mă refer în cartea de faţă de fiecare dată când vorbesc despre cultură sau despre mintea culturală.

Termenul „cultură" mai are un sens: se referă la cultivarea microorganismelor (precum bacteriile) în laborator. Este vorba despre bacterii aflate într-un mediu de cultură, şi nu la comportamente bacteriene asemănătoare culturii, despre care voi vorbi mai jos. Într-un fel sau în altul, bacteriile au fost menite să facă parte din marea poveste a culturii.

SENTIMENTELE ȘI CREAREA CULTURILOR

Sentimentele contribuie în trei feluri la procesul cultural:

1. ca *motive* ale creației culturale
   a) prin stimularea detecției și diagnozei deficiențelor homeostatice;
   b) prin identificarea stărilor dezirabile care să merite efortul creator;
2. ca *supraveghetori* ai succesului sau eșecului instrumentelor și practicilor culturale;
3. ca participanți în *negocierea* reglărilor cerute de-a lungul timpului de procesul cultural.

SENTIMENTE *VERSUS* INTELECT

De obicei, activitatea culturală umană este explicată în termenii intelectului uman excepțional, un strălucit element suplimentar asamblat de programe genetice oarbe în decursul evoluției. Sentimentele sunt rareori menționate. Expansiunea inteligenței și a limbajului și gradul excepțional de sociabilitate specifice omului sunt vedetele dezvoltării culturale. La prima vedere, există motive întemeiate să acceptăm această perspectivă. Explicarea culturii umane este de neconceput fără luarea în calcul a inteligenței din spatele noilor instrumente și practici pe care le numim cultură. Nu e nevoie să menționăm faptul că limbajul are o contribuție decisivă pentru dezvoltarea și transmiterea culturii. Cât despre sociabilitate, un element care a fost deseori ignorat, rolul său indispensabil este recunoscut astăzi. Practicile culturale depind de fenomene sociale în care adulții umani excelează (de exemplu, doi indivizi care contemplă împreună același obiect pot avea aceleași intenții cu privire la obiectul respectiv).[4] Și totuși ceva pare să lipsească din explicația ce se raportează la latura intelectuală. Este ca și cum inteligența creatoare s-ar fi materializat fără un imbold puternic și ar fi mărșăluit fără nici o altă motivație cu excepția rațiunii pure. Prezentarea supraviețuirii drept motivație nu va funcționa deoarece sunt eliminate cauzele pentru care supraviețuirea ar constitui un motiv de îngrijorare. Este ca și cum creativitatea nu ar fi cuprinsă într-un edificiu complex de afectivitate. De asemenea, arată ca și cum perpetuarea și monitorizarea procesului invenției culturale ar fi fost posibil numai prin mijloace cognitive, fără ca valoarea *simțită* a efectelor bune sau rele ale vieții să fi avut ceva de spus. Dacă durerea ta este tratată cu varianta A sau varianta B, te bazezi pe sentimente pentru a spune care dintre tratamente a redus mai mult durerea, a rezolvat-o complet sau nu a avut nici un efect. Sentimentele funcționează ca *motive* ce ne fac să reacționăm la o problemă și ca *supraveghetori* ai succesului sau ai eșecului reacției respective.

Sentimentele și, în general, afectele de orice fel și orice intensitate sunt prezențe nerecunoscute la masa de prezidiu a culturii. Toată lumea din sală le simte prezența, dar, cu puține excepții, nimeni nu le bagă în seamă. Nu li se spune pe nume.

În imaginea complementară pe care o schițez aici, intelectul uman excepțional (atât la nivel individual, cât și social) nu s-ar fi apucat să inventeze practici culturale și instrumente inteligente fără o puternică justificare. Sentimentele de orice fel provocate de evenimente reale sau imaginare sunt cele care au oferit motivele și care au recrutat intelectul. Răspunsurile culturale ar fi fost create de intenția ființelor umane de a-și schimba în mai bine viața, de a-și spori confortul și plăcerea, de a avea un viitor cu mai multă bunăstare și mai puține probleme și pierderi. În ultimă instanță, nu s-ar fi căutat un viitor în care să ai mai multe șanse de supraviețuire, ci unul în care să trăiești mai bine.

Cei care au conceput regula de aur, conform căreia ar trebui să-i tratăm pe alții așa cum am dori să fim tratați, au formulat acest precept cu ajutorul a ceea ce au simțit atunci când au fost tratați rău sau când i-au văzut pe alții fiind tratați rău. Desigur, logica a jucat un rol în măsura în care a delimitat faptele, dar cele mai importante au fost sentimentele.

Suferința sau bunăstarea, aflate la capetele opuse ale spectrului, ar fi fost motivatorii primari ai inteligenței creatoare care a produs culturile. Dar tot așa ar fi fost și experiențele afective asociate cu necesitățile fundamentale (foamea, dorința, tovărășia socială) sau cu frica, furia, dorința de putere și de prestigiu, ura, dorința de a-ți distruge oponenții și tot ceea ce posedau aceștia. De fapt, găsim afectul în spatele multor aspecte ale sociabilității, ghidând formarea grupurilor mici și mari și manifestându-se în legăturile pe care indivizii le stabilesc în jurul dorințelor lor și în jurul plăcerii jocului, precum și în spatele conflictelor pentru obținerea resurselor și a partenerilor, care se exprimau prin agresivitate și violență.

Printre alți motivatori puternici s-au numărat experiențe de înălțare, cutremurare și transcendență produse de contemplarea frumuseții naturale sau artificiale, de perspectiva găsirii unui trai mai bun pentru noi înșine și pentru alții, de ajungerea la o posibilă rezolvare a misterelor metafizice și științifice sau de confruntarea directă cu mistere nerezolvate.

CÂT DE ORIGINALĂ A FOST MINTEA CULTURALĂ UMANĂ?

În acest punct apar câteva întrebari interesante. Ținând cont de lucrurile pe care tocmai le-am scris, cultura este un produs uman. Dar problemele pe care culturile le rezolvă sunt oare numai umane, sau sunt specifice și altor ființe vii? Și ce putem spune despre soluțiile pe care le avansează mintea culturală umană? Sunt ele oare o invenție umană complet originală, sau au fost folosite, cel puțin în parte, și de alte ființe care ne-au precedat în cursul evoluției? Confruntarea cu durerea, suferința și certitudinea morții, împreună cu posibilitatea neatinsă a stării de bine, este foarte posibil să se fi aflat (și cel mai probabil s-a aflat) în spatele unora dintre procesele creative umane care au dat naștere la instrumentele culturale uluitor de complexe de astăzi. Dar nu e posibil ca astfel de construcții umane să fi fost sprijinite de strategii și instrumente biologice mai vechi? Atunci când observăm maimuțele antropoide, remarcăm prezenta precursorilor umanității noastre culturale. Este cunoscut faptul că Darwin a fost uimit atunci când, în 1838, a observat pentru prima oară comportamentul lui Jenny, un urangutan adus recent la grădina zoologică din Londra. La fel de uimită a fost și regina Victoria, care considera că Jenny este „dezagreabil de umană“[5]. Cimpanzeii pot crea unelte simple, le pot folosi în mod inteligent pentru a se hrăni și chiar transmit vizual invenția lor celorlalți. Unele aspecte ale comportamentului lor social (mai ales în cazul cimpanzeilor bonobo) sunt cu siguranță culturale. La fel sunt și comportamentele altor specii mult mai îndepărtate, precum elefanții și mamiferele marine. Grație transmiterii genetice, mamiferele posedă un aparat elaborat și eficient care, în multe privințe, seamănă cu al nostru în registrul său emoțional. Faptul de a nega mamiferelor sentimentele asociate cu emoționalitatea lor nu mai este o poziție realistă. Sentimentele este posibil să fi avut un rol motivațional ce explică manifestările „culturale“ ale ființelor nonumane. Important de notat este faptul că motivul pentru care realizările lor culturale se dovedesc a fi atât de modeste ține de dezvoltarea mai slabă sau de absența unor trăsături cum ar fi intenționalitatea împărtășită și limbajul verbal și, la un nivel mai general, de simplitatea intelectului lor.

Dar lucrurile nu sunt atât de simple. Dată fiind complexitatea și paleta largă de consecințe pozitive și negative ale practicilor și instrumentelor culturale, ar fi logic să ne așteptăm ca generarea lor să fi fost intențională și posibilă numai la creaturile ce posedă minte (așa cum sunt și primatele nonumane) probabil după ce o sfântă alianță a sentimentelor cu inteligența creatoare s-ar fi putut dedica problemelor ridicate de traiul în grup. În cursul evoluției, înainte de apariția manifestărilor culturale, ar fi fost necesară dezvoltarea evolutivă a minții și a sentimentelor (la care se adaugă conștiința, astfel încât sentimentele să se poată manifesta la nivel subiectiv), pentru ca abia apoi să aibă loc și dezvoltarea unei bune doze de creativitate direcționată la nivel mental. Aceasta este explicația tradițională, dar, după cum vom vedea, nu așa stau lucrurile.

ÎNCEPUTURI MODESTE

Rânduirea socială are începuturi modeste, iar la nașterea ei naturală nu a asistat nici mintea lui *Homo sapiens*, nici a altor specii de mamifere. Organismele unicelulare foarte simple se bazau pe molecule chimice pentru *a simți* și *a reacționa*, cu alte cuvinte, pentru a detecta anumite condiții din mediul înconjurător, inclusiv prezența altora, și pentru a-și ghida acțiunile necesare supraviețuirii într-un mediu social. Se știe că bacteriile care cresc într-un mediu fertil, bogat în substanțele nutritive de care au nevoie, își pot permite să ducă o viață relativ independentă; în shimb, bacteriile care trăiesc într-un mediu sărac în resurse nutritive se aglomerează în grupuri. Bacteriile pot simți numărul indivizilor din propriul grup. Ele evaluează în mod automat puterea grupului și, în funcție de această evaluare, intră sau nu într-o luptă pentru apărarea teritoriului ocupat. Ele se pot alinia fizic pentru a forma un fel de zid și pot secreta molecule ce alcătuiesc un văl fin, o peliculă care le protejează și care joacă, probabil, un rol în rezistența bacteriilor față de acțiunea antibioticelor. Apropo, asta se întâmplă de regulă în gâtul nostru atunci când răcim și facem o faringită sau o laringită. Când bacteriile ocupă o mare suprafață din teritoriul gâtului, răgușim și ne pierdem vocea. „Detectarea cvorumului" este procesul care ajută bacteriile în această aventură. Rezultatul este atât de spectaculos, încât te duce cu gândul la capacităţi precum sentimente, conştiinţă şi deliberare raţională, doar că bacteriile nu posedă aşa ceva, ci doar *antecedente* puternice ale acestor capacităţi. Voi argumenta că le lipseşte expresia mentală a acestor antecedente. Bacteriile nu se angajează în fenomenologie.[6]

Bacteriile sunt cele mai timpurii forme de viaţă, având o vechime de patru miliarde de ani. Corpul e alcătuit dintr-o singură celulă, iar această celulă nici măcar nu are un nucleu. Nu au creier. Nu au minte, în sensul în care avem noi, oamenii. Par să ducă o viaţă simplă, operând în conformitate cu regulile homeostaziei, dar chimia flexibilă pe care o practică şi care le permite să respire irespirabilul şi să consume inconsumabilul nu are nimic simplu.

Deşi e inconştientă, această dinamică socială complexă le permite bacteriilor să coopereze unele cu altele indiferent dacă sunt sau nu înrudite genetic. În plus, s-ar părea că acestea adoptă un fel de „atitudine morală". Cei mai apropiaţi membri ai grupului lor social (familia lor, ca să spunem aşa) sunt identificabili prin intermediul moleculelor superficiale pe care le produc sau a substanţelor chimice pe care le secretă şi care, la rândul lor, sunt legate de genomurile lor individuale. Dar grupurile de bacterii trebuie să înfrunte adversitatea mediului înconjurător şi adesea trebuie să intre în competiţie cu alte grupuri pentru a câştiga teritoriu şi resurse. Pentru ca un grup să aibă succes, membrii săi trebuie să coopereze. Ceea ce se poate petrece pe parcursul acestui efort de grup este fascinant. Când bacteriile detectează „dezertori" în grupul lor, adică indivizi care nu au participat la efortul comun de apărare, îi evită chiar dacă sunt rude şi fac parte din familie. Bacteriile nu vor coopera cu alte bacterii înrudite care nu au participat la efortul comun al grupului: cu alte cuvinte, pedepsesc bacteriile necooperante. La urma urmelor, trişorii au acces, cel puțin pentru o vreme, la resursele și la apărarea pe care restul grupului le asigură cu costuri mari. Varietatea de „conduite“ bacteriene posibile este remarcabilă.[7] Într-un experiment relevant întreprins de microbiologul Steven Finkel, mai multe populații de bacterii trebuiau să se lupte pentru resursele din interiorul unor recipiente echipate cu diferite proporții de substanțe nutritive necesare. Într-unul dintre cazuri, experimentul a dezvăluit trei grupuri distincte de bacterii care au avut succes timp de mai multe generații: două care se luptau unul cu celălalt până la moarte și care au suferit pierderi majore și un al treilea grup care a navigat cu discreție de-a lungul timpului, fără nici un atac frontal. Toate cele trei grupuri au reușit să supraviețuiască vreme de 12.000 de generații. Nu ne trebuie multă imaginație pentru a sesiza tipare comparabile în societățile formate din creaturi mai complexe. Îmi vin în minte societățile cu trișori sau cele cu indivizi pașnici și supuși. Este ușor să invoci o distribuție colorată de caractere: abuzatori, teroriști, asasini și hoți, dar și disimulatori liniștiți care o duc foarte bine, deși nu nemaipomenit, și, nu în ultimul rând, minunații altruiști.[8]

Ar fi prostesc că reducem caracterul sofisticat al regulilor morale și al aplicării dreptății dezvoltate de om la comportamentul spontan al bacteriilor. Nu ar trebui să confundăm formularea și aplicarea conștientă a unei reguli sau legi cu strategia folosită de bacterii atunci când ajung să-și unească forțele într-un demers cooperativ între indivizi neînrudiți, care de obicei sunt inamici, în loc de asocierea cu rudele, care sunt de obicei prieteni. În orientarea lor automată către supraviețuire, acestea se asociază cu alte bacterii în vederea atingerii unui scop comun. Respectând o aceeași regulă nedeliberată, reacția grupului la atacuri constă în căutarea automată a puterii date de numărul mare prin adoptarea echivalentului principiului minimei acțiuni.[9] Supunerea lor la imperativele homeostatice este strictă. Principiile morale și legea se supun acelorași reguli fundamentale și nu numai. Principiile morale și legile sunt rezultatul analizelor intelectuale ale condițiilor cărora le-au făcut față oamenii și al gestionării puterii de către un grup care inventează și promulgă legi. Ele își au rădăcinile în sentimente, cunoaștere și rațiune și sunt procesate într-un spațiu mental cu ajutorul limbajului.

Cu toate astea, ar fi o greșeală să nu admitem că bacteriile și-au guvernat viața timp de miliarde de ani în conformitate cu o schemă automată ce prefigurează unele comportamente și idei pe care oamenii le-au folosit pentru a construi cultură. Nimic din mintea umană conștientă nu ne spune în mod explicit că aceste strategii au existat atât de mult timp în evoluție sau când au apărut pentru prima oară, deși, atunci când ne sondăm mintea pentru a ne da seama cum să acționăm, găsim „bănuieli și tendințe", bănuieli și tendințe care sunt informate de sentimente sau care *sunt* sentimente. Aceste sentimente ne ghidează (cu blândețe sau forțat) gândurile și acțiunile într-o anumită direcție, furnizându-ne eșafodajul pentru elaborări intelectuale și chiar sugerând justificări ale acțiunilor noastre: de exemplu, primindu-i cu brațele deschise pe cei care ne ajută când suntem la necaz, îndepărtându-i pe cei care sunt indiferenți la nevoile noastre și pedepsindu-i pe cei care ne abandonează sau ne trădează. Dar nu am fi știut niciodată că bacteriile fac lucruri inteligente ce au rezultate similare dacă știința de astăzi nu le-ar fi descoperit. Tendințele noastre comportamentale naturale ne-au ghidat spre elaborarea conștientă a unor principii fundamentale și inconștiente ale cooperării și ale conflictului care sunt prezente în comportamentul a numeroase alte forme de viață. Aceleași principii au ghidat de-a lungul unor perioade lungi de timp și în cazul mai multor specii ansamblul evolutiv al afectului și al componentelor sale centrale: toate reacțiile emoționale generate de senzația unor stimuli interni și externi ce activează diferite apetituri (sete, foame, dorință sexuală, atașament, grijă, tovărășie) și de recunoașterea situațiilor care presupun o reacție emoțională precum bucurie, frică, furie și compasiune. Aceste principii, care, după cum am arătat mai sus, sunt ușor de recunoscut la mamifere, sunt omniprezente în istoria vieții. Este evident că selecția naturală și transmiterea genetică au lucrat din greu în vederea modelării acestor tipuri de reacții în mediile sociale pentru a construi eșafodajul minții culturale umane. Trăirile subiective și inteligența creativă au acționat împreună și au creat instrumente culturale care deservesc necesitățile vieții noastre. Dacă lucrurile au stat într-adevăr în acest fel, inconștientul uman își are originea în forme de viață foarte vechi, într-un trecut mai îndepărtat decât Freud și Jung au visat vreodată.

DIN VIAȚA INSECTELOR SOCIALE

Acum, să luăm în considerare următorul aspect. Un mic număr de specii de nevertebrate, doar 2% dintre toate speciile de insecte, sunt capabile de comportamente sociale ce rivalizează din punct de vedere al complexității cu multe dintre realizările sociale umane. Furnicile, albinele, viespile și termitele sunt exemple reprezentative.[10] Comportamentul lor inflexibil și stabilit la nivel genetic contribuie la supraviețuirea grupului. Diviziunea inteligentă a muncii le permite rezolvarea problemelor legate de găsirea surselor de energie, transformarea lor în produse care le sunt folositoare și fluxul acestor produse. Ele adaptează chiar și numărul lucrătoarelor în funcție de sursele de energie disponibile. Aceste insecte acționează într-o manieră aparent altruistă atunci când este necesar sacrificiul. În coloniile lor, construiesc cuiburi care reprezintă proiecte arhitecturale urbane remarcabile, asigurând un adăpost eficient, căi de trafic și chiar sisteme de ventilație și de îndepărtare a deșeurilor, ca să nu mai amintim de gărzile care asigură securitatea reginei. Aproape că ne așteptăm să fi utilizat focul și să fi inventat roata. Zelul și disciplina lor fac de râs guvernele democrațiilor noastre de frunte. Aceste creaturi și-au dobândit comportamentele sociale complexe din propria biologie, și nu din școlile Montessori sau din colegii prestigioase. Dar în ciuda faptului că au căpătat aceste capacități uimitoare încă de acum aproximativ o sută de milioane de ani, furnicile și albinele (la nivel individual sau la nivelul coloniei) nu își jelesc pierderea partenerului și nici nu se întreabă care este locul lor în univers. Nu-și pun întrebări în legătură cu originea sau destinul lor. Comportamentul lor social de succes și aparent responsabil nu este ghidat de vreun simț al responsabilității față de sine sau de alții sau de vreo serie de reflecții filozofice asupra condiției de insectă. El este ghidat de atracția gravitațională a nevoilor de reglare a vieții pe măsură ce aceasta acționează asupra sistemului nervos, producând anumite repertorii comportamentale selectate pe parcursul a numeroase generații și aflate sub controlul genomului lor reglat fin. Membrii unei colonii nu gândesc în aceeași măsură în care acționează, în sensul în care, după ce înregistrează o anumită nevoie (a lor, a grupului sau a reginei), aceștia nu iau în considerare alternative de satisfacere a nevoii respective așa cum facem noi. Ei pur și simplu o satisfac. Repertoriul lor de acțiuni este limitat și, în multe cazuri, este redus la o singură opțiune. Schema generală a sociabilității lor elaborate nu seamănă cu cea a culturilor umane, ci este fixă. E.O. Wilson avea dreptate când numea insectele sociale, „roboți".

Să revenim la oameni. Noi, oamenii, evaluăm alternative ale propriului comportament, jelim moartea celor din jur, vrem să facem ceva în legătură cu pierderile suferite și cu posibilele câștiguri, ne punem întrebări despre originea și destinul nostru, propunând răspunsuri, și suntem atât de dezordonați în procesele noastre creatoare aprinse și contradictorii, încât adesea nu ne iese nimic. Nu știm când anume au început oamenii să fie îndurerați de moartea semenilor lor, când au început să reacționeze la pierderi și câștiguri, să comenteze în legătură cu propria condiție și să pună întrebări incomode despre originea și despre viitorul propriei existențe. Știm, pornind de la artefacte descoperite în situri funerare și în peșteri, că, în urmă cu 50.000 de ani, unele dintre aceste manifestări existau deja. Dar se poate observa că, în mod uimitor, nu avem de-a face decât cu o clipă a istoriei evoluției atunci când comparăm, de exemplu, 50 de *mii* de ani de umanitate cu 100 de *milioane* de ani de existență a insectelor sociale, ca să nu mai pomenim cele câteva miliarde de ani de existență a bacteriilor.

Deși nu suntem descendenți direcți ai bacteriilor sau ai insectelor sociale, cred că este instructiv să reflectăm asupra acestor trei fapte: bacterii lipsite de creier sau de minte care își apără teritoriul, se războiesc și acționează în conformitate cu ceva asemănător unui cod de conduită; insecte întreprinzătoare care construiesc orașe, sisteme de guvernare și economii funcționale; și oameni care inventează fluiere, scriu poezii, cred în Dumnezeu, cuceresc planeta și spațiul din jurul ei, se luptă cu bolile pentru a reduce suferința, dar, în același timp, distrug alți oameni pentru propriul lor profit, inventează internetul, găsesc căi de a-l transforma într-un instrument al progresului și al catastrofei și, pe deasupra, pun întrebări despre bacterii, despre furnici și albine și despre ei înșiși.

HOMEOSTAZIA

Cum putem împăca ideea aparent rezonabilă potrivit căreia sentimentele au motivat soluțiile culturale inteligente pentru problemele puse de condiția umană cu faptul că bacteriile lipsite de minte manifestă comportamente eficiente social ale căror contururi precedă unele dintre răspunsurile culturale umane? Care este firul ce leagă aceste două seturi de manifestări biologice a căror apariție este separată de miliarde de ani de evoluție? Cred ca elementul comun poate fi găsit în dinamica *homeostaziei*.

Homeostazia se referă la un set fundamental de operații aflat la baza vieții, de la primele momente ale apariției biochimiei timpurii și până în prezent. Homeostazia este un imperativ puternic, inconștient și nerostit a cărui manifestare presupune (pentru orice organism viu) rezistență și triumf. Partea imperativului homeostatic ce ține de „rezistență“ este transparentă: asigură supraviețuirea și e considerată de la sine înțeleasă fără nici un fel de recunoaștere sau reverență ori de câte ori este luată în considerare evoluția vreunui organism sau a unei specii. Partea de homeostazie ce ține de „triumf“ este mai subtilă și rareori conștientizată. Prin intermediul acestui imperativ, *viața este reglată în cadrul unui interval care nu e doar compatibil cu supraviețuirea, ci conduce și la prosperitate, la o proiecție a vieții în viitorul unui organism sau al unei specii.*

Sentimentele reprezintă însăși revelația fiecărei minți individuale cu privire la starea vieții din respectivul organism, stare ce se exprimă într-un spectru ce merge de la pozitiv la negativ. Homeostazia deficientă este exprimată prin trăiri mai ales negative, în timp ce trăirile pozitive reflectă niveluri adecvate de homeostazie și deschid perspective avantajoase organismelor. Sentimentele și homeostazia sunt strâns asociate. Sentimentele sunt experiențe subiective ale stării vieții (adică ale homeostaziei) pentru toate creaturile care posedă o minte și un punct de vedere conștient. Sentimentele sunt echivalentul unor reprezentanți ai homeostaziei.[11]

Am deplâns neglijarea sentimentelor în istoria naturală a culturilor, dar situația este încă și mai rea în cazul homeostaziei și al vieții în sine. Homeostazia și viața sunt lăsate pe dinafară cu totul. Talcott Parsons, unul dintre cei mai importanți sociologi ai secolului XX, a invocat noțiunea de homeostazie în legătură cu sistemele sociale, dar nu a asociat acest concept cu viața sau cu sentimentele. Parsons este, de fapt, un bun exemplu al neglijării sentimentelor în analiza culturii. Pentru Parsons, creierul reprezintă fundamentul organic al culturii, deoarece a fost „principalul organ de control al operațiilor complexe, în special al activității manuale și al coordonării informației vizuale și acustice". În principal, creierul a fost „baza organică a capacității de învățare și de manipulare a simbolurilor".[12]

Homeostazia a ghidat selecția structurilor biologice și a mecanismelor capabile nu numai de menținerea vieții, dar și de avansarea evoluției speciilor din diferitele ramuri ale arborelui evolutiv într-un mod inconștient și nedeliberat. Această perspectivă asupra homeostaziei, care se potrivește cel mai bine cu dovezile din fizică, chimie și biologie, este remarcabil de diferită față de perspectiva convențională, care o reduce la o reglare „echilibrată" a operațiilor vieții.

Opinia mea este că imperativul de nezdruncinat al homeostaziei a guvernat fără întrerupere viața sub toate formele sale. Homeostazia a reprezentat fundamentul valorii din spatele selecției naturale, care, la rândul său, favorizează genele (și, în consecință, tipurile de organisme) care manifestă cea mai inovativă și mai eficientă homeostazie. Dezvoltarea aparatului genetic, care ajută la reglarea optimă a vieții și la perpetuarea sa în generațiile următoare, nu ar fi de conceput fără homeostazie.

Având în vedere cele de mai sus, putem avansa o ipoteză de lucru referitoare la relația dintre sentimente și cultură. *Sentimentele, ca reprezentanți ai homeostaziei, sunt catalizatorii reacțiilor ce au dus la apariția culturilor umane.* Este acesta un lucru logic? Am putea afirma că sentimentele au motivat invențiile intelectuale ce le-au dat oamenilor (1) artele, (2) filozofia, (3) credințele religioase, (4) regulile morale, (5) dreptatea, (6) sistemele de guverne politică și instituțiile economice, (7) tehnologia (8) și știința (9)? Răspund din toată inima că da. Pot argumenta că practicile sau instrumentele culturale ale fiecăruia dintre cele opt domenii menționate anterior au necesitat sentimentul unui declin homeostatic real sau anticipat (de exemplu durerea, suferința, nevoia urgentă, amenințarea, pierderea) sau al unui beneficiu homeostatic potențial (de exemplu un rezultat profitabil) și că sentimentele au acționat ca o motivație pentru explorarea (prin intermediul instrumentelor cunoașterii și rațiunii) posibilității de reducere a nevoilor sau de capitalizare a abundenței reprezentate de plăcerea obținerii unei răsplăți.

Dar acesta e doar începutul poveștii. Consecința unui răspuns cultural de succes este reducerea sau anularea sentimentelor care l-au motivat, un proces ce presupune *monitorizarea* modificărilor statutului homeostatic. În schimb, eventuala adoptare a răspunsurilor intelectuale și includerea lor într-un ansamblu cultural (sau abandonarea lor) reprezintă un proces complex ce rezultă din interacțiunile dintre diferite grupuri sociale petrecute de-a lungul timpului. Acest proces depinde de numeroase caracteristici ale grupurilor, de la dimensiunile și istoria lor trecută la poziționarea geografică și relațiile interne și externe de putere; presupune etape intelectuale și afective ulterioare: de exemplu, atunci când apar conflictele culturale, sunt antrenate atât sentimentele negative, cât și cele pozitive și contribuie fie la rezolvarea, fie la agravarea conflictelor; se folosește de selecția culturală.

PREFIGURAREA MINȚII ȘI A SENTIMENTELOR NU ESTE ACELAȘI LUCRU CU APARIȚIA CONȘTIINȚEI DE SINE ȘI A SENTIMENTELOR

Viața nu ar fi viabilă fără trăsăturile impuse de homeostazie, și știm că homeostazia a existat de când a apărut viață. Dar sentimentele (experiențele subiective ale stărilor de moment ale homeostaziei din interiorul unui organism viu) nu au apărut odată cu viața. Părerea mea este că au apărut numai după ce organismele au fost înzestrate cu un sistem nervos, lucru petrecut mai recent, cu doar 600 de milioane de ani în urmă.

Sistemul nervos a înlesnit treptat procesul cartografierii multidimensionale a lumii înconjurătoare, o lume care începe în interiorul organismului, astfel încât mintea (și sentimentele conținute în minte) să fie posibile. Cartografierea s-a bazat pe o varietate de capacități senzoriale, care a ajuns să includă mirosul, gustul, pipăitul, auzul și văzul. Așa după cum va deveni clar în capitolele 4–9, apariția minții (și în special a sentimentelor) se bazează pe *interacțiunile* sistemului nervos cu organismul său. *Sistemul nervos nu face mintea de unul singur, ci prin cooperare cu întregul organism.* Acest punct de vedere se abate de la perspectiva tradițională potrivit căreia creierul este singura sursă a minții.

Deși au apărut mult mai recent decât homeostazia, sentimentele sunt anterioare intrării omului în scenă. Nu toate creaturile sunt înzestrate cu sentimente, dar *toate* creaturile vii au sistemele de reglare care sunt precursori ai sentimentelor (pe unele dintre ele le vom discuta în capitolele 7 și 8).

Dacă ținem cont de comportamentul bacteriilor și al insectelor sociale, ne dăm seama că viața primitivă e doar aparent modestă. Începutul real a ceea ce, în cele din urmă, avea să devină viață umană, cogniție umană și stare mentală pe care îmi place s-o numesc culturală, merge foarte departe în trecutul Pământului. Nu este suficient să spunem că mintea și cultura omului își au rădăcinile în creierul ce împărtășește numeroase trăsături cu creierul rudelor noastre mamifere. Trebuie să adăugăm că mintea și cultura omului sunt asociate cu vechile forme de viață unicelulare și cu alte forme de viață intermediare. S-ar putea spune, la modul figurat, că avem o minte și o cultură care au împrumutat din trecut fără rezerve și fără vreo ezitare.

Este important să insist că identificarea legăturilor dintre procesele biologice, pe de o parte, și fenomenele mentale și socio-culturale, pe de alta, nu echivalează cu faptul că mecanismele biologice la care ne referim pot explica pe deplin forma societăților și alcătuirea culturilor. Însă bănuiala mea este că dezvoltarea codurilor de conduită, indiferent unde și când au apărut, a fost inspirată de imperativul homeostatic. Astfel de coduri au redus în general riscurile și pericolele pentru indivizi și pentru grupurile sociale și au avut drept rezultat diminuarea suferinței și promovarea stării de bine a oamenilor. Ele au dus la întărirea coeziunii sociale, care este, în sine, favorabilă homeostaziei. Dar pe lângă faptul că au fost concepute de oameni, codul lui Hammurabi, cele zece porunci, Constituția Statelor Unite și Carta Națiunilor Unite au fost influențate de circumstanțele perioadei și locului în care au apărut și de persoanele care le-au gândit. În spatele acestor dezvoltări există mai curând câteva formule decât o formulă unică și cuprinzătoare, cu toate că unele părți ale oricăreia dintre formulele posibile sunt universale.

Fenomenele biologice pot declanșa și modela evenimente care devin fenomene culturale și trebuie să fi făcut asta la începutul formării culturilor prin intermediul interacțiunilor dintre afect și rațiune, în condiții specifice definite de indivizi, de grupuri, de situarea lor geografică, de trecutul lor și așa mai departe. De asemenea, intervenția afectului nu a fost limitată la o motivație inițială, ci a preluat rolul de supraveghetor al procesului și a continuat să intervină în viitorul multor invenții culturale, așa cum arată veșnicele negocieri dintre afect și rațiune. Dar fenomenele biologice critice (sentimentele și intelectul minții culturale) reprezintă doar o parte a poveștii. Este nevoie să fie luată în considerare selecția culturală, iar pentru asta este nevoie de cunoștințe din domeniile istoriei, geografiei și sociologiei, printre multe altele. În același timp, trebuie să recunoaștem că adaptările și facultățile folosite de mințile culturale au fost rezultatul selecției naturale și a transmiterii genetice.

Genele au contribuit la trecerea de la viața primitivă la viața umană actuală. Acesta este un fapt evident și adevărat, dar se pune problema cum au apărut genele. Un răspuns mai complet ar fi că, inițial, condițiile fizice și chimice ale procesului vieții au fost răspunzătoare de apariția homeostaziei în sensul larg al termenului și că toate celelalte lucruri au decurs de aici, inclusiv mașinăria genelor. Acest lucru s-a petrecut în celulele lipsite de nucleu (procariote). Mai târziu, homeostazia s-a aflat în spatele selecției celulelor nucleate (sau eucariote). Apoi au apărut organismele complexe pluricelulare. Până la urmă, astfel de organisme pluricelulare au elaborat „sisteme corporale complete" și au dat naștere sistemului endocrin, celui imunitar, celui circulator și celui nervos. Astfel de sisteme au produs apoi minte, sentimente, conștiință, mașinăria afectivă și mișcări complexe. Fără astfel de sisteme, organismele pluricelulare nu ar fi putut să-și opereze homeostazia „globală".

Creierul care a ajutat organismele umane să inventeze ideile, practicile și instrumentele culturale a fost asamblat de moștenirea genetică supusă unei selecții naturale timp de miliarde de ani. Pe de altă parte, produsele minții culturale umane și istoria oamenilor au fost supuse mai ales selecției culturale și ne-au fost transmise în cea mai mare parte prin mijloace culturale.

În marșul către mintea culturală umană, prezența sentimentelor ar fi permis homeostaziei să facă un salt dramatic deoarece puteau reprezenta mental starea vieții din interiorul organismului. Odată ce sentimentele au fost adăugate amestecului mental, procesul homeostaziei a fost îmbogățit prin cunoașterea directă a stării vieții, cunoaștere care era în mod necesar conștientă. În cele din urmă, fiecare minte conștientă și influențată de sentimente putea reprezenta la nivel mental, printr-o raportare explicită la subiectul care are experiențe, două seturi critice de fapte și evenimente: (1) condițiile din lumea interioară a organismului său și (2) condițiile mediului înconjurător în care se află organismul respectiv. Cea de-a doua reprezentare include comportamentele celorlalte organisme într-o multitudine de situații complexe generate de interacțiuni sociale și de intenții împărtășite, multe dintre ele fiind dependente de tendințele, motivațiile și emoțiile individuale ale participanților. Pe măsură ce învățarea și memoria s-au dezvoltat, indivizii au putut să formeze, să reactualizeze și să manipuleze amintiri despre fapte și evenimente, deschizând calea către un nou nivel de inteligență bazat pe cunoaștere și sentimente. În acest proces de expansiune intelectuală a pătruns limbajul verbal, care a furnizat o corespondență ușor de manipulat și de transmis între idei, cuvinte și propoziții. Odată cu acest punct, șuvoiul creativ nu a mai putut fi oprit. Selecția naturală tocmai cucerise un alt teatru de operațiuni, cel al ideilor din spatele anumitor acțiuni, practici și artefacte. Evoluția culturală putea acum să se alăture evoluției genetice.

Extraordinara minte umană și creierul complicat care o susține ne abat de la lungul traseu de antecedente biologice ce le-au permis existența. Splendoarea minții și realizările creierului ne permit să ne imaginăm că organismele și mințile umane ar putea să apară pe de-a-ntregul formate, asemenea păsării Phoenix, cu o obârșie foarte recentă sau necunoscută. Totuși, în spatele acestor minunății există un lung lanț de precedente și uimitoare grade de competiție și cooperare. Cât de ușor este să trecem cu vederea, în istoria minții noastre, faptul că viața organismelor complexe ar fi putut să reziste și să triumfe numai dacă era administrată și că creierul a început să fie favorizat de evoluție deoarece a contribuit atât de bine la această administrare, mai ales după ce le-a permis organismelor să creeze o minte conștientă plină de sentimente și de gândire. Până la urmă, creativitatea umană își are rădăcinile în viață și în faptul uimitor că viața vine echipată cu o cerință precisă: rezistă și proiectează-te în viitor cu orice preț. Ne-ar putea fi de ajutor să luăm în considerare aceste origini modeste dar puternice în timp ce ne confruntăm cu instabilitățile și cu incertitudinile prezentului.

În imperativul vieții și în aparenta magie a homeostaziei sale erau sădite instrucțiuni pentru supraviețuirea imediată: reglarea metabolismului și repararea componentelor celulare, reguli de comportament în grup și standarde pentru evaluarea abaterilor pozitive și negative de la echilibrul homeostatic, astfel încât să se poată lansa reacții adecvate. Dar acest imperativ adăpostea de asemenea tendința de a căuta o siguranță viitoare în structuri mai complexe și mai robuste, o plonjare neostenită în viitor. Realizarea acestei tendințe a fost atinsă prin nenumărate cooperări, alături de mutații și competiții aprige care au pregătit terenul pentru selecția naturală. Viața primitivă a prefigurat multe dezvoltări viitoare pe care le putem observa astăzi în mintea umană, îmbibată de sentimente și conștiință și îmbogățită de culturile pe care le-a construit ea însăși. Mințile complexe, conștiente și capabile de sentimente au inspirat și au dirijat expansiunea inteligenței și a limbajului și au generat noi instrumente de reglare homeostatică dinamică aflate în afara ființelor vii. Intențiile exprimate de astfel de instrumente noi sunt încă în consonanță cu imperativul vieții primitive, urmărind încă nu numai să reziste, ci și să triumfe.

În aceste condiții, de ce sunt rezultatele acestor dezvoltări extraordinare atât de incoerente, ca să nu spun haotice? De ce istoria omului conține atât de multă homeostazie dereglată și atât de multă suferință? Un răspuns preliminar, despre care voi vorbi mai jos, este acela că instrumentele culturale s-au dezvoltat mai întâi în raport cu indivizi și grupuri mici, de dimensiunea familiilor și a triburilor. Extinderea la cercuri umane mai mari nu a fost și nu putea fi avută în vedere. La nivelul cercurilor mai largi de oameni, grupurile culturale, țările și chiar blocurile geopolitice operează asemenea unor organisme individuale, nu ca părți ale unui organism mai mare, supus unui singur control homeostatic. Fiecare folosește acest control homeostatic pentru a apăra interesele *propriului* organism. Homeostazia culturală este doar o lucrare încă neterminată, subminată deseori de perioade de adversitate. Am putea îndrăzni să spunem că succesul final al homeostaziei culturale depinde de un efort civilizațional fragil ce urmărește să armonizeze diferite obiective ale reglării organismelor individuale. De aceea disperarea calmă a lui F. Scott Fitzgerald („și tot așa, trecem de la o zi la alta, bărci împinse de curent, împinse fără încetare, tot mai înapoi, în trecut") rămâne o descriere potrivită și plină de previziune a condiției umane.[13]

2. ÎNTR-UN ȚINUT AL NEASEMĂNĂRII

VIAȚA

Viața, cel puțin cea din care provenim noi, pare să fi început cu aproximativ 3,8 miliarde de ani în urmă, la multă vreme după faimosul big bang, pe nesimțite, discret, fără nici o fanfară care să-i anunțe debutul uimitor, pe planeta Pământ, sub protecția Soarelui nostru, în regiunea Căii Lactee.

Erau prezente crusta Pământului, oceanele și atmosfera, condiții particulare de mediu precum temperatura și anumite elemente critice: carbon, hidrogen, azot, oxigen, fosfor și sulf.

Protejate de o membrană înconjurătoare, într-un ținut al neasemănării cunoscut sub numele de celulă, au început să se manifeste o serie de procese.[1] Viața s-a făcut simțită în interiorul acestei prime celule (dacă *era* o celulă) sub forma unui ansamblu extraordinar de molecule chimice cu afinități deosebite din care au decurs reacții chimice autoperpetuate, cicluri care ticăiau, zvâcneau și se repetau. Celula a început să repare uzurile și dereglările inevitabile din proprie inițiativă. Când o parte nu mai funcționa, celula o înlocuia cât putea de bine și, astfel, aranjamentele funcționale ale celulei s-au menținut și viața a continuat neabătută. „Metabolism“ este un termen ce se referă la mecanismele chimice care se îndeletniceau cu astfel de sarcini: un proces ce necesita ca celula să extragă cât mai eficient cu putință energia necesară din surse aflate în mediul înconjurător și s-o folosească la fel de eficient pentru a reclădi structura dereglată și a elimina deșeurile. „Metabolism“ este un cuvânt recent (de la sfârșitul secolului al XIX-lea) derivat din termenul grecesc care înseamnă „schimbare“. Metabolismul acoperă procesele numite catabolism (dezintegrarea moleculelor ce are ca rezultat eliberarea de energie) și anabolism (un proces de construcție ce consumă energie). Termenul „metabolism“, folosit în engleză și în limbile romanice, este destul de vag, spre deosebire de termenul german *Stoffwechsel*, adică „schimb de materie“. Așa cum bine afirma Freeman Dyson, cuvântul german exprimă tot ce înseamnă metabolismul.[2]

Dar procesul vieții presupunea mai multe lucruri decât menținerea echilibrului. Dintr-un număr de „stări staționare“ posibile, celula, în momentele de maximă eficiență, tindea în mod natural către starea staționară cea mai favorabilă echilibrului energetic pozitiv, un excedent cu care viața ar putea fi optimizată și proiectată în viitor. Drept urmare, celula putea prospera. În acest context, „a prospera“ înseamnă atât un mod mai eficient de trai, cât și posibilitatea de reproducere.

Ansamblul proceselor coordonate necesare satisfacerii dorinței inconștiente și involuntare a vieții de a persista și de a avansa în viitor este cunoscut sub numele de homeostazie. Îmi dau seama că „involuntar“, „inconștient“ și „dorință“ sunt termeni aparent contradictorii, dar, în ciuda acestui paradox aparent, aceasta este calea cea mai convenabilă de a descrie procesul respectiv. Nu pare să fi existat vreun proces asemănător înainte de apariția vieții, deși ne putem lăsa imaginația să presupună existența unor precursori în comportamentul moleculelor și atomilor. Totuși, apariția vieții pare să fie legată de tipuri speciale de substraturi și procese chimice. Este logic să spunem că homeostazia își are originile la nivelul celular al vieții, care e cel mai bine exemplificat de bacteriile de toate formele și dimensiunile. Homeostazia se referă la procese prin care tendința materiei de a aluneca în dezordine este contracarată astfel încât să se mențină ordinea, dar la un nivel nou, și anume la cel permis de cea mai eficientă stare staționară. Această contracarare profită de principiul minimei acțiuni (enunțat de matematicianul francez Pierre Maupertuis), conform căruia energia liberă va fi consumată cât mai eficient și cât mai repede cu putință. Imaginați-vă activitatea unui jongler care nu are voie să oprească mișcarea mingilor și veți avea o reprezentare vie a vulnerabilității și a riscului vieții. Și acum gândiți-vă că jonglerul vrea, în același timp, să vă impresioneze cu eleganța, viteza și strălucirea sa, moment în care vă dați seama că vrea să facă un spectacol și mai bun.[3]

Pe scurt, fiecare celulă a manifestat (și încă manifestă) o „intenție" puternică și aparent neînduplecată de a se menține în viață și de a merge mai departe. Această intenție neînduplecată eșuează doar în cazul îmbolnăvirii sau al îmbătrânirii, atunci când celula suferă practic o implozie într-un proces cunoscut sub numele de apoptoză. Vreau să subliniez că nu cred că celulele au intenții, dorințe sau voință în același fel în care au ființele conștiente înzestrate cu minte, dar ele se pot comporta ca și cum ar avea așa ceva. Atunci când eu sau cititorul avem o intenție, o dorință sau o voință, ne putem reprezenta câteva aspecte ale procesului în mod explicit, sub formă *mentală*; celulele individuale nu pot face așa ceva sau, cel puțin, nu în același fel. Totuși, acțiunile lor urmăresc în mod inconștient perpetuarea propriei existențe în viitor, iar aceste acțiuni sunt consecințele unor substraturi și interacțiuni chimice.

Această intenție neînduplecată corespunde „forței" pe care filozoful Spinoza a intuit-o și a numit-o *conatus*. Astăzi înțelegem că este prezentă la scara microscopică a fiecărei celule vii și ne-o putem imagina proiectată la scară macroscopică oriunde ne-am uita în natură: la întregul nostru organism alcătuit din trilioane de celule, la miliardele de neuroni din creier, la mintea produsă de același creier și la nenumăratele fenomene culturale construite și manipulate timp de milenii de colectivitățile de organisme umane.

Încercarea neîntreruptă de a atinge o stare a vieții reglate pozitiv este o parte definitorie a existenței noastre, este prima realitate a existenței noastre, după cum spunea Spinoza atunci când descria efortul neîncetat al fiecărei ființe de a se conserva. Un amestec de năzuință, efort și tendință se apropie de sensul latinescului *conatus*, așa cum l-a folosit Spinoza, în propozițiile 6, 7 și 8 din *Etica*, partea a treia. Folosind cuvintele lui Spinoza, „orice lucru năzuiește, atât cât depinde de el, să-și mențină existența" și „năzuința prin care orice lucru tinde să-și mențină existența nu e nimic în afară de esența actuală a lucrului însuși". Interpretat din perspectivă actuală, Spinoza spune că organismul viu este construit astfel încât să mențină coerența structurilor și funcțiilor sale cât mai mult timp posibil, în ciuda pericolelor care-l amenință. Este interesant de remarcat că Spinoza a ajuns la aceste concluzii înainte ca Maupertuis să-și fi lansat principiul minimei acțiuni (Spinoza a murit cam cu o jumătate de secol înainte). Ar fi îmbrățișat acest concept.[4]

În ciuda transformărilor pe care corpul le suferă pe măsură ce se dezvoltă, își reînnoiește părțile componente și îmbătrânește, *conatus* insistă în a menține același individ, respectând planul architectural inițial și astfel permițând genul de animare asociată planului respectiv. Animarea poate varia ca amploare: poate antrena procesele necesare supraviețuirii sau optimizării vieții.

Poetul Paul Éluard scria despre *dur désir de durer* („dura dorință de a dura"), o altă modalitate de a descrie ideea de *conatus*, dar cu frumusețea aliterativă a sunetelor din limba franceză. Și William Faulkner a scris despre dorința de a „rezista și a triumfa": se referea, la rândul său, cu o remarcabilă intuiție, la proiecția *conatus*-ului în mintea umană.[5]

Astăzi, există o mulțime de bacterii în jurul nostru, pe noi și în noi, dar nu au rămas exemplare ale bacteriilor de acum 3,8 miliarde de ani. Structura și viața lor de atunci trebuie să fie reconstituite pornind de la dovezi adunate din diferite surse. Între începuturi și prezent există lacune slab documentate. Apariția vieții este încă un subiect deschis conjecturilor informate.

La prima vedere, odată cu descoperirea structurii ADN-ului, elucidarea rolului ARN-ului și descifrarea codului genetic, s-a considerat că viața trebuie să fi provenit din materialul genetic, dar această idee s-a ciocnit de o dificultate majoră: probabilitatea foarte scăzută sau chiar nulă ca astfel de molecule complexe să se asambleze singure și în mod spontan.[6]

Nedumerirea și ambiguitatea erau pe deplin justificate. Descoperirea din 1953 (făcută de Francis Crick, James Watson și Rosalind Franklin) a structurii dublu-elicoidale a ADN-ului reprezintă unul dintre momentele de vârf ale istoriei științei și a influențat în mod justificat perspectiva ulterioară asupra vieții. ADN-ul a ajuns să fie considerat molecula vieții și, prin extindere, molecula ce a dus la apariția sa. Dar cum ar fi putut o moleculă atât de complexă să se asambleze în mod spontan din supa primordială? Privită din această perspectivă, probabilitatea apariției spontane a vieții e atât de mică, încât a justificat scepticismul lui Francis Crick cu privire la originea sa terestră. El și colegul său, Leslie Orgel, de la Institutul Salk, considerau că viața s-ar putea să fi venit din spațiu, adusă de o navă cosmică fără pilot. Aceasta este o versiune a ideii lui Enrico Fermi, care credea că viața de pe Pământ a fost adusă de extratereștri. Oricât de stranie este, această afirmație nu face decât să mute problema pe o altă planetă. Extratereștrii ar fi dispărut între timp, sau poate se află printre noi și nu-i recunoaștem. Fizicianul maghiar Leó Szilárd s-a aventurat chiar să afirme că aceștia se află încă printre noi

„dar sunt numiți unguri“[7]. Acest lucru este deosebit de amuzant, deoarece un alt maghiar remarcabil, biologul și inginerul chimist Tibor Gánti, a fost un critic al ideii că viața și-ar avea originea pe altă planetă, idee pe care, în cele din urmă, Crick a abandonat-o.[8] Totuși, enigma originii vieții a produs o mulțime de idei divergente din partea unora dintre cei mai distinși biologi ai secolului XX. Jacques Monod, de exemplu, era un „sceptic cu privire la viață“ și credea că universul „nu purta în pântecele său viața“, în timp ce Christian de Duve credea exact contrariul.

Încă ne mai confruntăm cu două idei concurente: una care susține că primul a fost replicatorul și a doua idee care susține că primul a fost metabolismul. Ipoteza „anteriorității replicatorului“ este atractivă, deoarece mașinăria genetică e destul de bine înțeleasă și este atât de convingătoare. Când oamenii își pun problema originii vieții (lucru pe care, în mod surprinzător, îl facem rareori), ideea anteriorității replicatorului constituie abordarea implicită. Întrucât genele contribuie la gestionarea vieții și pot transmite viață, de ce nu ar fi fost ele cele care să fi demarat acest proces? Richard Dawkins, de exemplu, susține această perspectivă.[9] Supa primordială ar produce molecule replicatoare, care ar da apoi naștere organismelor vii, organisme care își vor dedica viața protejării și perpetuării genelor. Stanley Miller și Harold Urey au arătat, tot în 1953, că echivalentul unui fulger produs într-un tub de testare ar putea produce aminoacizi, elementele constitutive ale proteinelor, lucru care face plauzibilă ideea unei origini chimice simple a vieții.[10] În cele din urmă, își vor face apariția organisme înzestrate cu minte și inteligență creatoare, care vor asigura mai departe perpetuarea genelor. Dacă acest scenariu pare plauzibil sau convingător este o chestiune ce ține, până la urmă, de gust. Dificultatea nu e neglijabilă, deoarece nimic nu este atât de transparent cu privire la subiectul originii vieții. În sprijinul acestei perspective, s-a avansat un scenariu conform căruia condițiile geologice de acum aproximativ

3,8 miliarde de ani ar fi fost compatibile cu asamblarea spontană a unora dintre nucleotidele de ARN. Lumea ARN ar fi răspunzătoare pentru ciclurile chimice autocatalitice ce definesc metabolismul și pentru transmiterea genetică. Într-o variație pe această temă, ARN-ul catalitic ar îndeplini o sarcină dublă: replicarea și chimia.

Scenariul pe care îl consider cel mai convingător pune însă pe primul loc metabolismul. La început a fost simplă chimie, după cum susține Tibor Gánti. Supa primordială conținea principalele ingrediente și existau suficente condiții favorabile, cum ar fi coșuri termale și furtuni cu fulgere, în așa fel încât anumite molecule și anumite mecanisme chimice să se asambleze și să inițieze operații protometabolice. Materia vie ar fi început ca o scamatorie chimică, rezultat al chimiei cosmice și al inevitabilității sale, dar aceeași materie ar ajunge să fie îmbibată de imperativul homeostatic, element care îi va stabili traiectoria. Pe lângă forțele ce favorizează structuri moleculare și celulare tot mai stabile, care au dus la menținerea vieții și la un echilibru energetic pozitiv, a mai existat un set de evenimente întâmplătoare ce au condus la generarea de molecule autoreplicante precum acizii nucleici. Acest proces a realizat două lucruri: un sistem central de reglare a vieții interne și un sistem de transmitere genetică vieții ce depășea simpla diviziune celulară. Perfecționarea celor două sarcini ale mașinăriei genetice nu s-a înterupt de atunci încolo.

Acest scenariu al apariției vieții a fost elocvent articulat de Freeman Dyson și este favorizat de o serie de chimiști, fizicieni și biologi printre care se numără J.B.S. Haldane, Stuart Kauffman, Keith Baverstock, Christian de Duve și P.L. Luisi. Autonomia procesului, faptul că viața este generată „din interior“, că este autoinițiată și autoîntreținută în toate aspectele sale, a fost de asemenea bine reprezentată de biologii chilieni Humberto Maturana și Francisco Varela în procesul pe care l-au numit *autopoeză*.[11]

Interesant este că, potrivit ipotezei „anteriorității metabolismului“, homeostazia îi „spune“ celulei, ca să ne exprimăm astfel, să-și îndeplinească sarcinile cât mai bine cu putință, astfel încât viața *celulei* să poată persista. Este vorba despre același îndemn pe care genele, conform celeilalte ipoteze, l-ar adresa celulei vii, doar că țelul genelor este propria perpetuare, nu viața celulei. Până la urmă, indiferent cum au început lucrurile, imperativul homeostatic s-a manifestat nu numai la nivelul mașinăriei metabolice celulare, ci și în mecanismul de reglare și reproducere a vieții. În lumea ADN-ului există două tipuri distincte de viață (celulele izolate și organismele pluricelulare) care au fost în cele din urmă echipate cu un mecanism genetic ce le permite să se reproducă și să genereze descendenți, dar aparatul genetic care contribuia la reproducere a ajuns să contribuie și la reglarea fundamentală a metabolismului.

Cu alte cuvinte, la nivelul umilelor celule (cu și fără nucleu) sau la cel al organismelor pluricelulare de mari dimensiuni, cum suntem noi, oamenii, ținutul neasemănării numit viață poate fi definit de aceste două trăsături: capacitatea de a-și regla viața prin menținerea structurilor și operațiilor interne pe o durată cât mai mare cu putință și posibilitatea de a se reproduce la nesfârșit. Este ca și cum, într-un mod extraordinar, fiecare dintre noi, fiecare celulă a noastră și oricare altă celulă ar face parte dintr-un unic organism gigantic și supertentacular, singurul organism care a apărut acum 3,8 miliarde de ani și care încă se perpetuează.

Privind înapoi, acest lucru este concordant cu definiția vieții dată de Erwin Schrödinger. Schrödinger, fizician laureat al Premiului Nobel, s-a aventurat în 1944 pe tărâmul biologiei și a ajuns la concluzii remarcabile. Scurta sa capodoperă intitulată *Ce este viața?* oferă o anticipare a posibilului aranjament al micii molecule necesare codului genetic, ideile sale având o influență majoră asupra lui Francis Crick și James Watson. Cât despre răspunsul la titlul cărții sale, iată câteva pasaje-cheie.[12]

„Viața pare a fi un comportament legic și ordonat al materiei, care nu se întemeiază exclusiv pe tendința ei de a trece de la ordine la dezordine, ci, în parte, și pe ordinea existentă, care se menține." Ideea de „ordinea existentă, care se menține" este inspirată de Spinoza, filozof pe care-l citează la începutul cărții sale. *Conatus* este forța care, în cuvintele lui Schrödinger, contracarează „tendința naturală a lucrurilor de a se apropia de starea haotică", o rezistență pe care Schrödinger o vede exprimată la organismele vii și în molecula ereditară despre care specula.

„Care este trăsătura caracteristică a vieții? Când putem spune că o bucată de materie este vie?" se întreabă Schrödinger. Răspunsul său:

> Atunci când reușește „să facă ceva", să se deplaseze, să facă schimb de substanță cu mediul său înconjurător etc. o perioadă mult mai lungă decât ar putea „să meargă" o bucată neînsuflețită de materie în condiții similare. Dacă un sistem neviu este izolat sau plasat într-un mediu uniform, orice mișcare încetează de obicei foarte rapid ca urmare a diferitelor feluri de frecare; diferențele de potențial chimic și electric se nivelează, la fel substanțele care au tendința de a forma compuși chimici, temperatura devine uniformă prin conductibilitate termică. După aceasta întregul sistem se stinge într-o bucată de materie inertă, moartă. Se ajunge la o stare în care nu se mai desfășoară nici un eveniment observabil. Această stare fizicianul o numește echilibru termodinamic sau „entropie maximă".

Metabolismul pus la punct (adică metabolismul ghidat de homeostazie) ar defini începuturile vieții și avansarea sa și ar fi forța motrice a evoluției. Selecția naturală, care este ghidată de cea mai eficientă extracție a elementelor nutritive și a energiei din mediul înconjurător, s-a ocupat de restul, care include reglarea metabolică centralizată și replicarea.

Deoarece, înainte cu patru miliarde de ani, când disiparea căldurii a produs apa lichidă, nu pare să fi existat nimic asemănător vieții, înseamnă că a fost nevoie de aproape zece miliarde de ani pentru apariția chimiei potrivite, în locul potrivit, nu la mult timp după formarea și răcirea Pământului. Apoi a fost posibilă apariția vieții și a cursei neobosite spre complexitate și specii diferite. Nu putem încă afirma dacă există viață în altă parte în univers. S-ar putea chiar să existe alte tipuri de viață, cu o bază chimică diferită. Pur și simplu nu știm.

Încă nu putem crea viață de la zero. Știm care sunt ingredientele vieții, știm cum genele transmit viață noilor organisme și cum administrează viața din interiorul organismelor și putem produce substanțe organice în laborator. Putem implanta un genom într-o bacterie din care a fost scos propriul ei genom. Genomul nou inserat va controla homeostazia bacteriei și îi va permite să se reproducă mai mult sau mai puțin perfect. S-ar putea spune că noul genom este dominat de propriul *conatus* și că îi impune intențiile. Dar crearea de la zero și pregenetică a vieții, după cum pare să se fi petrecut în acel prim ținut al neasemănării, încă ne depășește.[13]

Organizarea chimiei de așa natură încât să producă viață nu e pentru cei slabi de inimă.

În momentul de față, cele mai multe conversații despre știința vieții se centrează asupra uimitoarei mașinării a genelor răspunzătoare cu transmiterea și reglarea parțială a vieții. Dar atunci când vorbim despre viață în sine, genele nu reprezintă singurul subiect de discuție. De fapt, putem emite ipoteza că imperativul homeostatic, așa cum se întâlnește la primele forme de viață, a fost urmat de materialul genetic, și nu invers. Acest lucru ar fi fost realizat în urma efortului său constitutiv de a optimiza viața, care se află în sine în spatele selecției naturale. Materialul genetic poate să fi ajutat imperativul homeostatic în atingerea celui mai mare avantaj: prin responsabilitatea generării urmașilor, ceea ce constituie o încercare de garantare a perpetuității, acest material este posibil să fi pus în scenă consecințele ultime ale homeostaziei.

Structurile biologice și operațiile răspunzătoare de homeostazie încorporează valoarea biologică pe baza căreia operează selecția naturală. Această formulare este de ajutor în problema originilor și situează procesul fiziologic critic în condiții particulare ale procesului vieții și ale chimiei aflate la baza sa.

Locul ocupat de gene în istoria vieții nu este un subiect banal. Viața, imperativul său homeostatic și selecția naturală indică apariția proceselor genetice, de pe urma cărora beneficiază. Viața, imperativul său homeostatic și selecția naturală explică, de asemenea, apariția evolutivă a comportamentelor inteligente (inclusiv a comportamentelor sociale) la organismele unicelulare, precum și apariția ulterioară a sistemului nervos și a minților îmbibate de sentimente, a conștiinței și a creativității la organismele pluricelulare. Ultimele sunt dispozitivele pe baza cărora, de bine, de rău, oamenii sfârșesc prin a se întreba despre propria condiție, sub toate dimensiunile sale, și care, potențial, susțin sau contracarează însuși mandatul homeostatic ce a permis formularea inițială a unor astfel de întrebări existențiale. Din nou, importanța, eficiența și chiar relativa tiranie a genelor nu este pusă în discuție, ci numai poziția lor în ordinea lucrurilor.

VIAȚA PE PĂMÂNT

Începutul Pământului	circa 4,5 miliarde de ani în urmă
Chimie și protocelule	între 4 și 3,8 miliarde de ani în urmă
Primele celule	între 3,8 și 3,7 miliarde de ani în urmă
Celulele eucariote	2 miliarde de ani în urmă
Organismele pluricelulare	între 700 și 600 milioane de ani în urmă
Sistemul nervos	circa 500 milioane de ani în urmă

3. TIPURILE HOMEOSTAZIEI

Unul dintre primii pași ai cunoscutului ritual al controlului medical anual este măsurarea tensiunii arteriale. Cititorii conștiincioși fac asta în mod regulat și sunt familiarizați cu faptul că există un interval al valorilor pe care medicii le comunică pentru presiunea „diastolică“ și cea „sistolică“. Se poate ca unii dintre cititori să fi avut chiar episoade de presiune scăzută sau ridicată și au primit sfatul să-și schimbe dieta sau să urmeze un tratament care să aducă aceste valori în limite acceptabile. De ce atâta agitație? Deoarece există un interval de variații acceptabile ale presiunii sangvine, fiind permise numai fluctuații limitate. Este de așteptat ca organismul să regleze în mod automat acest proces și să evite devieri excesive către limitele inferioare sau cele superioare. Dar atunci când acest dispozitiv de siguranță naturală eșuează, apar probleme, uneori imediate, dacă gradul de abatere este mare. Când dereglarea persistă, consecințele pentru organism pot fi grave. De fapt, medicul caută dovada că unul dintre numeroasele sisteme ale organismului tău funcționează sau nu așa cum ar trebui.

Homeostazia și reglarea vieții sunt adesea considerate sinonime. Acest fapt este concordant cu ideea tradițională de homeostazie, care se referă la capacitatea tuturor organismelor vii de a-și menține neîncetat activitățile funcționale chimice și fiziologice generale într-un interval de valori compatibile cu supraviețuirea. Această concepție restrânsă despre homeostazie nedreptățește complexitatea și bogăția fenomenelor la care se referă termenul.

Este foarte adevărat că (indiferent dacă ne referim la forme de viață unicelulară sau la organisme complexe, cum suntem noi) foarte puține aspecte ale activității unui organism se sustrag necesității de a se menține sub control. De aceea, s-a considerat inițial că mecanismele homeostaziei sunt strict automate și că țin numai de starea mediului intern al organismului. În linie cu această definiție, conceptul de homeostazie a fost deseori explicat prin analogia cu un termostat: după ce se atinge temperatura stabilită, dispozitivul își încetează activitatea (de răcire sau încălzire) în mod automat. Totuși, definiția tradițională, precum și explicațiile tipice pe care le-a inspirat, nu acoperă toate circumstanțele în care acest concept poate fi aplicat cu referire la sistemele vii. Să explic mai întâi de ce concepția clasică despre homeostazie e prea limitată.

În primul rând, obiectivul procesului homeostatic nu e doar acela de a asigura o stare staționară. Privind retrospectiv, este ca și cum o singură celulă sau un organism pluricelular s-ar strădui să ajungă la o formă particulară de stabilitate: o stabilitate favorabilă propriei dezvoltări. Se poate considera că acest tip de reglare are în vedere viitorul organismului, că este o tendință de a se proiecta în timp prin intermediul unei reglări optime a vieții și a potențialilor descendenți. S-ar putea spune că organismele își doresc sănătatea și că se comportă în consecință.

În al doilea rând, procesele fiziologice rareori se supun unor niveluri fixe precum termostatele. Dimpotrivă, există nuanțe și grade de reglare; există niveluri dispuse de-a lungul unei scări determinate, care corespunde, în definitiv, unei perfecțiuni mai mari sau mai mici a procesului de reglare. Acest proces corespunde cu ceea ce numim de obicei sentimente, iar cele două componente sunt strâns legate: prima, adică relativul caracter bun sau rău al unei stări a vieții, reprezintă baza celei de-a doua, adică a sentimentelor. În legătură cu asta, putem observa că, în general, nu avem nevoie să ne ducem la medic pentru a descoperi dacă starea noastră de sănătate este bună și nici nu avem nevoie să ne măsurăm tensiunea arterială în acest sens: sentimentele ne oferă o perspectivă în timp real a propriei sănătăți. Starea de bine sau de rău în care ne aflăm reprezintă santinela noastră. Desigur, sentimentele pot să nu surprindă apariția unor boli, iar stările emoționale pot masca evoluția sentimentelor homeostatice spontane și le pot împiedica să transmită un mesaj clar. Cel mai adesea, sentimentele ne spun ce trebuie să știm. Nu există vreun motiv pentru care ar trebui să ne bazăm numai pe sentimente pentru a avea grijă de noi, dar este important să subliniem rolul fundamental al acestora și valoarea lor practică, acesta fiind, fără îndoială, motivul pentru care au fost păstrate de evoluție.

În al treilea rând, o perspectivă cuprinzătoare asupra homeostaziei trebuie să includă aplicarea acestui concept la sisteme în care mințile conștiente și capabile de decizie (atât la nivel individual, cât și la cel al grupului social) pot să influențeze mecanismele reglatoare automate *și* să creeze noi forme de reglare vitală care au aceeași țintă a homeostaziei automate esențiale, adică atingerea unor stări ale vieții ce tind spre prosperitate. *Consider că efortul de creare a culturilor umane este o manifestare a acestui tip de homeostazie.*

În al patrulea rând, atât pentru organismele unicelulare, cât și pentru cele pluricelulare, esența homeostaziei este formidabila operațiune de gestionare a energiei: adică procurarea și folosirea acesteia pentru anumite sarcini critice, precum repararea, apărarea, dezvoltarea și participarea la generarea și întreținerea descendenților. Aceasta este o sarcină monumentală pentru orice organism, și cu atât mai mult pentru organismele umane, având în vedere complexitatea structurii lor și diversitatea mediilor înconjurătoare în care trăiesc.

Dimensiunea acestui proces este atât de mare, încât efectele sale pot începe de la nivelul inferior al fiziologiei și se pot manifesta până la niveluri superioare de funcționare, inclusiv la cele cognitive. De exemplu, știm că, pe măsură ce temperatura ambientală crește, nu numai că trebuie să ne adaptăm fiziologia internă la pierderea de apă și de electroliți, dar începem să avem și o scădere a performanței cognitive. Nu e surprinzător că o slabă ajustare a fiziologiei interne duce la boală și la moarte. Se știe că numărul de decese crește pe parcursul unor valuri prelungite de căldură, care, în plus, duc la creșterea numărului de crime și de violență sectariană.[1] Studenții se descurcă mai slab la examene, iar comportamentul civilizat este și el legat de termometru.[2] Relația dintre homeostazie și fiziologie se manifestă la toate nivelurile economiei vieții, de la cele mai scăzute la cele înalte. Răspunsul cultural inteligent la valurile de căldură, conceput, după toate probabilitățile, într-un loc umbros, începe cu un ventilator și se termină cu aerul condiționat. Iată deci un bun exemplu de dezvoltare tehnologică inspirată de homeostazie.

DIFERITELE TIPURI DE HOMEOSTAZIE

Conceptul tradițional și restrâns al homeostaziei nu evocă de obicei faptul că în natură au evoluat cel puțin două varietăți distincte de control al mediului intern și că termenul „homeostazie" se poate referi la oricare dintre ele sau la ambele. În consecință, însemnătatea extraordinară a acestei dezvoltări evolutive este ușor trecută cu vederea. Termenul „homeostazie" se referă de obicei la formele inconștiente de control fiziologic, care operează automat, fără subiectivitate sau deliberare din partea organismului. În mod evident, după cum am văzut în cazul bacteriilor, acest tip de control poate opera bine chiar și la organismele lipsite de sistem nervos.

De fapt, căutarea hranei și a apei arunci când sursele de energie sunt reduse poate fi realizată de majoritatea organismelor fără nici o intenție din partea lor, iar dacă hrana sau apa nu sunt disponibile în mediul înconjurător, cele mai multe organisme vor face față acestei probleme tot în mod automat. Hormonii vor duce la metabolizarea automată a rezervelor de glucide pe care le vor pune în circulație pentru a compensa lipsa imediată a surselor de energie. În același timp, organismul este împins în mod automat să-și intensifice căutarea surselor de energie. Cel mai important rezultat al unor astfel de măsuri este supraviețuirea, în timp ce soluția necesară (ingestia de hrană) nu este disponibilă. Tot așa, când balanța hidrică este scăzută, rinichii își opresc sau își încetinesc activitatea în mod automat. Acest lucru previne sau reduce diureza și restabilește nivelul de hidratare, în timp ce organismul așteaptă vremuri mai bune. Hibernarea este o strategie naturală atunci când temperatura și disponibilul de energie scad.[3]

Totuși, această folosire restrânsă a termenului „homeostazie" e inadecvată în cazul multor ființe vii și mai ales în cel al omului. Este adevărat că oamenii încă folosesc controlul automat și se bucură din plin de el: valoarea glucozei din sânge poate fi corectată în mod automat și adusă la un nivel optim printr-un set de operații complexe ce nu necesită nici o intervenție conștientă din partea individului; secreția de insulină de către celulele pancreatice, de exemplu, reglează nivelul glicemiei; tot așa, cantitatea de apă aflată în sistemul circulator poate fi ajustată automat prin diureză. La oameni și la numeroase alte specii dotate cu un sistem nervos complex, există totuși un mecanism suplimentar ce presupune experiențe mentale care exprimă o valoare. După cum am văzut, secretul acestui mecanism sunt sentimentele. Dar, după cum sugerează termenii „mental" și „experiență", sentimentele, în accepțiunea avută în vedere aici, pot să apară numai dacă există minte și fenomene mentale și numai dacă acea minte este conștientă și poate avea experiențe.[4]

Tipul de homeostazie automată pe care-l întâlnim la bacterii, animale simple şi plante precedă dezvoltarea minţii, care va fi ulterior străbătută în trăiri şi conştiinţă. Astfel de dezvoltări i-au oferit minţii posibilitatea să influenţeze în mod intenţionat mecanismele homeostatice prestabilite şi, mai târziu, au permis invenţiilor creative şi inteligente să extindă homeostazia în sfera socioculturală. Totuşi, homeostazia automată, începând cu bacteriile, a inclus şi, de fapt, a avut nevoie de capacitatea de a simţi şi a reacţiona, precursorii umili ai minţii şi ai conştiinţei. Senzaţia operează la nivelul moleculelor chimice prezente în membrana bacteriei şi se găseşte şi la nivelul plantelor, care pot simţi prezenţa anumitor molecule din sol (vârfurile rădăcinilor lor sunt, în fapt, organe de simţ) şi pot acţiona în consecinţă: pot creşte în direcţia în care sunt şanse să existe moleculele necesare homeostaziei.[5]

Noţiunea populară de homeostazie (dacă cititorul îmi poate ierta nepotrivirea alăturării cuvintelor „popular" şi „homeostazie" în aceeaşi propoziţie) evocă ideea de „echilibru". Dar, când e vorba de viaţă, nu dorim deloc echilibru, deoarece, termodinamic vorbind, echilibrul înseamnă diferenţă termică zero şi moarte. (În ştiinţele sociale, termenul de „echilibru" este mai benign deoarece înseamnă doar stabilitate rezultată în urma opoziţiei unor forţe contrare şi comparabile.) Ani de zile, am definit „homeostazia" spunând că nu corespunde unei stări neutre, ci uneia în care activităţile vitale par să fie reglate în aşa fel încât să se ajungă la bunăstare. Proiecţia forţată către viitor era exprimată prin sentimentul subiacent de stare de bine.

Recent am întâlnit o opinie înrudită formulată de John Torday: acesta respinge la rândul său ideea cvasistatică a homeostaziei, ideea conservării statu-quo-ului. În loc de asta, Torday consideră că homeostazia e un motor al evoluţiei, o cale de creare a unui spațiu celular protejat în interiorul căruia ciclurile catalitice își pot desfășura activitatea și pot căpăta literalmente viață.[6]

RĂDĂCINILE UNEI IDEI

Datorăm ideea din spatele homeostaziei fiziologului francez Claude Bernard. În ultimul sfert al secolului al XIX-lea, Bernard a făcut o observație deschizătoare de drumuri: pentru ca viața să poată continua, sistemele vii au nevoie să-și mențină numeroasele variabile ale propriului mediu intern între o serie de limite restrânse.[7] În lipsa unui asemenea control strict, magia vieții pur și simplu dispare. Esența mediului intern (*milieu intérieur*, în originalul lui Bernard) este caracterizată de un mare număr de procese chimice interactive. Procesele chimice tipice și moleculele lor esențiale pot fi găsite în sânge, în viscere, unde ajută la desfășurarea metabolismului, în glandele endocrine, precum pancreasul și tiroida, și în anumite regiuni și circuite ale sistemului nervos, unde sunt reglate diferite aspecte ale vieții, hipotalamusul fiind cel mai important exemplu al unor astfel de regiuni. Aceste procese chimice asigură faptul că apa, substanțele nutritive și oxigenul sunt prezente în țesuturile vii în cantități suficiente și, astfel, permit transformarea surselor de energie în energie propriu-zisă. Numai în acest fel celulele care compun toate țesuturile și organele corpului pot să rămână în viață. Organismul, care formează întregul integrat al unor astfel de celule, țesuturi, organe și sisteme vii, poate supraviețui numai dacă limitele homeostatice sunt strict respectate. Devierile unor variabile de la nivelul acceptabil duc la boală și, dacă nu apare o corecție mai mult sau mai puțin rapidă, rezultatul radical este moartea. Toate organismele vii sunt înzestrate cu mecanisme reglatoare automate. Ele sunt imediat disponibile și vin cu o garanție de funcționare semnată de genomurile lor.

Termenul „homeostazie“ a fost inventat, la câteva decenii după Claude Bernard, de către fiziologul american Walter Cannon.[8] Acesta se referea la rândul său la sistemele vii și, folosind termenul „homeostazie“ cu referire la acest proces, a ales rădăcina greacă *homeo-* („asemănător“), și nu *homo-* („același“), deoarece se gândea la sisteme construite de natură, sisteme care manifestă adesea oscilații situate în anumite intervale: hidratarea, glicemia, concentrația de sodiu din sânge, temperatura și așa mai departe. Este clar că nu se gândea la valori prestabilite, asemănătoare celor prezente în sistemele construite de om, cum ar fi termostatele. Termenii „alostazie“ și „heterostazie“, care sunt sinonimi cu „homeostazie“, au fost introduși mai târziu pentru a atrage atenția asupra amplorii oscilațiilor, adică asupra faptului că reglarea vieții nu funcționează cu valori fixe, ci cu intervale în care valorile pot varia.[9] Ideea din spatele neologismelor mai recente se potrivește totuși cu cea formulată de Bernard și botezată de Cannon. Acești noi termeni recenți nu au pătruns în limbajul curent.[10]

Am însă o simpatie mai mare față de termenul „homeodinamică“ inventat de Miguel Aon și David Lloyd.[11] Sistemele homeodinamice, așa cum este cazul sistemelor vii, își organizează în mod spontan activitatea atunci când își pierd stabilitatea. În aceste puncte de bifurcație, ele manifestă comportamente complexe cu caracteristici emergente, cum ar fi comutatori bistabili, praguri, unde, gradiente și rearanjamente moleculare dinamice.

Propunerea lui Claude Bernard cu privire la reglarea mediului intern era foarte avansată pentru acea vreme și se referea nu numai la animale, ci și la plante. Însuși titlul cărții sale din 1879 este uimitor chiar și astăzi: *Leçons sur les phénomènes de la vie communs aux animaux et aux végétaux.*

Regnul vegetal și cel animal erau înainte considerate complet distincte de către cei care le cercetau. Dar Claude Bernard a înțeles că plantele și animalele au aceleași necesități de bază. Plantele sunt organisme pluricelulare care au nevoie de apă și substanțe nutritive, la fel ca animalele; au un metabolism complicat; nu au neuroni, mușchi sau o mișcare foarte evidentă, deși există câteva excepții clare; dar au ritmuri circadiene, iar reglările lor homeostatice folosesc molecule la care apelează și creierul nostru: serotonina, dopamina, noradrenalina și așa mai departe. Plantele sunt considerate de obicei ca fiind imobile, dar acestea manifestă mai multă mișcare decât pare la prima vedere. Nu mă refer doar la capcana lui Venus (*Dionaea muscipula*), care-și închide brusc petalele pentru a prinde insecte, nici la faptul că anumite flori se deschid în prezența soarelui și se închid odată cu venirea serii. Însăși creșterea rădăcinilor sau a trunchiurilor constituie mișcări generate de simpla adăugare a elementelor fizice concrete. Acest lucru poate fi cu ușurință demonstrat prin derularea la o viteză crescută a unui film care urmărește creșterea unei plante.

Claude Bernard a înțeles de asemenea că, atât la plante, cât și la animale, homeostazia are avantaje de pe urma relațiilor simbiotice. Un bun exemplu sunt florile al căror parfum atrage albinele: vizita lor este necesară pentru fabricarea propriei mieri și pentru realizarea polenizării, care va oferi lumii semințele plantei.

Descoperim astăzi că scopul relațiilor simbiotice este mult mai amplu decât anticipase Claude Bernard. El include, atât în cazul plantelor, cât și în cel al animalelor, organisme ce aparțin unui alt regn, cel al bacteriilor: vastul și variatul domeniu al procariotelor. În organismul nostru trăiesc miliarde și miliarde de bacterii care ne sunt de ajutor și care primesc în schimb adăpost și hrană.

4. DE LA CELULE LA SISTEMUL NERVOS ȘI LA MINTE

VIAȚA BACTERIANĂ

Îl voi ruga pe cititor să lase deoparte, pentru un moment, mintea și creierul omului și să ia în considerare viața bacteriană. Scopul este acela de a înțelege felul în care viața unei singure celule se potrivește în lunga istorie ce a dus la apariția umanității. Acest exercițiu poate să pară destul de abstract, deoarece nu suntem obișnuiți să vedem bacteriile cu ochiul liber. Dar nu este nimic abstract în legătură cu microorganismele dacă le privești prin microscop și înveți ce lucruri uimitoare fac.

Nu încape îndoială că bacteriile au fost primele forme de viață și că supraviețuiesc și astăzi. Dar ar fi o exagerare să se afirme că încă se află printre noi deoarece au fost niște supraviețuitori curajoși. S-a întâmplat doar să fie cei mai numeroși și mai variați locuitori ai Pământului. Nu doar atât: multe specii de bacterii fac cu adevărat parte din noi, oamenii. De-a lungul eonilor de evoluție, multe specii ale acestora au fost încorporate în celulele mai mari ale corpului uman și multe bacterii trăiesc în fiecare dintre noi într-o simbioză armonioasă. În interiorul fiecărui organism uman există mult mai multe celule bacteriene decât celule proprii ale aceluiași organism. Diferența este uluitoare: un raport de unu la zece. Numai în intestinul uman există în jur de o sută de mii de miliarde de bacterii, în timp ce întregul corp uman este alcătuit din aproximativ zece mii de miliarde de celule de toate tipurile. Microbiologul Margaret McFall-Ngai are dreptate atunci când spune că „plantele și animalele nu sunt decât o patină peste lumea microbiană“.[1]

Acest succes enorm își are propria rațiune. Bacteriile sunt creaturi foarte inteligente; e singurul mod de a le caracteriza, chiar dacă inteligența lor nu e ghidată de o minte cu sentimente și intenții și nici de un punct de vedere conștient. Ele pot simți condițiile din mediul înconjurător și pot reacționa în moduri avantajoase perpetuării propriei vieți. Aceste reacții includ comportamente sociale complexe. Pot comunica între ele: e adevărat, nu prin cuvinte, ci prin molecule ce pot semnaliza o mulțime de lucruri. Calculele pe care le efectuează le permit să-și evalueze situația și, astfel, să trăiască independent sau să se adune laolaltă dacă este necesar. În aceste organisme unicelulare nu există sistem nervos și nici minte în sensul în care posedăm noi. Cu toate astea, bacteriile au diferite tipuri de percepție, memorie, comunicare și guvernare socială. Operațiunile funcționale care susțin toată această „inteligență fără creier sau minte“ se bazează pe rețele chimice și electrice de tipul celor pe care sistemul nervos va ajunge, în cursul evoluției, să le posede, să le dezvolte și să le exploreze. Cu alte cuvinte, mai târziu, mult mai târziu, neuronii și circuitele neuronale vor ajunge să utilizeze vechile invenții care se bazau pe reacțiile moleculare și pe componente ale corpului celular: citoscheletul (scheletul din interiorul celulei) și membrana.

Din punct de vedere istoric, lumea bacteriilor (celule lipsite de nucleu, cunoscute drept procariote) a fost urmată, după aproximativ două miliarde de ani, de lumea mult mai complicată a celulelor nucleate, sau eucariotele. Organismele pluricelulare sau metazoarele au apărut ulterior, între 700 și 600 milioane de ani în urmă. Deși relatările despre această istorie așază pe primul loc competițiile, tot acest îndelungat proces de evoluție și dezvoltare este plin de exemple de cooperări eficiente. De exemplu, celulele bacteriene cooperează cu alte celule astfel încât să creeze organitele unor celule mult mai complexe. Mitocondriile sunt exemple ale unor astfel de organite: organe miniaturale din interiorul unui organism celular. Tehnic vorbind, unele dintre celulele noastre s-au format prin încorporarea unor bacterii în propria structură. Celulele nucleate, la rândul lor, cooperează pentru a forma țesuturi, care apoi cooperează pentru a forma organe și sisteme. Principiul este întotdeauna același: organismele renunță la ceva în schimbul a altceva ce poate fi oferit de alte organisme; pe termen lung, acest lucru le va face viața mai eficientă și le va crește șansele de supraviețuire. Lucrul la care bacteriile, celulele nucleate, țesuturile sau organele renunță este independența; ceea ce câștigă în schimbul acesteia este accesul la „bunuri comune", bunuri care provin dintr-o organizare cooperativă ce pune la dispoziție substanțe nutritive indispensabile sau condiții generale favorabile, precum accesul la oxigen sau avantajele unui anumit mediu înconjurător. Data viitoare când auziți diferite persoane că sunt deranjate de ideea unor acorduri comerciale internaționale, aduceți-vă aminte de aceste lucruri. Ilustrul biolog Lynn Margulis a promovat ideea simbiozei în alcătuirea vieții complexe într-o perioadă în care o astfel de perspectivă era aproape complet ignorată.[2]

Imperativul homeostatic stă în spatele proceselor de cooperare și se profilează, de asemenea, pe fundalul apariției sistemelor „generale" prezente în toate organismele pluricelulare. Fără astfel de „sisteme de nivel corporal general", structurile complexe și funcțiile organismelor pluricelulare nu ar fi fost viabile. Principalele exemple ale unor astfel de dezvoltări sunt sistemele circulatorii, sistemele endocrine (care au funcția de a distribui hormonii la nivelul țesuturilor și organelor), sistemele imunitare și sistemele nervoase.[3] Sistemele circulatorii fac posibilă distribuirea moleculelor nutritive și a oxigenului la fiecare celulă din corp. Ele distribuie moleculele produse de digestie în sistemul gastrointestinal, molecule care trebuie apoi să fie distribuite în întregul organism. Celulele nu pot supraviețui fără aceste molecule, lucrul este valabil și în privința oxigenului. Pentru a vă face o idee, puteți compara aceste sisteme circulatorii cu o companie de genul Amazonului. Sistemele circulatorii mai îndeplinesc o funcție remarcabilă: colectează cea mai mare parte a deșeurilor ce rezultă în urma schimburilor metabolice și reușesc să scape de ele. Creează apoi condițiile pentru doi asistenți importanți ai homeostaziei: reglarea hormonală și imunitatea. Totuși, punctul culminant al sistemelor homeostatice răspândite în organism sunt sistemele nervoase, și la ele mă voi referi în continuare.

SISTEMELE NERVOASE

Când au pătruns sistemele nervoase în marșul evoluției? O estimare plauzibilă este Precambrianul, care s-a încheiat între 540 și 600 de milioane de ani în urmă: o epocă veche, desigur, dar nu atât de veche dacă o comparăm cu momentul apariției primelor forme de viață. Viața, chiar și cea pluricelulară, s-a descurcat destul de bine fără un sistem nervos timp de aproape trei miliarde de ani. Înainte de a stabili momentul în care percepția, inteligența, sociabilitatea și emoțiile și-au făcut apariția pe scena lumii, ar trebui să reflectăm la această linie temporală.

Privite din perspectivă actuală, sistemele nervoase, odată ce au intrat în scenă, au permis organismelor pluricelulare complexe să se confrunte mai bine cu homeostazia de la nivelul întregului organism și să se dezvolte fizic și funcțional. Sistemele nervoase au apărut ca slujitori ai organismelor (mai exact, ai corpurilor), și nu invers. Se poate susține că încă mai au, într-o oarecare măsură, acest rol.

Sistemele nervoase au câteva trăsături distincte. Cea mai importantă dintre ele are de-a face cu celulele care le definesc cel mai bine: neuronii. Neuronii sunt *excitabili*. Ceea ce înseamnă că un neuron, atunci când „se activează“, generează o descărcare electrică ce călătorește de la corpul celular la axon (prelungire fibroasă a corpului celular), care, la rândul său, eliberează moleculele unei substanțe chimice (cunoscute drept neurotransmițător) la locul de contact cu un alt neuron sau cu o celulă musculară. În acel punct, numit sinapsă, neurotransmițătorul eliberat activează următoarea celulă, care poate fi un alt neuron sau o celulă musculară. Puține alte tipuri de celule din corp reușesc să desfășoare o operație comparabilă, adică să combine un proces electrochimic pentru a influența o altă celulă. Neuronii, celulele musculare și unele celule senzoriale sunt exemple tipice.[4] Putem considera această performanță o apoteoză a semnalizării bioelectrice, realizată pentru prima dată, la un nivel rudimentar, de organisme unicelulare de tipul bacteriilor.[5]

O altă trăsătură aflată în spatele unicității sistemelor nervoase vine din faptul că fibrele nervoase (axonii care pornesc din corpul celular al neuronilor) se întind în aproape toate ungherele corpului: organe interne individuale, vase sangvine, mușchi, piele etc. Pentru a face asta, fibrele nervoase parcurg adesea distanțe lungi față de corpul celular al neuronului din care provin. Existența acestor terminale îndepărtate este însă echhilibrată în mod adecvat. La sistemele nervoase evoluate, există o serie de fibre nervoase care circulă în sens opus din nenumăratele părți ale corpului la componenta centrală a sistemului nervos, care, în cazul omului, este creierul. Funcția fibrelor care pleacă de la sistemul nervos central către periferie este, de regulă, aceea de stimulare a acțiunilor cum ar fi secreția de molecule chimice sau contracția musculară. Gândiți-vă la importanța extraordinară a acestor acțiuni: prin transmiterea la periferie a unei molecule chimice secretate, sistemul nervos modifică starea țesutului care o primeşte; prin contractarea unui muşchi, sistemul nervos generează mişcare.

Între timp, fibrele care călătoresc în sens invers, dinspre interiorul organismului spre creier, desfăşoară o operaţie cunoscută drept interocepţie (sau viscerocepţie, deoarece activitatea lor are de-a face cu ceea ce se petrece la nivelul viscerelor). Care este scopul unei asemenea operaţii? Supravegherea stării vieţii, în asta constă. Pe scurt, o activitate de observare şi raportare al cărei scop este acela de a informa creierul despre ce se întâmplă în altă parte a corpului, astfel încât acesta să poată interveni atunci când e necesar.[6]

În această privinţă, trebuie menţionate câteva detalii. În primul rând, rolul de supraveghere neuronală a interocepţiei este moştenit dintr-un sistem mai primitiv ce permitea substanţelor chimice care circulau în sânge să acţioneze *în mod direct* atât la nivelul central, cât şi la cel periferic al structurilor nervoase. Această veche cale de interocepţie chimică informează sistemul nervos despre ce se întâmplă în corp. Însă este o cale ce nu are un singur sens: adică substanţele chimice secretate în sistemul nervos intră în fluxul sangvin şi pot influenţa diferite aspecte ale metabolismului.

În al doilea rând, la creaturile conştiente precum omul, primul nivel al semnalelor interoceptive sunt transmise la nivel subconştient, iar răspunsurile corectoare pe care le elaborează creierul pe baza supravegherii inconştiente sunt decise, de asemenea, în mod automat. După cum vom vedea, activitatea de supraveghere declanşează, până la urmă, sentimente conştiente şi pătrunde în mintea subiectivă. Reacţiile pot fi influenţate prin deliberări conştiente numai după ce au depăşit acest prag al capacităţii funcţionale, organismul profitând în continuare de procesele inconştiente.

În al treilea rând, supravegherea masivă a funcţiilor organismului (o dezvoltare avantajoasă pentru o homeostazie adecvată a organismelor pluricelulare complexe) este precursorul acelei tehnologii de supraveghere de tip „big data", invenție de care oamenii se mândresc cu atâta nerușinare. Supravegherea este folositoare din două puncte de vedere: pentru obținerea unor informații directe despre starea corpului și pentru anticiparea și predicția unor stări viitoare.[7] Aici avem un alt exemplu al straniei ordini în care fenomenele biologice au apărut în istoria vieții.

Pe scurt, creierul acționează asupra corpului prin transmiterea unor molecule chimice specifice fie într-o anumită regiune a organismului, fie în sânge, care transportă apoi acele molecule în diferite regiuni ale corpului. Creierul poate, de asemenea, *să acționeze* asupra corpului prin activarea mușchilor: atât mușchii pe care-i contractăm atunci când *vrem* (putem decide dacă vrem să mergem, să alergăm sau să ridicăm o ceașcă de cafea), cât și mușchii care sunt puși în funcțiune atunci când este nevoie, fără voința noastră. De exemplu, dacă ești deshidratat și presiunea sangvină scade, creierul ordonă mușchilor netezi din pereții vasculari să se contracte, crescând astfel presiunea sangvină. Tot așa, musculatura netedă din sistemul nostru gastrointestinal funcționează în propriul ritm, producând digestia și absorbția substanțelor nutritive, cu foarte puțină sau nici o interferență din partea noastră. Creierul execută compensații homeostatice pe tot cuprinsul organismului, iar noi profităm de acest fapt fără nici un efort. Mișcarea involuntară e ceva mai complicată atunci când zâmbim, râdem, căscăm sau respirăm în mod spontan ori când sughițăm, acțiuni ce antrenează mușchii striați. Inima este un mușchi striat controlat într-un mod ingenios și involuntar.

Formarea sistemelor nervoase nu a fost atât de complicată; de fapt, a fost chiar modestă. Inițial, era pur și simplu o plasă nervoasă, un reticul sau o rețea de fire (termenul derivă din latinescul *rete*, „plasă"). Vechile rețele nervoase aveau de fapt structura „formațiunilor reticulare“ pe care le mai întâlnim și astăzi în măduva spinării și în trunchiul cerebral ale multor specii, inclusiv ale celei umane. În cazul acelor sisteme nervoase simple nu există o distincție clară între componentele „centrale“ și cele „periferice“. Ele sunt alcătuite dintr-o rețea de neuroni ce străbate corpul.[8]

Rețelele nervoase au apărut pentru prima oară la specii precum cnidarii, în Precambrian. „Nervii“ lor apar din stratul exterior al corpului, ectodermul, iar distribuirea lor asigură (la un nivel rudimentar) unele dintre principalele funcții pe care sistemele nervoase complexe vor ajunge să le exercite mult mai târziu în evoluție. Nervii mai superficiali îndeplinesc necesități perceptuale elementare, fiind stimulați din exteriorul organismului. Ei simt mediul înconjurător al organismului. Alți nervi pot folosi la mișcarea corpului ca reacție, de exemplu, la un stimul extern. Aceasta este pur și simplu locomoția: de fapt, înotul, în cazul hidrelor. Un alt grup de nervi poate avea grijă de reglarea mediului visceral al organismului. În cazul hidrelor, care sunt controlate de sistemul gastrointestinal, rețeaua nervoasă are grijă de întreaga secvență a operațiilor gastrointestinale: ingestia de apă cu substanțe nutritive, digestia propriu-zisă și excreția. Secretul acestor operații este peristaltismul. Rețeaua nervoasă asigură accesul la cele necesare prin activarea secvențială a contracțiilor musculare de-a lungul tubului digestiv, producând unde peristaltice care, dacă ne gândim bine, nu sunt foarte diferite de cele pe care le posedăm noi. Interesant este că spongierii, despre care se credea mai înainte că nu posedă un sistem nervos, au de fapt o variantă mai simplă de mecanisme care controlează calibrul cavităților lor tubulare, permițând astfel intrarea apei cu substanțe nutritive și expulzia apei cu deșeuri. Cu alte cuvinte, spongierii se relaxează și se deschid sau se contractă și se închid. Atunci când se contractă „tușesc“ sau „râgâie“, ca să ne exprimăm astfel.

În acest context, este foarte interesant că sistemul nervos enteric (rețeaua complicată de nervi prezentă în tractul nostru gastrointestinal) seamănă atât de mult cu vechile structuri de rețele nervoase. Acesta este unul dintre motivele pentru care cred că sistemul nervos enteric a fost, de fapt, „primul" creier, și nu al doilea, așa cum se consideră în general.

A fost nevoie probabil de alte milioane de ani (trecând prin explozia Cambriană și depășind-o) pentru a se ajunge la sisteme nervoase mai complexe, ce au culminat cu sistemul nervos extrem de complicat al primatelor și, în special, al omului. Deși pot coordona numeroase operații și pot armoniza nevoile homeostatice cu condițiile mediului înconjurător, rețelele nervoase ale hidrelor au o capacitate limitată. Ele pot *simți* prezența anumitor stimuli în mediul înconjurător și, astfel, pot declanșa reacții adecvate. Capacitățile lor senzitive sunt, ca să fim generoși, o versiune modestă a simțului tactil. De fapt, rețelele nervoase ale hidrelor sunt capabile doar de o percepție foarte elementară. Aceleași rețele se ocupă de reglarea viscerală (un fel de sistem nervos autonom rudimentar), de locomoție și de coordonarea tuturor acestor funcții.

Este la fel de important să înțelegem ce nu pot face rețelele nervoase. Percepția pe care o asigură permite declanșarea aproape instantanee a reacțiilor. Neuronii care simt și reacționează sunt modificați prin propria activitate și, astfel, învață ceva despre evenimentele în care sunt implicați, însă cunoștințele acumulate în existența cotidiană a acestor organisme sunt extrem de puține, adică memoria lor este foarte limitată. Percepția lor este de asemenea simplă. Arhitectura rețelei nervoase este elementară și nu permite o cartografiere a aspectelor constitutive ale stimulului (o formă sau o textură) sau a consecințelor avute de acesta asupra organismului. Structura rețelei nervoase nu le permite să-și reprezinte tiparul configurațional al obiectului atins. Le lipsește capacitatea de cartografiere, ceea ce înseamnă că rețelele nervoase nu pot genera reprezentări care, în cele din urmă, să constituie mintea pe care sistemele nervoase complexe o creează atât de prolific. Absența capacității de cartografiere și de reprezentare antrenează și alte consecințe fatale: conștiința nu poate apărea în absența minții, iar acest lucru este valabil, chiar în mod mai fundamental, în cazul acelei clase speciale de procese numite sentimente, care sunt constituite de imagini strâns întrețesute cu activitatea corpului. Cu alte cuvinte, din punctul meu de vedere și într-un sens amplu și tehnic al termenilor, conștiința și sentimentele depind de existența minții. Evoluția a trebuit să aștepte apariția unor dispozitive nervoase mai sofisticate astfel încât creierul să poată întreține percepții senzoriale multiple bazate pe cartografierea unei mari mulțimi de trăsături. Din punctul meu de vedere, numai atunci s-a deschis calea către crearea imaginilor și către formarea minții.[9]

De ce era atât de important să existe imagini? Ce avantaje aveau? Prezența imaginilor permitea fiecărui organism să creeze *reprezentări interne* bazate pe descrieri senzoriale ale evenimentelor interne *și* externe. Aceste reprezentări, generate în interiorul sistemului nervos al organismului, dar prin cooperarea corpului propriu-zis, au avut un impact uriaș asupra destinului ființelor în care se petreceau astfel de procese. Aceste reprezentări, care erau accesibile *numai* organismului particular, puteau, de exemplu, să ghideze cu precizie mișcarea a unui membru sau a întregului corp. Mișcările ghidate de reprezentări (vizuale, acustice sau tactile) au fost mai benefice și mai avantajoase pentru organism. Ca urmare, homeostazia a fost îmbunătățită și, odată cu ea, supraviețuirea.

Pe scurt, reprezentările au fost avantajoase chiar dacă un organism nu era conștient de ele. Organismul nu ar fi ajuns încă la nivelul subiectivității și nu ar fi putut să inspecteze imaginile din propria minte, însă acele imagini ar fi putut să ghideze în mod automat execuția unei mişcări, care, astfel, ar fi avut un obiectiv mai precis şi mai multe şanse de reuşită.

Pe măsură ce s-au dezvoltat, sistemele nervoase au dobândit o rețea elaborată de senzori periferici, adică nervi periferici distribuiți în toate zonele din interiorul şi de la suprafața corpului, precum şi către dispozitive senzoriale specializate ce permit organismului să vadă, să audă, să pipăie, să miroasă şi să guste.

Sistemele nervoase au dobândit de asemenea o rețea elaborată de procesoare centrale agregate într-un sistem nervos central numit de obicei creier.[10] Acest sistem nervos central cuprinde (1) măduva spinării; (2) trunchiul cerebral şi hipotalamusul strâns legat de acesta; (3) cerebelul; (4) un număr de nuclei mari situați deasupra trunchiului cerebral (în talamus, în ganglionii bazali şi în prozencefalul bazal); şi (5) cortexul cerebral, cea mai modernă şi mai sofisticată componentă a sistemului. Aceste procesoare centrale gestionează învățarea şi stocarea mnezică a semnalelor de tot felul şi, de asemenea, gestionează integrarea acestora; coordonează executarea reacțiilor complexe la stările interne şi la stimulii exteriori (o operație critică, ce include porniri, motivații şi emoții propriu-zise) şi gestionează procesul manipulării imaginilor, pe care-l cunoaştem sub numele de gândire, imaginație, raționament şi luarea deciziilor. În cele din urmă, ele administrează transformarea imaginilor şi a secvențelor lor în simboluri şi, în final, în limbaj (sunete şi gesturi codificate a căror combinație poate semnifica orice obiect, calitate sau acțiune şi a căror conexiune este guvernată de un set de reguli numite gramatică). Echipate cu limbaj, organismele pot genera traduceri continue ale elementelor nonverbale şi verbale, elemente pornind de la care pot apoi construi narațiuni paralele.

Foarte interesante sunt anumite subdiviziuni ale funcțiilor principale, organizate şi coordonate de diferite regiuni ale creierului. De exemplu, anumiți nuclei din trunchiul cerebral, hipotalamus şi telencefal sunt răspunzători de producerea comportamentelor la care m-am referit mai sus, cunoscute drept porniri, motivaţii şi emoţii, prin care creierul răspunde unei varietăţi de condiţii interne şi externe printr-un program de acţiuni prestabilite (cum ar fi secreţia anumitor molecule, mişcări şi aşa mai departe).

O altă subdiviziune importantă ţine de execuţia mişcării şi de învăţarea secvenţelor motorii. În acest caz, actorii principali sunt cerebelul, ganglionii bazali si cortexul senzoriomotor. Există şi subdiviziuni principale răspunzătoare de învăţarea şi amintirea faptelor şi evenimentelor bazate pe imagini. În acest caz, principalii protagonişti sunt hipocampusul şi cortexul cerebral, regiuni care se alimentează reciproc. În sfârşit, o altă subdiviziune permite traducerea verbală a tuturor imaginilor nonverbale pe care creierul le generează şi le aranjează sub formă de naraţiuni.

Astfel, acestor sisteme nervoase atât de bine echipate şi de capabile le va fi, în cele din urmă, conferită capacitatea de a produce sentimente, adică mult râvnitul premiu al capacităţii de a crea hărţi şi imagini ale stărilor interne. Unor astfel de organisme creatoare de hărţi şi imagini li se va conferi şi dubiosul premiu al conştiinţei.

Triumfurile minţii umane, capacitatea de a memora cu exactitate, de a nutri sentimente rezonante, de a traduce orice imagine şi orice raporturi dintre imagini în coduri verbale şi de a genera tot felul de răspunsuri inteligente, nu pot fi decât ultimii protagonişti ai acestei poveşti a numeroaselor dezvoltări paralele ale sistemului nervos.

Este corect să spunem că se ştiu multe lucruri despre întregul sistem nervos şi că principalele funcţii ale multora dintre componentele pe care tocmai le-am enumerat au fost în general elucidate. Dar este de asemenea clar că numeroase detalii ale operării circuitelor neuronale la nivel microscopic şi macroscopic nu sunt cunoscute și că integrarea funcțională a componentelor anatomice nu a fost pe deplin conceptualizată. De exemplu, întrucât neuronii pot fi activi sau inactivi, activitatea lor poate fi descrisă în termenii algebrei booleane, de zero și unu. Aceasta este o idee fundamentală aflată în spatele perspectivei potrivit căreia creierul operează precum un computer.[11] Dar operațiile microcircuitelor neuronale dezvăluie complexități neașteptate ce subminează această perspectivă simplă. De exemplu, în anumite circumstanțe, neuronii comunică cu alți neuroni în mod direct fără intermedierea sinaptică, iar neuronii și celulele gliale interacționează de asemenea intens.[12] Rezultatul acestor contacte atipice îl constituie modularea circuitelor neuronale. Operațiile lor nu se mai pot conforma schemei simple închis/deschis și nu pot fi comparate cu un simplu model digital. În plus, relația dintre țesutul cerebral și corpul în care se găsește creierul nu a fost pe deplin înțeleasă. Și totuși această relație este fundamentală pentru oferirea unui tablou complet cu privire la felul cum încercăm sentimente, cum este creată conștiința și cum mintea noastră este capabilă de creații inteligente, aspecte ale funcției cerebrale care sunt cele mai importante pentru explicarea propriei umanități.

În efortul de a aborda aceste întrebări, cred că trebuie să plasăm sistemul nervos uman într-o perspectivă istorică adecvată. O astfel de perspectivă reclamă recunoașterea următoarelor aspecte:

1. Evoluția sistemului nervos a constituit un element de sprijin indispensabil al vieții organismelor pluricelulare elaborate; sistemul nervos s-a aflat în slujba homeostaziei întregului organism, deși, pentru a supraviețui, celulele sale sunt dependente de același proces homeostatic; această reciprocitate integrată este cel mai adesea neglijată în discuțiile despre comportament și cogniție.

2. Sistemul nervos este parte a organismului pe care-l deservește: mai precis, e o parte a corpului său și întreține interacțiuni strânse cu acest corp; aceste interacțiuni au o natură cu totul diferită față de interacțiunile pe care sistemul nervos le are cu mediul înconjurător al organismului; și particularitatea acestei relații privilegiate este destul de neglijată; voi spune mai multe lucruri pe marginea acestui subiect important în a doua parte a cărții.

3. Extraordinara evoluție a sistemului nervos a deschis calea homeostaziei mediate de rețeaua neuronală, pe lângă forma chimico-viscerală a procesului homeostatic; mai târziu, după dezvoltarea minții conștiente capabilă de sentimente și inteligență creativă, s-a deschis calea spre creația, în spațiul social și cultural, a răspunsurilor complexe: inițial, acestea depindeau de homeostazie, dar, mai târziu, au depășit nevoile homeostaziei și au dobândit o autonomie considerabilă; aici se află începutul, dar nu și mijlocul sau sfârșitul vieții noastre culturale; chiar și la cel mai înalt nivel al creației socioculturale există vestigii ale proceselor vitale simple, prezente și la cele mai simple organisme vii: bacteriile.

4. Diferite funcții complexe ale sistemului nervos central își au sădite rădăcinile funcționale în operații mai simple ale dispozitivelor inferioare conținute de sistem; din această cauză, de exemplu, nu a fost productiv să căutăm, mai întâi, bazele sentimentelor și a conștiinței în activitatea cortexului cerebral; în schimb, după cum vom discuta în a doua parte, funcționarea nucleilor din trunchiul cerebral și din sistemul nervos periferic oferă oportunități mai bune de identificare a precursorilor sentimentelor și conștiinței.

Ni se oferă de obicei descrieri ale vieții mentale (percepții, sentimente, idei; amintiri odată cu care percepțiile și ideile pot fi înregistrate; imagini și raționamente; cuvintele folosite pentru a traduce narațiunile interne; născociri și așa mai departe) ca și cum ar fi produsul exclusiv al creierului. Sistemul nervos este deseori eroul acestor descrieri, dar e vorba de o simplificare excesivă și o evaluare greșită. Este ca și cum corpul ar fi un simplu spectator, un suport pentru sistemul nervos, un fel de recipient în care e plasat creierul.

Nu încape îndoială că sistemul nervos este cel care ne sprijină viața mentală. Ceea ce lipsește din descrierile tradiționale ce pun accentul pe sistemul nervos, pe creier și chiar pe cortexul cerebral este faptul că sistemele nervoase și-au început existența ca asistenți ai corpului, în calitate de coordonatori ai proceselor vitale din corpuri suficient de complexe și de diversificate încât articularea funcțională a țesuturilor, organelor și sistemelor, precum și relația lor cu mediul înconjurător, să necesite un sistem menit să îndeplinească această coordonare. Sistemele nervoase au reprezentat căile prin care s-a realizat această coordonare, devenind astfel o trăsătură indispensabilă a vieții pluricelulare complexe.

O explicație mai rațională a vieții noastre mentale este aceea că atât aspectele sale simple, cât și performanțele sale extraordinare sunt produse secundare parțiale ale unui sistem nervos ce îndeplinește (la un nivel fiziologic foarte complex) ceea ce forme de viață mai simple au îndeplinit în absența unui sistem nervos: reglarea homeostatică. Pe drumul realizării sarcinii principale, adică aceea de a face posibilă viața într-un corp complex, sistemele nervoase au dezvoltat strategii, mecanisme și capacități care, pe lângă faptul că au asigurat nevoile homeostatice vitale, au produs multe alte rezultate. Ultimele nu erau direct necesare pentru reglarea vieții sau nu aveau o legătură clară cu ea. Mintea depinde de prezența sistemului nervos însărcinat cu susținerea desfășurării eficiente a vieții corpului ce îl conține și de o multitudine de interacțiuni dintre sistemul nervos și corp: fără corp, nu există minte. Organismul nostru conține un corp, un sistem nervos *și* o minte, care derivă din ambele.

Mințile se pot avânta dincolo de misiunea lor fundamentală și pot genera produse care, la prima vedere, nu sunt legate de homeostazie.

Povestea relației dintre corpuri și sistemele nervoase trebuie revizuită. Corpul, pe care de multe ori îl trecem cu vederea sau chiar îl desconsiderăm când vorbim de măreața minte, este parte a unui organism extrem de complex alcătuit din sisteme cooperante, formate din organe cooperante, făcute din celule cooperante, constituite din atomi cooperanți ce conțin particule cooperante.

Una dintre cele mai distinctive trăsături ale organismelor este, de fapt, extraordinarul grad de cooperare manifestat de elementele lor constitutive, alături de extraordinara complexitate care rezultă. Așa cum viața a apărut din relațiile particulare dintre elementele celulare, tot așa complexitatea din ce în ce mai crescută a organismelor generează noi funcții. Funcțiile și caracteristicile emergente nu pot fi explicate prin simpla examinare a elementelor individuale. Pe scurt, complexitatea este marcată de apariția funcțiilor emergente pe măsură ce trecem de la componente mai mici la componente mai mari ale întregii structuri. Un exemplu elocvent este însăși apariția cu totul particulară a vieții, sub formă de elemente celulare. Un alt exemplu elocvent de cooperare, despre care vom vorbi mai jos, este apariția stărilor mentale subiective.

Viața organismului este mai mult decât suma vieții tuturor celulelor implicate. Există o viață generală a organismului, o viață *globală*, ca să mă exprim astfel, rezultată din integrarea multidimensională a vieții elementelor componente. Viața organismului transcende viețile celulelor sale, se bazează pe ele și le răsplătește susținându-le. Această integrare a „vieților" concrete este ceea ce face un întreg organism să fie viu, exact în același sens în care o rețea computerizată actuală nu este vie. Viața organismului înseamnă că *fiecare celulă componentă* are încă nevoie și poate să-și folosească componentele microscopice complexe pentru a transforma în energie substanțele nutritive preluate din mediul său înconjurător, lucru pe care îl face conform unor complicate reguli de reglare homeostatică și conform imperativului homeostatic de autoconservare. Dar extraordinara complexitate a unui organism viu, cel uman fiind exemplul suprem, nu putea să existe decât cu ajutorul mecanismelor de susținere, coordonare și control ale sistemului nervos. Toate aceste sisteme sunt parte integrantă a corpului pe care-l deservesc și sunt, la rândul lor, alcătuite din celule vii, asemenea tuturor celorlalte componente. Celulele lor au și ele nevoie de hrană pentru a-și păstra integritatea și riscă să se îmbolnăvească și să moară, asemenea oricăror alte celule ale corpului.

Ordinea apariției organelor, sistemelor și funcțiilor din organismele vii este importantă pentru înțelegerea felului în care unele dintre acele funcții s-au format și au devenit operante. Acest lucru este cel mai evident în necesitatea de a considera *elementele precedente* ale părților și funcțiilor din istoria sistemului nervos, mai ales a sistemului nervos uman și a produselor sale magnifice: mintea și cultura. Există o ordine a apariției lucrurilor ce poate părea stranie sau nu, în funcție de perspectiva celui care o investighează.

Partea a doua

CONSTRUIREA MINȚII CULTURALE

5. ORIGINEA MINȚII

TRANZIȚIA CRUCIALĂ

Cum se ajunge de la viața extrem de simplă de acum aproape patru miliarde de ani la viața din ultimii aproximativ 50.000 de ani, viața ce adăpostește mintea culturală umană? Ce putem spune despre traiectoria și despre instrumentele folosite? A spune că selecția naturală și genetica sunt esențiale pentru transformare este pe deplin adevărat, dar nu suficient. Trebuie să recunoaștem prezența imperativului homeostatic (folosit sau nu în beneficiul organismelor) ca factor al presiunii selective. Trebuie să recunoaștem faptul că nu a existat o singură linie evolutivă și nici o simplă progresie a complexității și eficienței organismelor: de fapt, au existat urcușuri și coborâșuri și chiar dispariții. Trebuie să remarcăm că a fost necesară o colaborare între sistemele nervoase și corpuri pentru generarea minții umane și că mintea nu a apărut la organismele izolate, ci la cele care făceau parte dintr-un context social. În fine, trebuie să remarcăm că mințile au fost îmbogățite cu sentimente și subiectivitate, cu memorie bazată pe imagini și cu capacitatea de a înlănțui imagini în narațiuni care probabil au fost inițial nonverbale, filmice, dar care, în cele din urmă, după apariția limbilor verbale, au combinat elemente nonverbale și verbale. Această îmbogățire a ajuns să includă capacitatea de a inventa și de a produce creații inteligente, proces ce îmi place să-l numesc „inteligență creatoare", care se află cu o treaptă mai sus față de abilitatea ce le permite multor organisme vii, inclusiv oamenilor, să se comporte eficient și rapid în viața de zi cu zi. Inteligența creatoare reprezintă modalitatea prin care imaginile mentale și comportamentele au fost combinate în mod intenționat pentru a oferi soluții noi problemelor identificate de ființele umane și pentru a construi lumi noi în vederea împlinirii oportunităților imaginate de specia noastră.

Voi discuta aceste subiecte în capitolul de față și în următoarele patru, începând cu originile și formarea minților și terminând cu elementele mentale ce au făcut posibilă inteligența creativă, adică sentimentele și subiectivitatea. Nu-mi propun aici să tratez pe larg psihologia și biologia unor astfel de capacități, ci doar le voi schița natura și voi arăta în ce măsură pot fi considerare instrumente ale minții culturale umane.

VIAȚA ÎNZESTRATĂ CU MINTE

La început, a fost doar senzație și reacție la nivelul unui organism unicelular capabil de o anumită mișcare a întregului corp. Pentru a ne da seama ce presupuneau acea senzație și acea reacție, trebuie să ne imaginăm porii din membrana unei celule și să înțelegem că unele molecule, atunci când erau prezente la nivelul acestor pori, acționau ca semnale chimice pentru alte celule și ca semnale primite de la alte celule și din mediul înconjurător. Imaginați-vă ceva de genul emiterii și percepției unui miros. Inițial, senzația și reacția constau în trimiterea unui semnal ce semnifica prezența unei creaturi vii și în primirea unor semnale de la alte creaturi înzestrate cu dispozitive asemănătoare. Semnalele semănau cu o substanță iritantă și produceau o iritabilitate corespunzătoare. Nu existau „ochi" sau „urechi", deși se poate spune că moleculele sensibile se comportau ca și cum ar fi existat astfel de organe.[1] Mirosul și gustul ar putea să reprezinte o analogie mai potrivită, dar nici ele nu existau. Acest proces nu avea nimic „mental". În interiorul celulei nu existau reprezentări care să *semene* cu lumea exterioară sau interioară, nimic asemănător unei imagini, ca să nu mai vorbim de minte sau de conștiință. Exista cel mult un început al unui fel de proces perceptual, care, odată cu apariția sistemelor nervoase, va conduce la reprezentări analoge ale lumii din jurul sistemelor nervoase și va servi drept bază pentru minte și, în cele din urmă, pentru subiectivitate. Marșul către minte a început cu senzații și reacții elementare, care încă mai operează în lumea bacteriilor ce trăiesc în interiorul organismului nostru și în fiecare plantă și animal, în apă și în sol, ba chiar și în adâncul Pământului. La bacterii, senzația și reacția semnalizează prezența altor indivizi și chiar ajută la estimarea numărului celor aflați în jur. Dar pura senzație și reacție nu necesită nici proprietăți ale minții, nici proprietăți ce decurg din minte. Bacteriile și multe alte organisme unicelulare nu sunt conștiente decât la figurat. Și totuși senzația și reacția contribuie la ceea ce, mai târziu, avea să devină percepții mult mai complexe și minte. Pentru a o explica pe ultima, trebuie să recunoaștem și să înțelegem percepțiile și să urmărim lanțul care le leagă. Istoric vorbind, nivelul perceptiv al senzațiilor și reacțiilor precedă mintea și este prezent și la organismele *actuale* înzestrate cu minte. În situațiile normale, mintea noastră reacționează la ceea ce a simțit și generează reacții ulterioare sub forma reprezentărilor mentale și a acțiunilor dirijate mental. Senzațiile și reacțiile elementare încetează numai atunci când ne aflăm sub anestezie sau când dormim, și nici atunci în totalitate.[2]

În cele din urmă, au apărut organismele cu multe celule. Mișcările lor erau mai fine. Au început să apară organe interne, care au devenit tot mai diferențiate. Un episod important l-a constituit apariția sistemelor generale, distribuite în întregul corp. Spre deosebire de organe, care aveau o singură funcție (precum intestinele, inima, plămânii), sistemele generale acopereau întregul teritoriu. Spre deosebire de celulele individuale, care în mare parte își vedeau doar propriul interes, sistemele generale erau alcătuite dintr-o multitudine de celule și erau preocupate de interesele *tuturor* celorlalte celule din interiorul organismului pluricelular. Ele erau dedicate, de exemplu, circulației fluidelor precum limfa și sângele, producerii mișcărilor interne și, mai târziu, a celor externe și coordonării globale a operațiilor organismului. Coordonarea era asigurată de sistemul endocrin, prin intermediul moleculelor chimice cunoscute sub numele de hormoni, și de sistemul imunitar, care asigura reacțiile inflamatorii și imunitare. Apoi au urmat coordonatorii globali, adică sistemele nervoase.

Dacă sărim câteva miliarde de ani mai târziu, vom vedea că organismele erau foarte complicate și tot așa erau și sistemele nervoase care le ajutau să se descurce singure și să se mențină în viață. În acel punct, sistemele nervoase puteau să simtă diferite părți ale mediului înconjurător (obiecte fizice, alte creaturi vii) și să reacționeze prin mișcări adecvate ale unor membre sofisticate și ale întregului corp: să apuce, să împingă, să distrugă, să fugă, să atingă ușor și să aibă contact sexual. Sistemele nervoase și organismele pe care le deserveau lucrau într-o deplină cooperare.

Într-un anumit punct, la multă vreme după ce sistemele nervoase deveniseră capabile să reacționeze la o mulțime de caracteristici ale obiectelor și la mișcările pe care le simțeau atât în interiorul, cât și în afara propriului organism, a apărut capacitatea de a *cartografia* obiectele și evenimentele percepute. Asta însemna că, în loc să ajute doar la detectarea stimulilor și la generarea unor reacții adecvate, sistemele nervoase au început, literalmente, să traseze hărți ale configurației obiectelor și evenimentelor în spațiu, folosind activitatea celulelor nervoase organizate sub forma unor circuite neuronale. Pentru a vă face o idee despre felul în care funcționau lucrurile, imaginați-vă neuronii legați în circuite și dispuși pe o suprafață plată, unde fiecare punct corespunde unui neuron. Acum, imaginați-vă că, atunci când devine activ, orice neuron din circuit se aprinde, asemenea unui punct făcut pe o masă cu un marker. Adăugarea treptată a mai multor asemenea puncte generează linii care se pot lega sau intersecta astfel încât să formeze o hartă. Să folosim cel mai simplu exemplu. Când creează harta unui obiect sub formă de X, creierul activează neuroni de-a lungul a două linii ce se intersectează într-un anumit punct și sub un numit unghi. Liniile din hărțile cerebrale reprezintă configurația unui obiect, caracteristicile sale senzoriale, mișcările sale sau localizarea sa în spațiu. Reprezentarea nu trebuie să fie „fotografică", deși poate să fie și așa. Esențialul este că păstrează relațiile interne dintre părțile entității, cum ar fi unghiurile dintre componente, suprapunerile și așa mai departe.[3]

Acum extindeți-vă și mai mult imaginația pentru a vă gândi la hărți care să conțină nu numai forme sau localizări spațiale, ci și sunete emise în spațiu, sunete delicate sau zgomotoase, puternice sau estompate, apropiate sau îndepărtate, și mai gândiți-vă la hărți construite pe baza simțului tactil, al gustului sau al mirosului. Mai forțați puțin imaginația și gândiți-vă la hărți construite din „obiecte" și „evenimente" aflate în interiorul organismului, adică viscerele și activitatea acestora. În fine, configurațiile produse de această rețea de activități nervoase (hărțile) nu sunt altceva decât conținutul esențial al imaginilor din propria noastră minte. Hărțile fiecărei modalități senzoriale reprezintă baza integrării ce face posibilă apariția imaginilor, iar aceste imagini, pe măsură ce curg în timp, nu sunt altceva decât elementele constitutive ale minții. Ele reprezintă o etapă transformatoare în existența organismelor vii și complexe, o consecință subtilă a cooperării dintre corp și sistemul nervos la care m-am referit aici. Culturile umane nu ar fi fost niciodată posibile în absența acestei etape.

MAREA CUCERIRE

Capacitatea de a genera imagini le-a permis organismelor să-și *reprezinte lumea din jurul lor*, o lume care includea toate tipurile posibile de obiecte *și* de alte organisme; și, la fel de important, le-a permis să-și *reprezinte lumea din interiorul lor.* Înainte de apariția cartografierilor, a imaginilor și a minților, organismele puteau recunoaște prezența altor organisme și a obiectelor externe și puteau reacționa în consecință. Puteau *detecta* o moleculă chimică sau un stimul mecanic, dar procesul de detecție nu includea descrierea *configurației* obiectului care emitea molecula sau care atingea organismul. Organismele puteau simți prezența unui alt organism deoarece intrau în contact cu *o parte* a acestuia. Ele puteau, la rândul lor, să facă același lucru și să fie simțite. Dar apariția cartografierilor și a imaginilor au oferit o nouă posibilitate: organismele puteau acum să producă *o reprezentare proprie a universului din jurul sistemului lor nervos.* Acesta a fost începutul formal, în țesuturile vii, al semnelor și simbolurilor ce „zugrăvesc" și „seamănă" cu obiectele și evenimentele dezvăluite de canalele senzoriale ale văzului, auzului și pipăitului.

„Mediul" din jurul unui sistem nervos este extraordinar de bogat. Depășește literalmente cu mult ceea ce pot vedea ochii. Include lumea exterioară organismului: din nefericire, singurul mediu la care se gândesc atât specialiștii, cât și oamenii obișnuiți în discuțiile de acest gen, adică obiectele și evenimentele din mediul ce înconjoară *întregul* organism. Dar „mediul" sistemului nervos include și lumea din *interiorul* organismului, iar această parte este, de regulă, ignorată, cu riscul de a împiedica formarea unor concepții realiste despre fiziologia generală și, în special, despre cogniție.

Cred că posibilitatea sistemelor nervoase de a-și reprezenta întregul mediu aflat direct în jurul său și disponibilitatea acestor manifestări interne și private au dirijat evoluția organismelor pe un nou drum. Acestea sunt „nălucile“ care le lipseau organismelor vii, cel mai probabil de genul celei imaginate de Friedrich Nietzsche când spunea despre om că este „făurit dintr-o plantă și o nălucă“. În cele din urmă, sistemul nervos, colaborând cu restul corpului, va crea imaginile interne ale universului din jurul organismului, în paralel cu imaginile interiorului corpului. Începusem să pătrundem pe nesimțite în era minții, eră a cărei esență se găsește încă în noi. Acum puteam să unim imaginile unele cu altele în așa fel încât organismul să primească informații despre evenimente atât interioare, cât și exterioare.

În această privință, pașii urmați de evoluție sunt destul de clari. În primul rând, folosind imagini alcătuite din componentele mai vechi ale interiorului organismului (procesele chimice ale metabolismului, care au loc în mare măsură la nivelul viscerelor, în circulația sangvină și în mișcările pe care le produc acestea), natura a dat naștere treptat sentimentelor. În al doilea rând, folosind imagini bazate pe componente mai puțin vechi ale interiorului (structura scheletică și mușchii), natura a generat o reprezentare a carcasei sau a locuinței fiecărei vieți. Combinația finală a acestor două seturi de reprezentări a deschis calea către conștiință. În al treilea rând, folosindu-se aceleași dispozitive de creare a imaginilor și de puterea inerentă a imaginilor (capacitatea de a reprezenta și de a simboliza altceva), natura a dezvoltat limbajul verbal.

IMAGINILE AU NEVOIE DE SISTEME NERVOASE.

Procesele vitale complexe pot exista în absența unui sistem nervos, dar organismele pluricelulare complexe *au nevoie* de sistem nervos pentru a trăi. Sistemele nervoase joacă roluri importante în orice aspect al gestionării organismelor. Iată câteva exemple: sistemele nervoase coordonează mișcarea (internă, în viscere, și externă prin folosirea membrelor); coordonează producția internă și eliberarea moleculelor chimice necesare pentru menținerea condițiilor de viață în parteneriat cu sistemul endocrin; coordonează comportamentul general al organismelor în raport cu ciclurile naturale de lumină și întuneric, dirijează activitățile ce țin de starea de somn și cea de veghe și asigură modificările necesare ale metabolismului; coordonează menținerea unei temperaturi corporale potrivite pentru conservarea vieții; și, nu în ultimul rând, sistemele nervoase creează hărți care, ca imagini, reprezintă principalul ingredient al minții.

Crearea imaginilor nu a fost posibilă înainte ca sistemul nervos să crească în complexitate. Lumea spongierilor sau a cnidarilor precum hidrele a fost îmbogățită prin prezența unui sistem nervos simplu, dar este puțin probabil ca formarea imaginilor să se numere printre capacitățile lor.[4] Putem doar presupune, dar mințile care să semene cât de cât cu a noastră aparțin unor creaturi mult mai elaborate, ale căror sisteme nervoase și comportamente au dezvoltat o mare complexitate. După toate probabilitățile, ele sunt prezente la insecte și probabil la cele mai multe vertebrate. Păsările sunt înzestrate în mod cert cu minte și putem presupune că mintea mamiferelor este atât de asemănătoare cu a noastră, încât ne este ușor să considerăm că unele dintre ele înțeleg nu numai ceea ce facem, ci, deseori, ceea ce simțim și chiar ceea ce gândim: de exemplu, cimpanzeii, câinii, pisicile, elefanții, delfinii și lupii. Faptul că le lipsește limbajul verbal, că au o memorie și o inteligență mai scăzute și că, în consecință, nu au creat artefacte culturale comparabile cu cele umane este evident. Totuși, înrudirea și asemănările cu specia noastră sunt copleșitoare, iar aceste lucruri ne pot ajuta să ne înțelegem pe noi înșine și să ne dăm seama cum am devenit ceea ce suntem.

Sistemele nervoase sunt bogate în dispozitive de cartografiere. Ochiul și urechea cartografiază multitudinea de caracteristici ale lumii vizibile și ale lumii sunetelor în retină și, respectiv, în urechea internă, și continuă s-o facă la nivelul structurilor sistemului nervos central ce se desfășoară până în adâncul cortexului cerebral. Atunci când atingem un obiect cu degetele, terminațiile nervoase distribuite la nivelul pielii cartografiază diferite caracteristici ale obiectului: geometria sa generală, textura, temperatura și așa mai departe. Gustul și mirosul sunt alte două canale necesare cartografierii lumii exterioare. Sistemele nervoase evoluate cum este al nostru produc din abundență *imagini ale lumii exterioare* și *imagini ale lumii interioare a respectivului organism*. La rândul lor, imaginile lumii interioare sunt de două tipuri foarte distincte, în funcție de sursa și de conținutul lor: *lumi interioare vechi și mai puțin vechi.*

IMAGINILE LUMII DIN AFARA ORGANISMULUI

Imaginile lumii exterioare își au originea în sondele senzoriale situate la suprafața organismului, care colectează informații despre orice detaliu al lumii fizice din jurul nostru. Cele cinci simțuri tradiționale (vederea, auzul, simțul tactil, gustul și mirosul) au organe specializate însărcinate cu culegerea de informații (vezi nota 5, de mai jos, pentru simțul vestibular, care este strâns legat de auz). Patru din cele cinci organe specializate (pentru vedere, auz, gust și miros) sunt localizate la nivelul capului și relativ apropiate unul de altul. Organele pentru miros și gust sunt distribuite în insule mici de mucoasă, un tip aparte de tegument care este menținut umed și este protejat de acțiunea directă a razelor solare; aceste mucoase se află în interiorul cavității nazale și bucale. Organul specializat în sensibilitatea tactilă este distribuit pe întreaga suprafață a pielii și mucoaselor. Interesant este că există receptori gustativi în intestine, fără îndoială niște vestigii ale perioadei în care intestinele și sistemele lor nervoase erau singurii actori.[5]

Fiecare sondă senzorială este devotată identificării și descrierii aspectelor specifice ale lumii exterioare în termenii nenumăratelor sale trăsături. Nici unul dintre cele cinci simțuri nu produce, de unul singur, o descriere cuprinzătoare a lumii exterioare, deși creierul nostru integrează, în cele din urmă, contribuțiile parțiale ale fiecărui simț într-o descriere globală a obiectului sau a evenimentului. Rezultatul acestei integrări aproximează o descriere a „întregului" obiect. Pe baza acestei integrări, este posibilă generarea unei imagini destul de cuprinzătoare a unui obiect sau eveniment. Este puțin probabil ca descrierea să fie „completă", dar, pentru noi, reprezintă o mostră ce conține suficient de multe trăsături și, dată fiind natura realității din jurul nostru și structura simțurilor, e cam tot ce putem obține. Din fericire, ne aflăm cu toții în aceeași „realitate" incomplet eșantionată și suntem supuși acelorași limitări în ceea ce privește generarea de imagini. Această condiție este comună nouă, oamenilor, și o împărtășim, în mare măsură, cu alte specii.[6]

Specializarea terminațiilor nervoase ale fiecărui simț este cu adevărat uimitoare: fiecare a ajuns să rezoneze, pe parcursul evoluției, cu trăsături specifice ale universului din jur. Semnalele chimice și electrochimice sunt calea prin care terminațiile senzoriale transmit informația dinspre exterior spre interior prin intermediul căilor nervoase periferice și structurilor inferioare ale sistemului nervos central, precum ganglionii nervoși, nucleii măduvei spinării și cei ai trunchiului cerebral inferior. Dar funcția critică de care depinde alcătuirea imaginilor este cartografierea, care e adesea de ordin macroscopic: și anume capacitatea de a reprezenta date diferite ce rezultă din eșantionarea lumii exterioare printr-un fel de hartă, un spațiu în interiorul căruia creierul poate reprezenta grafic tipare de activitate și relația spațială a elementelor active ale tiparelor. Acesta este felul în care creierul cartografiază fața pe care o vezi, curba intensității sunetului pe care îl asculți sau forma obiectului pe care îl atingi.

IMAGINILE LUMII DIN INTERIORUL ORGANISMULUI

Există două feluri de lume în interiorul organismului nostru. Să le numim lumea interioară veche și lumea interioară mai puțin veche. Lumea interioară *veche* ține de homeostazia fundamentală. Aceasta este prima și cea mai veche lume interioară. La organismele pluricelulare, aceasta este lumea metabolismului cu activitățile sale chimice aferente, lumea viscerelor (precum inima, plămânii, intestinele și pielea) și a mușchilor netezi ce pot fi găsiți pretutindeni în organism, unde alcătuiesc pereții vaselor sangvine și capsulele organelor. Mușchii netezi sunt de asemenea elemente viscerale în sine.

Imaginile lumii interioare vechi sunt cele pe care le descriem cu termeni precum „stare de bine“, „oboseală“, „stare de rău“, „durere“ și „plăcere“; „palpitații,“ „arsuri gastrice“ sau „crampe“. Ele sunt de un tip special, deoarece nu ne „reprezentăm“ lumea interioară în exact același fel în care reprezentăm obiectele din cea exterioară. Există mai puține detalii, desigur, deși ne putem imagina mental modificările de geometrie a viscerelor, folosind jargonul senzațiilor viscerale: strângerea faringelui și a laringelui atunci când suntem speriați sau strâmtorarea căilor respiratorii și lipsa de aer specifice crizelor de astm; lucru valabil și în cazul efectelor anumitor molecule asupra diferitelor părți ale corpului, care includ adesea reacții motorii de tipul tremuratului. Aceste imagini ale lumii interioare vechi nu sunt altceva decât componente ale *sentimentelor*.

Alături de lumea interioară veche există o lume interioară *mai recentă*. Aceasta este dominată de scheletul nostru osos și de musculatura atașată acestuia. Mușchii scheletici sunt cunoscuți și sub denumirea de mușchi „striați" sau „voluntari", pentru a-i deosebi de cei „netezi" sau „autonomi", care sunt pur viscerali și nu se află sub controlul nostru voluntar. Folosim mușchii scheletici pentru a ne mișca, a manipula obiecte, a vorbi, a scrie, a dansa, a cânta la diferite instrumente și a manevra diferite mașinării.

Structura generală a corpului, în interiorul căruia se află părți ale vechii lumi viscerale, reprezintă schela peste care este așezată vechea lume a pielii. De reținut că pielea este cea mai mare dintre viscerele noastre și că structura generală a corpului este locul în care sunt așezate *porțile senzoriale*, incrustate ca niște pietre prețioase într-o bijuterie complicată.

Prin sintagma „porți senzoriale" mă refer la regiunile din structura corporală unde sunt implantate sondele senzoriale și la sondele senzoriale în sine. Patru dintre principalele sonde senzoriale sunt bine delimitate: orbitele, musculatura globilor oculari și structurile din componența ochilor; urechile, inclusiv cavitatea timpanului și membrana acestuia, la care se adaugă vestibulul responsabil cu percepția poziției noastre în spațiu, adică echilibrul; nasul cu mucoasa sa olfactivă; papilele gustative ale limbii. Cât despre cea de-a cincea poartă, pielea, care ne permite să atingem orice obiect și să îi apreciem textura, aceasta este distribuită pe întreaga suprafață a corpului, deși capacitățile sale perceptive sunt repartizate inegal, fiind concentrate mai ales la nivelul mâinilor, gurii și regiunilor mamelare și genitale.

Motivul pentru care acord atât de multă atenție noțiunii de poartă senzorială are de-a face cu rolul său în generarea perspectivei. Să explic. Vederea noastră, de exemplu, este rezultatul unei înlănțuiri de procese care încep în retină și continuă de-a lungul mai multor puncte ale sistemului vizual, precum nervii optici, nucleii geniculați superiori și coliculii superiori, cortexul vizual primar și secundar. Dar, pentru producerea vederii, trebuie să ne angajăm în *actul de a privi și a vedea*, iar aceste acte sunt îndeplinite de *alte* structuri ale corpului (diferite grupe musculare) și ale sistemului nervos (regiuni ce controlează mișcarea), *distincte de punctele sistemului vizual.* Aceste alte structuri sunt localizate în poarta senzorială vizuală.

Din ce este alcătuită poarta senzorială vizuală? Din orbite, din musculatura pleoapelor și cea din jurul ochilor cu care ne putem încrunta și putem concentra privirea, din lentilele care ajută focalizarea vizuală, din diafragma cu ajutorul căreia controlăm cantitatea de lumină, din mușchii cu ajutorul cărora ne mișcăm ochii. Toate aceste structuri și acțiunile lor sunt bine coordonate cu procesele vizuale primare, dar nu sunt parte ale acestora. Ele joacă în mod evident un rol practic: sunt, dacă mă pot exprima astfel, asistenți. Ele joacă de asemenea un rol mai elevat și involuntar la care mă voi referi mai târziu, atunci când vom vorbi despre conștiință.

Lumea interioară *veche* este o lume a reglării vitale fluctuante. Poate funcționa bine sau mai puțin bine, dar calitatea funcționării sale este esențială pentru viață și minte. În consecință, reprezentarea lumii interioare vechi în acțiune (starea viscerelor și consecințele proceselor chimice) trebuie să reflecte caracterul pozitiv sau negativ al stării acestui univers interior. Organismul trebuie să fie influențat de astfel de imagini. Nu-și poate permite să fie indiferent, deoarece supraviețuirea depinde de informațiile despre viață reflectate de astfel de imagini. Orice lucru din această lume interioară veche este evaluat ca fiind bun, rău sau intermediar. Este o lume a *valențelor.*

Lumea interioară *nouă* este dominată de structura fizică, de sediul şi starea porţilor senzoriale din acea structură şi de musculatura voluntară. Porţile senzoriale stau şi aşteaptă în acea structură fizică şi aduc o contribuţie semnificativă la informaţiile generate de hărţile lumii exterioare; ele indică cu claritate minţii organismului *poziţiile* din interiorul corpului avute de sursele imaginilor generate în acea clipă. Acest lucru este necesar pentru construirea unei imagini globale a organismului, care, după cum vom vedea, este un pas esenţial în generarea subiectivităţii.

Lumea interioară *nouă* generează de asemenea valenţă, deoarece componentele sale vii nu scapă de capriciile homeostaziei. Dar vulnerabilităţile lumii interioare noi sunt mai mici decât cele ale lumii vechi. Scheletul şi muşchii formează o carapace protectoare, care acoperă cu fermitate vechea şi sensibila lume a chimiei interioare şi a viscerelor. Lumea interioară nouă are faţă de cea veche aceeaşi relaţie pe care un exoschelet artificial o are faţă de scheletul nostru natural.

6. EXPANSIUNEA MINȚII

ORCHESTRA ASCUNSĂ

Poetul Fernando Pessoa își compara sufletul cu o orchestră ascunsă: „Nu știu ce instrumente, corzi și harpe, tobe și țimbale, șuieră și scârțâie în mine", scria el în *Cartea neliniștirii*.[1] Nu se putea recunoaște pe sine decât ca o simfonie. Intuiția sa este una cu totul specială, deoarece construcțiile care ne locuiesc mintea pot fi imaginate asemenea unor execuții muzicale efemere, interpretate de diferite orchestre ascunse în organismul căruia îi aparțin. Pessoa nu-și exprima nedumerirea cu privire la cine ar fi putut cânta la toate aceste instrumente ascunse. Probabil că se imagina multiplicat și cântând la toate, ușor asemănător lui Oscar Levant în *Un american la Paris*, lucru care nu este surprinzător pentru un poet care a inventat atât de multe pseudonime.[2] Dar noi putem tot atât de bine să întrebăm: cine sunt mai exact muzicanții acestor orchestre imaginare. Iată și răspunsul: *obiectele și evenimentele din lumea ce ne înconjoară organismul, realmente prezente sau rechemate din memorie, și obiectele și evenimentele din lumea interioară.*

Și ce putem spune despre instrumente? Pessoa nu putea identifica instrumentele pe care le auzea atât de bine, dar o putem face noi în locul lui. Există două grupe de instrumente în orchestra lui Pessoa. În primul rând, principalele *dispozitive senzoriale* prin intermediul cărora lumea exterioară și cea din interiorul nostru interacționează cu sistemul nervos. În al doilea rând, dispozitivele care răspund emoțional fără încetare la prezența mentală a oricărui obiect sau eveniment. Reacția afectivă constă în alterarea cursului vieții din interiorul vechi al organismului. Aceste dispozitive sunt cunoscute sub numele de porniri, motivații și emoții.

Diferiții interpreți (obiecte și evenimente, prezente sau rechemate din memorie) nu ciupesc corzile vreunei viori sau vreunui violoncel și nici nu apasă clapele pianelor, dar metafora surprinde bine situația. Obiectele și evenimentele „cântă" în sensul că, în calitate de entități distincte din mintea organismului, pot acționa asupra anumitor structuri neuronale, „influențându-le" starea și modificând-o pe moment. În timpul „interpretării", acțiunile lor au drept rezultat un fel de muzică, muzica gândurilor și a sentimentelor noastre, muzica sensurilor ce apar din narațiunea interioară la construirea cărora participă. Rezultatul poate fi subtil, sau nu. Câteodată echivalează cu un spectacol de operă. Poți să o asculți pasiv sau poți interveni, modificând partitura în mai mare sau mai mică măsură și producând rezultate neașteptate.

Pentru a aborda natura și componența orchestrelor interioare și genul de muzică pe care îl interpretează, voi invoca un aranjament tripartit pe care l-am menționat cu referire la construirea imaginilor. Semnalele cu ajutorul cărora sunt create imaginile au trei surse: *lumea din jurul organismului*, de unde datele sunt colectate de organe specifice situate în piele și în unele mucoase, și două componente distincte ale *lumii din interiorul organismului*: *vechiul compartiment chimico-visceral* și *mai noua structură musculo-scheletică cu porțile sale senzoriale*. De obicei, descrierile evenimentelor mentale privilegiază lumea înconjurătoare, ca și cum nu ar exista nimic altceva care să contribuie la alcătuirea minții. Totodată, acele descrieri care țin cont de lumea interioară obișnuiesc să nu facă deosebirea (pe care o fac eu aici) între lumea veche (din punct de vedere evolutiv) a chimiei și viscerelor și lumea mai recentă (din punct de vedere evolutiv) a structurii musculo-scheletice și a porților senzoriale.

Se spune adesea că aceste „surse" sunt „cuplate" în sistemul nervos central, care creează hărți și compune imagini din materialul pe care-l primește. Dar aceasta este o simplificare exagerată a fenomenelor care au loc: relațiile dintre sistemul nervos și corp nu sunt deloc simple.

În primul rând, cele trei surse indicate mai sus furnizează sistemului nervos materiale foarte diferite. În al doilea rând, „cuplările" celor trei surse sunt considerate de obicei comparabile, ceea ce nu corespunde realității. Desigur, cele trei surse pot genera semnale electrochimice orientate către sistemul nervos central, dar însăși anatomia și funcționarea „cuplărilor" sunt diferite, mai ales în cazul vechiului interior chimico-visceral. În al treilea rând, pe lângă semnale electrochimice, vechea lume interioară comunică cu sistemul nervos central în mod direct, prin intermediul semnalelor pur chimice, care sunt și mai vechi. În al patrulea rând, sistemul nervos central poate răspunde *în mod direct* semnalelor din interior, în special semnalelor referitoare la vechea lume interioară, acționând astfel asupra sursei semnalelor. În cele mai multe situații, sistemul nervos central nu acționează în mod *direct* asupra lumii exterioare. *„Lumea interioară" și sistemul nervos formează un complex interactiv, în vreme ce „lumea exterioară" nu formează un astfel de complex cu sistemul nervos.* În al cincilea rând, toate sursele comunică cu sistemul nervos central în ritmuri diferite, astfel încât mesajele suferă transformări în timpul în care semnalele sunt procesate în drumul pe care îl parcurg de la sursa lor „periferică" până la nivelul sistemului nervos central. Realitatea este mult mai complicată decât ne-am dori.[3]

Uimitoarea bogăție a proceselor noastre mentale depinde de imagini bazate pe contribuții generate de aceste lumi dar asamblate de structuri și procese diferite. Lumea exterioară furnizează imagini care descriu structura percepută a universului înconjurător în limitele capacităților noastre senzoriale. Lumea interioară veche este principala sursă a imaginilor pe care le cunoaștem sub numele de sentimente. Lumea interioară mai recentă furnizează minții imagini cu privire la structura mai mult sau mai puțin globală a organismului și contribuie cu sentimente suplimentare. Descrierile vieții mentale care nu iau în considerare aceste fapte riscă să nu fie complete.

Desigur, imaginile pot fi modificate, integrate și interconectate, ajungându-se la o îmbogățire a proceselor mentale. Dar imaginile care servesc ca substrat pentru aceste transformări și combinații își au originea în trei lumi distincte, iar contribuțiile lor distincte trebuie să fie analizate.

CONSTRUIREA IMAGINILOR

Construirea imaginilor de orice fel, de la cele simple la cele complexe, este rezultatul unor dispozitive neuronale care formează hărți și care, mai târziu, permit acestor hărți să interacționeze; astfel, imaginile combinate generează scenarii și mai complexe și ajung să reprezinte universurile externe sistemului nervos, din interiorul și din exteriorul organismului. Distribuirea hărților și a imaginilor corespondente nu este omogenă: imaginile ce se referă la lumea interioară sunt mai întâi integrate în nucleii trunchiului cerebral, chiar dacă sunt apoi re-reprezentate și amplificate în câteva regiuni ale cortexului cerebral, precum cortexul insular și cel cingulat. Imaginile referitoare la lumea exterioară sunt integrate mai ales la nivelul cortexului cerebral, cu toate că și coliculii superiori au un rol integrativ.

Experiența obiectelor și evenimentelor din lumea exterioară este multisenzorială. Organele senzoriale (văzul, auzul, atingerea, gustul și mirosul) sunt implicate în funcție de necesitățile momentului perceptiv. Atunci când asculți o piesă muzicală într-o sală de concerte întunecată, implicarea simțurilor nu e aceeași ca atunci când înoți sub apă și încerci să vezi reciful de corali. Sursele senzoriale principale diferă, dar sunt în mod invariabil multiple și se conectează la diferite regiuni senzoriale ale sistemului nervos central: de exemplu, așa-numitele cortexuri acustice, vizuale și tactile „primare". Interesant este că un alt set de regiuni cerebrale, numite cortexuri „de asociație", realizează integrarea necesară a imaginilor alcătuite în cortexurile „primare".

Interconectarea cortexurilor de asociație cu cele primare este responsabilă de integrare. În consecință, componentele separate ce contribuie la perceperea unui moment anume pot ajunge să fie experimentate ca un întreg. Una dintre componentele conștiinței corespunde acestei integrări la scală largă a reprezentărilor. Integrarea apare ca rezultat al activării diferitelor regiuni separate în mod simultan *și* în succesiune. Procesul este asemănător cu cel al editării unui film prin selectarea și ordonare cadrelor vizuale și a fragmentelor coloanei sonore necesare, dar fără a tipări vreodată rezultatul final. Integrarea acestor etape se petrece în minte și, ca să spunem așa, pe fugă; elementele alcătuite dispar odată cu trecerea timpului, cu excepția unor reziduuri ale memoriei ce se pot păstra sub formă codificată. Toate imaginile lumii exterioare sunt procesate aproape în paralel cu reacțiile *afective* pe care aceste imagini le produc prin acțiunea exercitată în alte regiuni cerebrale (în anumiți nuclei ai trunchiului cerebral și ai cortexurilor cerebrale corelate cu reprezentări ale stării organismului, precum regiunea insulei). Ceea ce înseamnă că, pe lângă cartografierea și integrarea diferitelor surse senzoriale externe, creierul nostru este ocupat și cu cartografierea și integrarea stărilor interne, un proces al cărui rezultat este reprezentat de sentimente.

DE LA SALA DE CONCERT LA CAMERA DE CARTOGRAFIERE

Unde anume se construiesc hărțile? Este corect să spunem că structurile destinate alcătuirii hărților sunt situate în sistemul nervos central, în condițiile în care e clar că multe structuri intermediare din sistemul nervos periferic pregătesc și preasamblează materialul din care se formează hărțile neuronale centrale. În cazul nostru, structurile esențiale pentru crearea hărților sunt situate la trei niveluri ale creierului: anumiți nuclei neuronali din trunchiul cerebral și tectum (care includ nucleii coliculari); nucleii geniculați, situați mai sus, în telencefal; și, cel mai abundent și mai amplu, în numeroase regiuni ale cortexului cerebral, inclusiv cortexul entorhinal și sistemul hipocampic. Aceste regiuni sunt dedicate procesării informațiilor venite pe diferite canale senzoriale. Așa apar vederea, auzul și simțul tactil, în insule interconectate ale sistemului nervos dedicate elaborării unor canale specifice de informație senzorială. Ulterior, semnalele, care sunt la început separate, sunt integrate. Acest lucru se petrece la nivel subcortical (în straturile profunde ale coliculilor superiori) și în cortexul cerebral, unde semnalele provenite din diferitele regiuni de cartografiere, din cadrul fiecărui organ senzorial, pot fuziona și interacționa. Acest lucru se realizează prin intermediul unei rețele complicate de interconexiuni neuronale ierarhizate. Grație acestei operații integrative, putem, de exemplu, să vedem o persoană ale cărei buze se mișcă și simultan să auzim sunete sincronizate cu mișcarea buzelor.

Să ne oprim doar o clipă pentru a ne gândi la minunea pe care o realizează creierul nostru când jonglează cu imagini senzoriale de diferite tipuri, de origine externă și internă, pe care le transformă în filme cerebrale integrate. Comparativ cu acest proces, editarea unui film este o nimica toată.

SEMNIFICAȚIILE, TRADUCERILE VERBALE ȘI FORMAREA AMINTIRILOR

Percepțiile noastre și ideile pe care acestea le evocă în mod continuu generează o descriere paralelă în termeni ai limbajului. Această descriere este de asemenea alcătuită din imagini.

Toate cuvintele pe care le folosim, în orice limbă (vorbită, scrisă sau descifrată prin atingere, așa cum este Braille) sunt compuse din imagini mentale. Acest lucru este valabil în cazul imaginilor acustice ale sunetelor literelor și cuvintelor, ale inflexiunilor și ale codificărilor vizuale (simboluri și litere) ce reprezintă acele sunete.

Dar mintea nu e alcătuită numai din imagini directe ale obiectelor și evenimentelor și din traducerile lor verbale: în minte sunt prezente nenumărate alte imagini referitoare la obiecte și evenimente care au de-a face cu primele și care le descriu proprietățile constitutive și relațiile. Setul de reprezentări asociate de obicei cu un obiect sau cu un eveniment echivalează cu „ideea" despre acel obiect sau eveniment, cu „conceptul" său, cu semnificația sa și cu semantica sa. Ideile (conceptele și semnificația lor) pot fi traduse în limbajul simbolurilor și fac posibilă gândirea simbolică. Ele pot fi de asemenea traduse într-o clasă specială de simboluri complexe, limbajul verbal. Cuvintele și propozițiile (ultimele guvernate de reguli gramaticale) realizează traducerea, dar aceste traduceri sunt bazate tot pe imagini. Întreaga minte este alcătuită din imagini: de la cele ale obiectelor și evenimentelor la conceptele și la traducerile verbale care le corespund. Imaginile sunt aspectele universale ale minții.[4]

Integrările senzoriale realizate în cursul percepțiilor, ideile pe care le determină procesarea lor și traducerea verbală a numeroaselor aspecte ale acestor procese pot fi delegate memoriei. Construim momente perceptuale multisenzoriale în propria minte și, dacă totul se desfășoară bine, le putem memora și rechema mai târziu, pentru a le elabora în imaginație.

Mai jos, voi aborda problema felului în care imaginile devin conștiente și ne apar în minte ca lucru ce ne aparține în mod limpede și privat. Ajungem să *știm* de aceste imagini grație procesului complex al conștiinței, nu datorită vreunui „homunculus" misterios. Ciudat este că, după cum vom vedea în capitolul 9, însuși procesul conștiinței se bazează pe imagini. Dar, independent de contribuția lor la conștiință, este evident că imaginile, odată ce sunt formate și procesate, chiar și la un nivel elementar, ne pot călăuzi acțiunile în mod *direct* și *automat*. Ele realizează acest lucru prin indicarea unor obiective ale acțiunii, permițând astfel sistemului muscular ghidat de imagini să-și atingă ținta cu o mai mare precizie. Pentru a ne da seama de esența acestui avantaj, imaginați-vă că trebuie să vă apărați de un inamic a cărui prezență tocmai a fost depistată prin miros. Cum veți nimeri ținta? Unde anume? V-ar lipsi coordonatele spațiale bine definite oferite în mod direct de vedere și la care sunetul poate contribui, mai ales dacă sunteți lilieci!

Imaginile vizuale permit organismelor să acționeze cu precizie asupra unei ținte; cele acustice permit organismului să se orienteze în spațiu, chiar și în întuneric, lucru pe care noi înșine reușim să-l facem destul de bine și liliecii într-un mod excelent. Nu trebuie decât ca organismul să se afle în stare de veghe și atent, iar conținutul imaginilor să fie *relevant* pentru viața organismului în acea clipă. Cu alte cuvinte, din punctul de vedere al evoluției, imaginile trebuie să poată ajuta organismele să se comporte eficient, chiar și atunci când sunt simpli optimizatori ai controlului acțiunii și chiar și în absența unei subiectivități complexe, a unei analize atente și a chibzuirii. Odată ce crearea imaginilor a devenit posibilă, natura nu avea cum să nu le favorizeze.

ÎMBOGĂȚIREA MINȚII

Mințile noastre complexe și infinit de bogate sunt, după cum este atât de des cazul în lunga istorie a vieții, rezultatul combinărilor cooperative de elemente simple. În acest caz, nu este vorba de celule care se organizează în țesuturi și organe sau de gene care instruiesc aminoacizii să formeze nenumărate proteine. Unitatea de bază a minții este imaginea, imaginea unui lucru, sau a ceea ce face acel lucru, sau a ceea ce acel lucru te face să simți; sau imaginea a ceea ce crezi despre acel lucru; sau imaginile cuvintelor care traduc toate elementele de mai sus.

Mai devreme, am menționat că fluxurile de imagini separate pot fi integrate pentru a produce descrieri mai bogate ale realității exterioare și interioare. Integrarea imaginilor asociate cu văzul, auzul și atingerea reprezintă o modalitate dominantă de îmbogățire a minții, însă integrarea se face în mai multe feluri: poate reprezenta un obiect din perspective senzoriale multiple și poate, de asemenea, aduna laolaltă obiecte și evenimente interconectate, producând astfel acele secvențe încărcate cu sens pe care le numim narațiuni. Cunoaștem lumea narațiunilor și sub forma lumii poveștilor, o lume cu personaje, acțiuni și recuzită, cu răufăcători și eroi, cu visuri și idealuri și dorințe, o lume în care protagonistul poveștii se luptă cu dușmanii și câștigă inima fetei care a urmărit evenimentele cuprinsă de spaimă, dar încrezătoare că alesul ei va câștiga. Viața este făcută dintr-o infinitate de povești simple și complexe, banale și deosebite care descriu tot vuietul, furia și liniștea existenței, și care sunt pline de semnificație.[5]

Am prezentat pe scurt secretul minții în legătură cu narațiunile sau povestirile: înșirarea cap la cap a unor elemente separate sub forma unui tren în mișcare, trenul gândirii, fără îndoială. Cum realizează creierul aceste lucruri? Prin contribuția diverselor regiuni senzoriale la momentul potrivit, astfel încât să se poată asambla un tren *temporal*; prin implicarea structurilor de asociație care coordonează sincronizarea componentelor, compoziția și mișcarea trenului. Orice regiune senzorială primară poate contribui, în funcție de necesități; toate cortexurile de asociație trebuie să participe la funcțiile de sincronizare și expediere.

O colecție particulară de cortexuri de asociație recent investigată în detaliu este constituită de așa-numita rețea a modului implicit, care pare să joace un rol important în procesul de alcătuire a narațiunilor.[6]

Procesarea imaginilor îi permite de asemenea creierului să *abstragă* imaginile și să dezvăluie structura schematică ce stă la baza reprezentărilor vizuale sau auditive, sau a reprezentărilor integrate ale mișcărilor care descriu o stare. Pe parcursul unei narațiuni, de exemplu, o imagine vizuală sau auditivă corelată poate fi plasată în locul celei mai predictibile, dând astfel naștere unei *metafore* vizuale sau auditive, o cale de a *simboliza* obiecte sau evenimente în termeni vizuali sau auditivi. Cu alte cuvinte, pentru a începe, imaginile originare sunt importante în sine și ca fundamente ale vieții noastre mentale. Cu toate astea, manipularea lor poate duce la apariția unor noi derivări.

Traducerea neîntreruptă în limbaj a oricărei imagini care ne trece prin minte este poate cea mai spectaculoasă modalitate de îmbogățire. Tehnic vorbind, imaginile care servesc drept vehicule ale traseelor limbajului călătoresc în paralel cu imaginile originare aflate în proces de traducere. Ele sunt, desigur, imagini adăugate, derivări traduse ale originalelor. Procesul este deosebit de încântător (sau de înnebunitor) pentru cei care au o bază poliglotă: sfârșim prin a avea trasee verbale multiple și paralele, iar amestecul creativ de cuvinte poate să fie foarte amuzant sau exasperant.

La fel ca în cazul codurilor prin care celulele se organizează în țesuturi și organe și al codurilor nucleotidelor care generează proteine, sunetele alfabetului ce pot fi auzite și reprezentate într-o manieră vizuală sau tactilă compun cuvintele din mintea noastră și cuvintele exprimate verbal și prin semne. Dată fiind existența unui set de reguli pentru combinarea sunetelor în cuvinte și pentru aranjarea cuvintelor în conformitate cu anumite reguli gramaticale, întregul domeniu al minților noastre poate fi descris la nesfârșit.

O OBSERVAȚIE CU PRIVIRE LA MEMORIE

Aproape orice este disponibil prin intermediul imaginilor mentale proaspăt create este deschis înregistrărilor interne, indiferent dacă ne place sau nu. Fidelitatea înregistrărilor depinde de măsura în care am acordat atenție inițială imaginilor, fapt care depinde, la rândul său, de intensitatea emoțiilor și sentimentelor generate de trecerea acestora prin fluxul minții. Multe imagini rămân înregistrate și porțiuni mari din aceste înregistrări pot fi reproduse, adică reconstruite mai mult sau mai puțin corect. Uneori, vechile amintiri sunt atât de rafinate, încât concurează uneori și cu imaginile proaspăt generate.

Memoria este prezentă la organismele unicelulare, unde rezultă din modificările chimice. La acestea, rolul fundamental al memoriei este de același fel ca în cazul organismelor complexe: ajută la recunoașterea altui organism viu sau a unei situații, astfel încât să stabilească dacă merită să se apropie sau să stea la distanță. Și noi folosim această memorie chimică, de exemplu, în cazul celulelor sistemului imunitar. Beneficiem de pe urma vaccinurilor deoarece, odată expuse la un agent patogen potențial periculos dar inactiv, celulele de acest tip îl pot identifica atunci când îl întâlnesc din nou și îl vor ataca fără milă dacă încearcă să ne invadeze organismul.

Amintirile care ne disting mintea urmează aceleași principii generale, cu excepția faptului că ceea ce memorăm nu reprezintă modificări chimice care apar la nivel molecular, ci, mai curând, modificări temporare ce se petrec la nivelul circuitelor neuronale. Modificările sunt corelate cu imagini complexe de orice tip senzorial experimentate în mod izolat sau ca parte a narațiunilor care circulă prin minte. Problemele pe care le-a rezolvat natura prin posibilitatea de a învăța și de a ține minte imagini sunt monumentale, iar soluțiile pe care le-a găsit la nivel molecular, celular și sistemic sunt admirabile. La nivelul sistemelor, soluția cea mai direct relevantă pentru discuția noastră (memorarea imaginilor, precum o scenă pe care am perceput-o în termeni vizuali și auditivi) este realizată prin transformarea imaginilor explicite în „coduri neuronale" care, prin derulare inversă, vor permite mai târziu o reconstrucție mai mult sau mai puțin completă a scenei inițiale. Codurile reprezintă, într-o formă neexplicită, conținutul real al imaginilor și succesiunea lor și sunt stocate în ambele emisfere cerebrale, în cortexurile de asociație ale regiunilor occipitale, temporale, parietale și frontale. Aceste regiuni sunt interconectate, prin circuite ierarhice bidirecționale de cabluri nervoase, cu mănunchiul „cortexurilor senzoriale primare", unde imaginile explicite au fost asamblate pentru prima dată. Când ne amintim ceva, reconstruim o aproximație mai mult sau mai puțin fidelă a imaginii inițiale folosind căi neuronale inverse, care operează pornind de la nivelul regiunilor ce depozitează coduri și care produc efecte în interiorul regiunilor creatoare de imagini explicite, unde aceste imagini fuseseră pentru prima oară asamblate. Am numit acest proces *retroactivare*.[7]

Hipocampul, o structură cerebrală deja faimoasă, reprezintă un partener major în acest proces și este esențial pentru producerea integrării imaginilor la cel mai înalt nivel. Hipocampul permite de asemenea transformarea codificărilor temporare în codificări permanente.

Pierderea bilaterală a hipocampului întrerupe formarea și accesul la memoria de lungă durată a scenelor integrate. Evenimentele unice nu mai sunt reținute, chiar dacă obiectele și evenimentele încă mai pot fi recunoscute în afara unui context unic. Persoana poate să recunoască o casă ca fiind casă, dar nu o anumită casă în care a trăit. Cunoașterea contextuală și episodică dobândită prin experiența personală și individuală nu mai este accesibilă. Encefalita provocată de *Herpes simplex* era una dintre cauzele principale ale unei astfel de degenerări, dar astăzi boala Alzheimer a devenit cea mai frecventă cauză. Boala Alzheimer compromite celule specifice din circuitul hipocampului și calea sa de acces, cortexul entorhinal. Degenerarea treptată nu mai permite învățarea efectivă sau reamintirea evenimentelor integrate; se ajunge la o pierdere progresivă a orientării spațiale și temporale: persoane, evenimente și obiecte unice nu mai pot fi recunoscute și nici nu se mai pot învăța lucruri noi.

Acum este clar că hipocampul reprezintă o regiune importantă pentru neurogeneză, procesul de generare a unor noi neuroni care să fie încorporați în circuitul local. Formarea amintirilor noi depinde în parte de neurogeneză. Interesant de menționat este faptul că stresul, care afectează memoria, reduce neurogeneza.

Învățarea și memorarea deprinderilor motorii specifice unor activități se bazează pe alte structuri cerebrale, precum emisferele cerebeloase, ganglionii bazali și cortexul senzoriomotor. Învățarea și memorarea necesare unei execuții muzicale sau practicării unui sport se bazează pe astfel de structuri în strânsă asociere cu sistemul hipocampic. Procesarea imaginilor motorii și non-motorii poate fi armonizată în concordanță cu coordonarea lor tipică din activitățile de fiecare zi. Imaginile care corespund unei narațiuni verbale și cele care corespund unui set de mișcări asociate apar adesea împreună în experiențele în timp real; și chiar dacă sunt create și conservate în sisteme diferite, ele pot fi rechemate în conștiință într-o manieră integrată. Interpretarea unui cântec cu versuri necesită integrarea concomitentă a unor fragmente eterogene stocate: melodia specifică cântecului, memoria cuvintelor și memoria necesară executării motorii.

Amintirea imaginilor a deschis noi posibilități minții și comportamentului. Odată ce au fost învățate, imaginile au ajutat organismele să recunoască întâlnirile mai vechi cu obiecte și tipuri de evenimente și, prin contribuția rațiunii, le-au permis acestora să se comporte într-o manieră cât mai precisă, mai eficientă și mai folositoare.

Cele mai multe raționamente au nevoie de interacțiunea dintre ceea ce imaginile actuale ne spun despre *prezent* și ceea ce imaginile stocate ne spun despre *trecut*. Totodată, raționamentul eficient are nevoie de anticipare a ceea ce va urma după aceea, iar procesul imaginației, care e necesar pentru anticiparea consecințelor, depinde la rândul său de memorie. Capacitatea de a ne aminti îi permite minții conștiente să gândească, să judece și să ia decizii; pe scurt, să îndeplinească sarcinile de zi cu zi și de orice fel: de la banal la sublim.

Amintirea imaginilor trecute este esențială pentru procesul imaginației care, la rândul său, este terenul creativității. Imaginile memoriei sunt de asemenea esențiale pentru construirea narațiunilor, a povestirilor care sunt atât de specifice minții umane și care folosesc imagini noi și vechi, împreună cu traducerea în limbaj a aproape orice este depănat în producțiile filmice interioare. Semnificațiile derivate din fapte și idei asociate cu diverse obiecte și evenimente incluse în narațiuni sunt apoi iluminate de structura și cursul narațiunii înseși.

Același fir narativ (aceiași protagoniști, același loc, aceleași evenimente, același final) poate genera interpretări diferite și, astfel, înțelesuri diferite, în funcție de felul în care este povestit. În termeni mentali, ordinea introducerii obiectelor și evenimentelor și felul în care sunt descrise influențează foarte mult interpretarea narațiunii, modul în care va fi stocată în memorie și în care va fi rechemată mai târziu. Tindem să ne povestim despre aproape orice aspect din viața noastră, mai ales despre lucrurile importante, dar nu numai atât, și ne place să ne colorăm poveștile cu toate prejudecățile experiențelor noastre anterioare și ale lucrurilor care ne sunt plăcute sau neplăcute. Nu există nimic obiectiv și neutru în narațiunile noastre, cu excepția cazului în care facem un efort de a ne reduce preferințele și prejudecățile, lucru pe care ar trebui să-l înfăptuim când este vorba despre lucruri importante pentru viața noastră și a altora.

O mare parte din capacitatea cerebrală a fost alocată motoarelor de căutare care pot să acceseze (în mod automat și la cerere) amintirea aventurilor noastre mentale din trecut. Acest proces este crucial, deoarece o bună parte din ceea ce am memorat nu privește trecutul, ci viitorul anticipat, viitorul pe care doar ni l-am imaginat pentru noi și ideile noastre. Acest proces imaginativ, care, în sine, constituie un amestec complicat de gânduri actuale și de gânduri vechi, de imagini noi și imagini vechi, este la rândul său stocat în memorie. Procesul creativ este păstrat pentru o posibilă utilizare viitoare. El se poate năpusti în prezentul nostru, gata să ne îmbogățească plăcerea cu un moment suplimentar de fericire sau să ne adâncească suferința după o pierdere. Acest simplu fapt justifică, în sine, statutul excepțional al omului printre celelalte ființe vii.[8]

Căutarea și cernerea constantă a amintirilor noastre despre trecut și viitor ne permite, de fapt, să intuim posibilele semnificații ale situațiilor actuale și să *prezicem* posibilul viitor apropiat și mai puțin apropiat pe măsură ce se desfășoară viața. Este plauzibil să spunem că ne trăim o parte a vieții mai curând într-un viitor anticipat decât în prezent. Aceasta e probabil încă o consecință a naturii homeostaziei, cu proiecția sa constantă dincolo de prezent, în căutarea a ceea ce va urma.

ÎMBOGĂȚIREA MINȚII

Integrarea imaginilor în mai multe regiuni corticale, inclusiv cortexul entorhinal și circuitul hipocampal conex.

Abstragerea imaginilor și metafora.

Memoria: învățare bazată pe imagine și mecanisme de rechemare; motoare de căutare și prezicerea viitorului imediat bazate pe căutări continue în memorie.

Formarea conceptelor pornind de la imagini ale obiectelor și evenimentelor ce cuprind și clasa de evenimente cunoscute sub numele de sentimente.

Traducerea verbală a obiectelor și a evenimentelor.

Generarea continuității narative.

Raționament și imaginație.

Construirea narațiunilor la scară mare care integrează elemente imaginare și sentimente.

Creativitatea.

7. AFECTELE

Aspectul mental care ne domină existența, sau care pare s-o domine, se referă la lumea înconjurătoare reală sau stocată în memorie, cu obiectele și evenimentele sale, populată sau nu de oameni, o lume reprezentată de nenumăratele imagini construite din fiecare sursă senzorială pe care adesea le traducem în limbaj verbal și le structurăm sub formă de narațiuni. Și totuși, un totuși remarcabil, există o lume mentală paralelă care însoțește toate aceste imagini. Este o lume atât de subtilă încât, deseori, nu ne atrage atenția, dar câteodată e atât de importantă încât modifică traseul părții dominante a minții, uneori chiar într-un mod surprinzător. Este lumea paralelă a *afectelor*, o lume în care descoperim *sentimentele* ce însoțesc imaginile care de obicei ne domină mintea. Cauzele imediate ale sentimentelor includ: (a) fluxul de fundal al proceselor vitale din organismul nostru, pe care le experimentăm ca sentimente *spontane* sau *homeostatice*; (b) *reacțiile afective* declanșate de procesarea nenumăraților stimuli senzoriali (precum gusturile, mirosurile, stimulii tactili, auditivi și vizuali) a căror experiență constituie una dintre sursele avute de *qualia**; și (c) reacțiile afective rezultate din activarea *pornirilor* (precum foamea sau setea), a *motivațiilor* (cum ar fi dorința sexuală și jocul) sau a *emoțiilor* în sensul mai convențional al termenului,

---

* Proprietăți subiective sau calitative ale experienței (*n. tr.*).

adică programe de acțiune activate din confruntarea cu numeroase situații, uneori complexe. Printre emoții se numără bucuria, tristețea, frica, furia, invidia, gelozia, dezgustul, compasiunea și admirația. Reacțiile afective descrise la punctele (b) și (c) generează mai degrabă *sentimente provocate* decât sentimente spontane, care rezultă din fluxul homeostatic primar. Trebuie să observăm că experiențele simțite ale emoțiilor sunt, din nefericire, cunoscute sub același nume pe care îl dăm emoțiilor în sine. Acest lucru a contribuit la perpetuarea noțiunii false că emoțiile și sentimentele ar fi unul și același fenomen, deși sunt destul de distincte.

Astfel, afectul este un cort mare sub care plasez nu numai toate sentimentele posibile, ci și situațiile și mecanismele responsabile de producerea lor, adică responsabile de producerea acțiunilor ale căror experiențe devin sentimente.

Sentimentele însoțesc desfășurarea vieții în organismul nostru, orice percepem, învățăm, ne amintim, ne imaginăm, judecăm, decidem, planificăm sau creăm mental. Faptul de a considera că sentimentele sunt simpli vizitatori ocazionali ai minții sau doar produsul emoțiilor tipice pierde din vedere omniprezența și importanța funcțională specifice acestui fenomen.

Aproape orice imagine din această mare procesiune pe care o numim minte (din clipa în care elementul pătrunde în sfera mentală a atenției și până când o părăsește) este însoțită de un sentiment. Imaginile sunt atât de avide de tovărășia afectivă, încât chiar și cele care constituie un sentiment clar pot fi însoțite și de alte sentimente: asemenea armonicelor unui sunet sau cercurilor care se formează odată ce o piatră a atins suprafața apei. Nu există, propriu-zis, *ființă* fără o experiență mentală spontană a vieții, fără sentimentul existenței. Punctul inițial al ființei corespunde unei stări afective înșelător de neîntrerupte, unui cor mental de intensitate variabilă subiacent oricărui alt aspect mental. Spun că e ceva „înşelător" deoarece aparenta continuitate este construită bucată cu bucată din impulsuri multiple de sentimente provenite din fluxul imaginilor.

Absența completă a sentimentelor ar însemna o suspendare a ființei, dar chiar și o îndepărtare mai puțin radicală a sentimentelor ar compromite natura umană. Ipotetic vorbind, dacă ai reduce „traseele" sentimentelor din propria minte, ai rămâne cu înlănțuiri aride de reprezentări ale lumii exterioare în toate variantele pe care le cunoaștem: priveliști, sunete, atingeri, mirosuri, gusturi, mai concrete sau mai abstracte, traduse sau nu în vreo formă simbolică, adică verbală, provenite din percepția prezentă sau rechemate din memorie. Mai rău încă, dacă te-ai naște fără aceste trasee sentimentale, restul imaginilor ar călători prin mintea ta *ne*influențate și *ne*alterate. Odată cu eliminarea sentimentelor, nu vei putea să clasifici imaginile ca fiind frumoase sau urâte, plăcute sau dureroase, de bun-gust sau vulgare, spirituale sau lumești. Dacă nu ai avea sentimente, ai putea totuși să înveți (cu mare efort) să faci clasificări estetice sau morale ale obiectelor sau evenimentelor. Lucru pe care l-ar putea face și un robot, desigur. Teoretic, ar trebui să te bazezi pe analiza deliberată a caracteristicilor perceptuale și a contextelor și pe simplul efort de învățare. Doar că învățarea naturală este dificil de conceput fără proprietățile recompensei și fără sentimentele ce o însoțesc!

De ce lumea afectelor este atât de des neglijată sau considerată ca fiind un fapt de la sine înțeles, când viața normală este de neconceput fără ea? Probabil din cauză că sentimentele normale sunt omniprezente și adesea solicită puțină atenție; din fericire, circumstanțele în care nu există perturbări majore, pozitive sau negative, tind să fie cele mai numeroase în viața noastră. Un alt motiv al neglijării sentimentelor este acela că afectele au o reputație proastă din cauza unor emoții negative ale căror efecte sunt cu adevărat dăunătoare sau a cântecului de sirenă produs de unele emoții seducătoare. Diferențierea obișnuită dintre afect și rațiune vine dintr-o concepție îngustă cu privire la emoții și sentimente, considerate în mare parte negative și capabile să afecteze faptele și raționamentele. În realitate, emoțiile și sentimentele sunt de diferite tipuri și doar câteva sunt dăunătoare. Cele mai multe emoții și sentimente sunt esențiale pentru alimentarea procesului intelectual și a celui creativ.

Este ușor să consideri că sentimentele sunt mai curând fenomene superflue și chiar periculoase decât elemente de sprijin indispensabile ale procesului vieții. Indiferent care este cauza, neglijarea afectelor sărăcește descrierea naturii umane și nici o descriere a minții umane nu e posibilă dacă nu ținem cont de ele.

SENTIMENTELE

Sentimentele sunt experiențe mentale și, prin definiție, sunt conștiente: altminteri, nu am avea vreo cunoaștere directă a lor. Dar sentimentele diferă de alte experiențe mentale în câteva privințe. În primul rând, *conținutul* lor se referă întotdeauna la corpul organismului în care iau naștere. Sentimentele înfățișează interiorul organismului (starea organelor și a operațiilor interne) și, după cum am afirmat, condițiile în care imaginile despre interior sunt create le diferențiază de imaginile care înfățișează lumea exterioară. În al doilea rând, ca rezultat al acestor condiții speciale, înfățișarea interiorului (adică experiența sentimentelor) este pătrunsă de o trăsătură specială numită valență. Valența traduce condiția vieții direct în termeni mentali în fiecare clipă. Astfel, valența prezintă condiția ca fiind bună, rea sau undeva pe la mijloc. Când trecem printr-o condiție care este favorabilă continuării vieții, o descriem în termeni pozitivi, numind-o plăcută; când condiția nu este favorabilă, descriem respectiva experiență în termeni negativi și vorbim despre neplăcere. Valența este elementul definitoriu al sentimentelor și, prin extensie, al afectelor.

Acest concept referitor la sentiment se aplică la varietatea fundamentală a proceselor și la varietatea ce rezultă din trecerea prin experiențe multiple ale aceluiași sentiment. Întâlnirile repetate cu aceeași clasă de situații declanșatoare și de sentimente corespondente ne permit interiorizarea (într-o măsură mai mică sau mai mare) a procesului sentimentelor și transformarea sa în ceva mai puțin rezonant „corporal". Când trecem în mod repetat prin experiența anumitor situații afective, le descriem în narațiunile noastre interne (fără sau cu o mulțime de cuvinte), construim concepte în jurul lor, scădem ușor intensitatea pasiunii și le facem prezentabile nouă înșine și altora. O consecință a intelectualizării trăirilor este economia de timp și de energie necesare procesului. Acest proces are un echivalent fiziologic. Unele structuri corporale sunt ocolite, iar noțiunea mea de „buclă corporală ca-și-cum" reprezintă o cale de a realiza acest lucru.[I]

Circumstanțele (prezente sau amintite) ce pot declanșa sentimente sunt infinite. În schimb, lista *conținuturilor* elementare ale sentimentelor este restrânsă la o singură clasă de obiecte: *organismul viu al posesorului său*, prin care înțeleg componentele corpului și starea în care se află. Dar să dezvoltăm mai mult această idee, observând că referirea la organism este dominată de un sector al corpului: vechea lume interioară a viscerelor, care se află în abdomen, torace și tegument, împreună cu procesele chimice care le însoțesc. Conținutul sentimentelor care ne domină mintea conștientă corespunde în mare parte acțiunilor în desfășurare ale viscerelor; de exemplu, gradul de contracție sau de relaxare a mușchilor netezi care formează pereții organelor tubulare precum traheea, bronhiile, intestinele, precum și nenumăratele vase de sânge din piele și din cavitățile viscerale. Un conținut destul de relevant este oferit și de starea mucoaselor: gândiți-vă la momentele în care aveți gâtul uscat, umed sau pur și simplu inflamat, sau la starea esofagului sau stomacului după ce ați mâncat prea mult sau vă simțiți înfometați. Conținutul tipic al sentimentelor este guvernat de măsura în care activitățile viscerelor menționate mai sus sunt regulate și liniare sau neregulate și anevoioase. Pentru a face lucrurile mai complicate, toate aceste stări diferite ale organelor sunt rezultatul acțiunii moleculelor chimice (care circulă în sânge sau care apar la nivelul terminațiilor nervoase și sunt apoi distribuite în viscere): de exemplu, cortizonul, serotonina, dopamina, opioidele endogene și oxitocina. Unele dintre aceste poțiuni sau elixire sunt atât de puternice, încât au rezultate instantanee. În fine, gradul de contracție sau de relaxare a mușchilor voluntari (care, după cum am spus, fac parte din lumea interioareă mai recentă) contribuie de asemenea la conținutul sentimentelor. Exemplele includ tiparele activării musculare a feței. Acestea sunt atât de strâns asociate cu anumite stări emoționale încât activarea lor pe fața noastră poate evoca rapid sentimente precum bucuria și surpriza. Nu este nevoie să ne uităm într-o oglindă pentru a ști că avem astfel de stări.

În esență, sentimentele sunt experiențe ale anumitor aspecte ale stării vitale din interiorul unui organism. Aceste experiențe nu sunt simple ornamente, ci realizează ceva extraordinar: raportarea constantă a stării vitale a organismului. Am putea fi tentați să înțelegem că acea raportare e asemenea unui document online ale cărui pagini se pot accesa pe rând, informându-ne despre o parte sau alta a corpului. Dar aceste pagini digitalizate, ordonate, lipsite de viață și indiferente nu sunt metafore potrivite pentru sentimente, dată fiind componenta despre care tocmai am vorbit: valența. Sentimentele oferă informații importante despre starea vitală, dar ele nu sunt o simplă „informație", în sens strict computațional.

Sentimentele de bază nu sunt abstracțiuni, ci experiențe ale vieții bazate pe reprezentări multidimensionale de configurații ale procesului vital. După cum am spus, sentimentele pot fi intelectualizate: le putem traduce în idei și cuvinte care descriu fiziologia originară. Este deseori posibil să ne *referim* la un sentiment particular fără a-l experimenta în mod necesar sau doar experimentând o versiune mai palidă a originalului.[2]

Când se explică un lucru, este util să se spună limpede ce anume nu este. În acest fel, pentru a ne lămuri ce nu sunt sentimentele de bază, să spunem că, dacă mă hotărăsc acum să merg la plajă (cea ce înseamnă că trebuie să parcurg cam o sută de trepte înainte de a păși pe nisip), sentimentele nu țin în primul rând de tipul mișcărilor pe care le voi executa cu picioarele sau de mișcările făcute de ochi sau de gât, toate executate de corpul meu sub controlul creierului, care este informat constant de activitatea lor. Noțiunea precisă de sentiment este valabilă numai în cazul anumitor aspecte ale evenimentului, și anume energia sau ușurința cu care cobor treptele; entuziasmul cu care o fac și plăcerea de a călca pe nisip și de a fi lângă ocean; sau poate oboseala pe care s-ar putea să o resimt atunci când voi urca înapoi, ceva mai târziu. Sentimentele sunt cu precădere expresii ale *calității stării vitale din vechea lume interioară a corpului* în orice situație: în repaus, în timpul unei activități orientate către un scop sau, și acest lucru este important, în timpul răspunsului pe care-l dăm gândurilor ce ne trec prin minte, indiferent dacă sunt provocate de o percepție a lumii exterioare sau de amintirea unui eveniment trecut.

VALENȚA

Valența este o *calitate* intrinsecă a experienței și o percepem ca fiind plăcută ori neplăcută sau undeva între aceste două extreme. Reprezentările lipsite de sentimente sunt bine exprimate prin termeni precum „sesizate“ sau „percepute“. Dar reprezentările cunoscute drept sentimente sunt *simțite*, iar noi suntem *afectați* de ele. De aceea, această categorie de experiențe numite sentimente (pe lângă singularitatea conținutului lor, și anume corpul căruia îi aparține creierul) este atât de unică.

Originile valenței ne duc înapoi la forme de viață primitive ce precedă apariția sistemului nervos și a minții. Dar antecedentele imediate ale valenței se găsesc în starea actuală a vieții organismului. În principiu, ceea ce e „plăcut“ și ceea ce e „neplăcut“ spun dacă starea „globală“ a corpului este în general favorabilă continuării vieții și supraviețuirii și cât de puternică sau de slabă se întâmplă să fie acea tendință vitală la momentul respectiv. Starea de rău arată că ceva nu este în regulă cu starea de reglare a vieții. Starea de bine arată că homeostazia funcționează între limite eficiente. În cele mai multe situații, nu există nimic arbitrar în relația dintre calitatea experienței și starea fiziologică a corpului. Chiar și depresia și stările maniacale nu scapă pe deplin de această regulă, deoarece homeostazia de bază rămâne, într-o oarecare măsură, aliniată cu afectul pozitiv sau negativ. Cu toate astea, unele stări patologice precum masochismul constituie o excepție, deoarece rănile autoprovocate sunt resimțite, cel puțin în parte, ca fiind plăcute.

Experiența sentimentelor este un proces natural de evaluare a vieții în raport cu perspectivele sale. *Valența „judecă“ eficiența actuală a stărilor corporale, iar sentimentele anunță aceste judecăți posesorului corpului.* Sentimentele exprimă fluctuații ale stării vitale din interiorul intervalului standard și din afara sa. Unele stări din interiorul intervalului standard sunt mai eficiente decât altele, iar sentimentele exprimă gradul de eficiență. Viața în interiorul intervalului homeostatic central este o necesitate; reglarea vieții în direcția unei prosperități cât mai ridicate este dezirabilă. Stările din afara intervalului homeostatic general sunt dăunătoare, iar unele dintre ele sunt atât de dăunătoare, încât te vor ucide: de exemplu, un metabolism necontrolat din timpul unei infecții generalizate sau un metabolism accelerat într-o stare hiperactivă sau maniacală.

Dat fiind faptul că suntem încercați constant de sentimente, este uimitor că, de cele mai multe ori, ne este atât de greu să le explicăm natura într-un mod satisfăcător. Problema conținuturilor este una dintre cele mai simple și ușor de gestionat aspecte ale enigmei. Putem să cădem de acord în legătură cu unele evenimente ce pot fi considerate sentimente, în legătură cu felul în care se desfășoară și chiar în legătură cu distribuirea pe care o au în corpul nostru. Ca reacție la zdruncinătura bruscă a unui cutremur, de exemplu, se poate simți bătaia prematură a inimii care se manifestă foarte puternic și mai devreme decât în mod normal și care ne atrage atenția asupra sa, sau gura ce se usucă în același moment sau puțin înainte ori puțin după, sau poate un nod în gât. Un studiu simplu, realizat în laboratorul Riittei Hari, în Finlanda, confirmă observațiile pe care mulți dintre noi le-au făcut de multă vreme și se află în concordanță cu strălucitele intuiții ale poeților. Studiul arată că un mare număr de oameni identifică în mod constant anumite părți ale corpului ca fiind implicate în timpul propriilor experiențe afective tipice atât în raport cu situații homeostatice generale, cât și în raport cu situații emoționale.[3] Astfel, capul, pieptul și abdomenul constituie scenele unde își fac cel mai des apariția sentimentele. Wordsworth ar fi fost încântat. El e cel care a scris despre „dulceața senzațiilor simțite în sânge și în inimă“, acele senzații care ajung până „la cea mai pură parte a minții“.[4]

În mod ciudat, sentimentele precise pe care le evocă situații comparabile ar putea fi modulate de cultură. Se pare că nervozitatea înaintea unui examen este simțită de studenții germani ca niște „fluturi în stomac“, iar de cei chinezi, ca o durere de cap.[5]

La începutul acestui capitol, am menționat principalele condiții fiziologice ce duc la generarea sentimentelor. Prima condiție produce sentimente spontane; iar celelalte două, sentimente provocate.

Sentimentele de tip spontan, cele homeostatice, apar din fluxul de fond al proceselor vitale ale organismului nostru, o stare fundamentală dinamică, și constituie scenariul natural al vieții noastre mentale. Ele au o varietate limitată deoarece sunt strâns legate de activitatea organismului viu și de rutinele sale repetitive necesare pentru gestionarea vieții. Sentimentele spontane reflectă starea generală de reglare vitală a unui organism ca fiind bună, rea sau intermediară. Acest tip de sentimente informează mintea cu privire la starea curentă a homeostaziei organismului, motiv pentru care le numesc homeostatice. Sarcina lor este aceea de a reflecta starea homeostaziei. Simțirea sentimentelor homeostatice seamănă cu ascultarea nesfârșitei muzici de fundal a vieții, cu interpretarea continuă a partiturii vieții, cu modificările sale de cadență, ritm și tonalitate, ca să nu mai vorbim de volum. Atunci când avem sentimente homeostatice suntem acordați la lucrurile ce se petrec în interiorul nostru. Nimic nu poate fi mai simplu și mai natural decât asta.

Cu toate astea, creierul este un intermediar permeabil între lumea exterioară (actuală sau stocată în memorie) și corp. Când corpul răspunde mesajelor cerebrale care-i comandă să întreprindă o anumită succesiune de acțiuni (accelerarea respirației sau a ritmului cardiac, contractarea unui grup muscular sau al altuia, secretarea moleculei X), el își modifică diferite aspecte ale *configurației* sale fizice. Drept urmare, pe măsură ce creierul construiește reprezentări ale geometriei modificate a organismului, simțim modificările respective și construim imagini ale lor. Aceasta este sursa sentimentelor provocate, tipuri de sentimente care, spre deosebire de cele homeostatice, rezultă dintr-o mare varietate de reacții „afective" provocate de *stimuli senzoriali* sau de antrenarea *pornirilor, motivațiilor* și *emoțiilor* în sens tradițional.

Reacțiile afective declanșate de proprietăți ale stimulilor senzoriali (culori, texturi, forme, proprietăți acustice) au tendința de a produce, cel mai adesea, o perturbare tăcută a stării corpului: este vorba despre acele *qualia* din tradiția filozofică. Pe de altă parte, reacțiile afective declanșate de implicarea pornirilor, motivațiilor și emoțiilor determină adesea perturbări majore ale funcției organismului și pot duce la grave tulburări mentale.

PROCESUL REACȚIEI AFECTIVE

O mare parte din procesul afectiv este ascuns vederii. Consecința acestei componente ascunse presupune o modificare a stării homeostatice și o posibilă modificare a sentimentelor spontane curente.

Când auzi un sunet muzical pe care-l poți descrie ca fiind încântător, sentimentul de încântare este rezultatul transformării rapide a stării organismului. Această transformare este numită de noi afectivă și constă dintr-o colecție de acțiuni care modifică homeostazia de fond. Acțiunile incluse în reacția afectivă cuprind eliberarea de molecule chimice specifice în anumite zone ale sistemului nervos central sau transportarea lor, prin trasee neuronale, spre diferite regiuni ale sistemului nervos și ale corpului. Anumite zone ale corpului (de exemplu, glandele endocrine) intră în acțiune și produc molecule capabile să modifice ele însele funcțiile corpului. În urma acestei întregi agitații, apare o suită de modificări în geometria viscerelor: calibrul vaselor de sânge și al organelor tubulare, distensia mușchilor sau schimbarea ritmului respirator și cardiac. Drept rezultat, în cazul încântării, operațiile viscerale sunt armonizate, înțelegând prin asta că viscerele acționează fără dificultăți sau impedimente, iar starea armonizată a întregului corp este semnalizată altor zone ale sistemului nervos, răspunzătoare cu producerea imaginilor interiorului vechi; metabolismul este modificat astfel încât raportul dintre cererea și producția de energie este echilibrat; operațiile sistemului nervos sunt și ele modificate astfel încât producerea imaginilor este mai ușoară și mai abundentă și imaginația devine mai fluidă; imaginile pozitive sunt favorizate față de cele negative; nivelul de pază mentală scade, chiar dacă (fapt interesant) reacțiile sistemului imunitar pot fi mai puternice. Aceste acțiuni sunt cele care, odată ce ajung să fie reprezentate în minte, pregătesc calea pentru starea sentimentală plăcută pe care o descriem ca încântare, stare ce cuprinde o cantitate minimă de stres și o relaxare accentuată.[6] Emoțiile negative sunt asociate cu stări fiziologice diferite, toate fiind problematice din punctul de vedere al stării de bine și al sănătății viitoare.[7]

Sentimentele nou provocate de reacții afective practic se urcă (fiziologic vorbind) pe valul reacțiilor spontane, homeostatice, care deja se desfășoară de-a lungul fluxului lor natural. Procesul din spatele reacțiilor afective este foarte îndepărtat de caracterul imediat și de transparența procesului aflat în spatele sentimentelor spontane.

Sentimentele pot fi mai mult sau mai puțin perceptibile în mintea noastră. Mințile implicate într-o multitudine de analize, de fantezii, de narațiuni și de decizii acordă mai multă sau mai puțină atenție unui obiect anume, în funcție de cât de relevant este acel obiect la momentul respectiv. Nu orice element merită atenție, iar acest lucru este valabil și în privința sentimentelor.

DE UNDE VIN REACȚIILE AFECTIVE?

Răspunsul la această întrebare este limpede. Reacțiile afective își au originea în diferite sisteme specifice ale creierului (uneori într-o anumită regiune) responsabile de gestionarea diferitelor componente ale reacției: moleculele chimice ce trebuie secretate, modificările viscerale ce trebuie realizate, mișcările feței, ale membrelor sau ale întregului corp ce fac parte dintr-o anumită emoție, indiferent dacă e vorba de frică, de furie sau de bucurie.

Știm unde sunt situate regiunile cerebrale critice. Cele mai multe dintre ele sunt alcătuite din grupuri de neuroni (nuclei) în hipotalamus, în trunchiul cerebral (unde domină o regiune cunoscută sub numele de duct mezencefalic) și în prozencefalul bazal (unde nucleii amigdalieni și regiunea nucleului accumbens reprezintă structurile dominante). Toate aceste regiuni pot fi activate prin procesarea conținuturilor mentale specifice. Ne putem imagina activarea unei regiuni ca pe o „potrivire" a unui anumit conținut cu regiunea respectivă. Când apar potriviri, ceea ce echivalează cu a spune că regiunea „recunoaște" o anumită configurație, este declanșată emoția corespunzătoare.[8]

Unele dintre aceste regiuni își fac treaba în mod direct; altele acționează prin intermediul cortexului cerebral. Direct sau indirect, acești mici nuclei reușesc să influențeze întregul organism prin intermediul secreției de molecule chimice sau prin acțiunea căilor nervoase capabile să inițieze mișcări specifice sau să elibereze modulatori chimici într-o anumită regiune cerebrală.

Aceste regiuni subcorticale sunt prezente la vertebrate și nevertebrate, dar mai ales la mamifere. Ele ne permit să reacționăm la toate tipurile de senzații, obiecte și circumstanțe prin porniri, motivații și emoții. În sens figurat, le putem considera un „tablou de control afectiv", cu condiția să nu vă imaginați că emoțiile sunt asemenea unor acțiuni nebătute declanșate de apăsarea unui buton. Nucleii își fac treaba prin creșterea probabilității ca anumite comportamente să apară și ca aceste comportamente să se grupeze la un loc. Dar rezultatul nu este unul rigid. Există nuanțe și variații și se păstrează numai esența tiparului. Evoluția a dezvoltat acest aparat într-un mod treptat. Cele mai multe aspecte ale homeostaziei ce țin de comportamentul social depind de aceste structuri subcorticale.

Declanșarea reacțiilor afective apare în mod automat și inconștient, fără intervenția voinței. Adesea, sfârșim prin a afla că o emoție nu se naște în virtutea manifestării situației declanșatoare, ci datorită faptului că procesarea situației produce sentimente, adică experiențe mentale conștiente ale evenimentului emoțional. După ce sentimentul e inițiat, putem să ne dăm seama (sau nu) de ce ne simțim într-un anume fel.

Foarte puține lucruri scapă influenței acestor regiuni cerebrale. Sunetul unui flaut, portocaliul unui apus de soare, textura unei țesături fine de lână, toate produc reacții afective pozitive și sentimentele plăcute corespunzătoare. La fel produce fotografia casei în care ai crescut sau vocea unui prieten de care ți-e dor. Vederea sau aroma unui fel de mâncare ce îți place în mod deosebit îți stimulează apetitul, chiar dacă nu simți foame, iar o fotografie seducătoare declanșează dorința. Dacă întâlnești un copil care plânge, îți vine să-l îmbrățișezi și să-l protejezi. Oricât de primitiv ar putea să pară, aceleași porniri biologice adânc înrădăcinate vor fi declanșate și de chipul unui cățel frumos și cu ochi melancolici, ca de bebeluș. Pe scurt, un număr nesfârșit de stimuli vor produce bucurie, tristețe sau teamă, în timp ce anumite povești sau scene vor evoca compasiune sau uimire. Ne emoționăm când ascultăm sunetul cald și bogat al unui violoncel, indiferent de melodia cântată, sau când ascultăm strident: rezultatul simțit în primul caz fiind plăcut și în ultimul, neplăcut. Tot așa, suntem cuprinși de emoții pozitive sau negative la vederea unor nuanțe de culori, a unor forme, volume, texturi și când gustam anumite substanțe sau simțim anumite mirosuri. Unele imagini senzoriale provoacă reacții slabe, în timp ce altele declanșează reacții puternice, în funcție de stimul și de impactul avut de acesta în trecutul individului. În situații normale, numeroase conținuturi mentale evocă reacții afective puternice sau slabe, care provoacă, la rândul lor, unele sentimente intense sau slabe. Apariția reacțiilor afective la nenumărate componente ale imaginilor sau la narațiuni întregi reprezintă unul dintre aspectele centrale și inexorabile ale vieții noastre mentale.[9]

Chiar dacă provine din memorie, și nu din percepția directă, stimulul afectiv tot produce emoții din abundență. Prezența unei imagini constituie elementul-cheie, iar mecanismul este același. Elementele extrase din memorie antrenează programe emoționale care produc sentimente corespondente recognoscibile. Există un stimul-imbold, un stimul în continuare alcătuit din imagini, numai că, de data asta, imaginile sunt mai curând extrase din memorie decât construite în percepția directă. Indiferent de sursă, imaginile sunt folosite pentru a produce reacții afective, care transformă apoi starea de fond a organismului, starea sa homeostatică, iar rezultatul este un sentiment emoțional provocat.

STEREOTIPURILE EMOȚIONALE

Reacțiile afective se conformează de obicei anumitor tipare dominante, dar nu sunt nicidecum rigide sau stereotipe. Modificările viscerale primare sau cantitatea precisă a unei molecule secretate în timpul unei reacții variază de la o situație la alta. Tiparul este recognoscibil în configurația sa generală, dar nu constituie o copie exactă, iar reacțiile afective nu sunt neapărat produse doar de o anumită regiune a creierului, cu toate că unele configurații perceptuale tind să fie generate de anumite regiuni cerebrale. Cu alte cuvinte, teoria potrivit căreia există un „modul cerebral" care ar produce reacții afective din care se naște sentimentul de plăcere și un alt modul care ar produce dezgust este la fel de incorectă precum teoria potrivit căreia există un tablou de control afectiv cu butoane dedicate fiecărei emoții. Incorectă este și ideea că plăcerea sau dezgustul se reproduc pe sine de fiecare dată când apar. Pe de altă parte, natura plăcerii și mecanismele care stau la baza apariției sale sunt suficient de comparabile de la o situație la alta încât fenomenele pot fi ușor de recunoscut în experiența cotidiană și pot fi atribuite, chiar dacă nu într-un mod rigid, anumitor sisteme cerebrale așezate acolo de selecția naturală cu ajutorul genelor și cu implicarea mai mare sau mai mică a mediului înconjurător al pântecelui și al copilăriei. Ideea că lumea afectivă este fixă ar fi totuși o exagerare. Există o mulțime de factori de mediu care pot modifica manifestarea afectivă pe parcursul dezvoltării noastre. Rezultă că mecanismul afectului nostru este, într-o oarecare măsură, educabil și că o bună parte din ceea ce numim civilizație apare prin educarea acestor mecanisme într-un mediu favorabil: familia, școala sau cultura. Ciudat este că ceea ce numim *temperament* (maniera mai mult sau mai puțin armonioasă în care reacționăm la șocurile vieții de zi cu zi) este rezultatul acelui lung proces de educație și al interacțiunii acestuia cu bazele reactivității emoționale cu care suntem înzestrați și care constituie efectul tuturor factorilor biologici ce și-au spus cuvântul pe parcursul dezvoltării noastre: zestrea genetică, diferiți factori din dezvoltarea pre și postnatală, norocul. Un lucru este totuși sigur. Mașinăria afectului contribuie la generarea reacțiilor afective și, în consecință, influențează comportamente care (am putea crede cu naivitate) s-ar afla sub controlul exclusiv al celor mai conștiente și mai subtile părți ale minții. Deseori, pornirile, motivațiile și emoțiile adaugă sau elimină câte ceva din deciziile care ne-am aștepta să fie pur raționale.

SOCIABILITATEA INTRINSECĂ A PORNIRILOR, MOTIVAȚIILOR ȘI EMOȚIILOR CLASICE

Sistemul pornirilor, motivațiilor și emoțiilor este preocupat de bunăstarea subiectului în al cărui organism apar reacțiile. Dar o bună parte dintre porniri, motivații și emoții au și o natură socială, la scară mică sau mare, în măsura în care câmpul lor de acțiune se extinde cu mult dincolo de nivelul individual. Dorința și pofta, protecția și îngrijirea, atașamentul și dragostea operează în contexte sociale. Același lucru este valabil în cele mai multe cazuri de bucurie și de tristețe, de frică și de panică, de furie; sau de compasiune, de admirație și de venerație, de invidie, de gelozie și de dispreț. Puternica sociabilitate, care a constituit un punct de sprijin esențial pentru intelectul lui *Homo sapiens* și a fost atât de importantă în apariția culturilor, este posibil să-și fi avut originea în mașinăria pornirilor, motivațiilor și emoțiilor, unde a evoluat din procesele neuronale mai simple ale unor creaturi mai simple. Mergând și mai în trecut, aceasta trebuie să fi evoluat dintr-o multiplicitate de molecule chimice, unele dintre ele deja prezente în organismele unicelulare. Ceea ce trebuie să subliniem aici este că sociabilitatea, adică seria de strategii comportamentale indispensabile pentru crearea reacțiilor culturale, face parte din instrumentarul homeostaziei. *Sociabilitatea pătrunde în mintea culturală umană prin intermediul afectului.*[10]

Aspectele comportamentale și neuronale ale pornirilor și motivațiilor la mamifere au fost studiate în detaliu de Jaak Panksepp și Kent Berridge. Anticiparea și dorința, pe care Panksepp le include sub eticheta „căutare", în vreme ce Berringe preferă să le denumească „nevoie", sunt exemple elocvente. La fel este și pasiunea, atât în formă pur sexuală, cât și în varianta iubirii romantice. Protejarea și îngrijirea puilor este un alt impuls puternic, complementat de legături de atașament și de dragoste; tipul de legături a căror întrerupere conduce la panică și suferință. Jocul este des întâlnit la mamifere și la păsări și este esențial pentru viața oamenilor. Jocul antrenează imaginația creativă a copiilor, adolescenților și adulților și este un ingredient crucial al invențiilor ce caracterizează culturile.[11]

În concluzie, cele mai multe imagini care pătrund în mintea noastră stârnesc o reacție afectivă slabă sau puternică. Nu contează ce origine au imaginile. Orice proces senzorial poate constitui un declanșator (de la gust și olfacție la vedere), și nu are cu adevărat importanță dacă imaginea este proaspăt construită în percepție sau este extrasă din memorie; nu are importanță dacă imaginea se referă la obiecte animate și inanimate, la caracteristicile acestora (culori, forme, timbrul sunetelor), la acțiuni, la abstractizări sau la judecăți referitoare la oricare dintre lucrurile de mai sus. O consecință predictibilă a procesării mai multor imagini care curg prin mintea noastră este apariția unei reacții afective căreia îi urmează sentimentul corespunzător. Astfel provocate, sentimentele sau emoțiile nu se referă la ascultarea muzicii de fond a vieții, ci a cântecelor ocazionale și, uneori, chiar a unor minunate arii de operă. Piesele sunt executate de aceeași orchestră, în aceeași sală (corpul) și pe același fundal: viața. Dar, luând în considerare declanșatorii, mintea este de această dată amplu acordată la lumea gândurilor (în loc de cea corporală), având în vedere că reacționăm la ele și simțim reacția. Execuția muzicală variază de la o situație la alta deoarece execuția răspunsurilor emoționale și experiența respectivelor sentimente variază la rândul lor, cel puțin asemenea interpretării unei piese muzicale celebre de către muzicieni diferiți. Dar partitura este indubitabil aceeași: emoțiile umane sunt piese recognoscibile ale unui repertoriu standard.

O parte substanțială a gloriei și tragediei umane depinde de afecte, în ciuda genealogiei lor modeste, nonumane.

SENTIMENTELE STRATIFICATE

Orice imagine care intră în minte poate provoca o reacție afectivă, iar acest lucru e valabil și în cazul imaginilor pe care le numim sentimente. Starea de durere sau senzația de durerea, de exemplu, poate fi îmbogățită de un nou strat de procesare (un sentiment secundar, ca să mă exprim astfel) determinat de diferite gânduri cu care reacționăm la situația de bază. Adâncimea acestei stări sentimentale stratificate este probabil o particularitate a minții umane. Este tipul de proces care probabil alimentează ceea ce numim suferință.

Animalele cu creier complex (asemănător celui uman), precum mamiferele superioare, au probabil stări sentimentale stratificate. În mod tradițional, concepția poziției excepționale ocupate de ființele umane a negat existența sentimentelor la animale, dar etologia cognitivă a evidențiat din ce în ce mai mult contrariul acestui lucru. Asta nu înseamnă că sentimentele umane nu sunt mai complexe, mai stratificate și mai elaborate decât cele ale animalelor respective. Cum ar putea să nu fie? Dar, după cum văd eu lucrurile, particularitatea umană are de-a face cu rețeaua de asocieri pe care sentimentele le stabilesc cu tot felul de idei și în special cu interpretările referitoare la clipa prezentă și la viitorul ce ne așteaptă.

Ciudat este că sentimentele stratificate permit intelectualizarea sentimentelor la care m-am referit mai devreme. Multitudinea obiectelor, evenimentelor și ideilor evocate de sentimente îmbogățește procesul de creare a unei descrieri intelectuale a situațiilor cu care ne confruntăm.

Marea poezie depinde de sentimente stratificate. Explorarea definitivă a sentimentelor stratificate a fost munca de-o viață a romancierului și filozofului Marcel Proust.

8. CONSTRUIREA SENTIMENTELOR

Pentru a înțelege de unde provin și cum se construiesc sentimentele și pentru a evalua contribuția lor la mintea umană, trebuie să le așezăm în perspectiva homeostaziei. Alinierea sentimentelor plăcute și neplăcute cu intervale homeostatice pozitive și, respectiv, negative este un fapt verificat. Homeostazia situată într-un interval bun sau chiar optim se exprimă ca stare de bine sau chiar ca bucurie, în vreme ce fericirea datorată iubirii și prieteniei contribuie la o homeostazie mai eficientă și promovează starea de sănătate. Exemplele negative sunt la fel de clare. Stresul asociat cu tristețea este provocat de implicarea hipotalamusului și a hipofizei și de eliberarea unor molecule ale căror consecințe sunt reducerea homeostaziei și afectarea a numeroase părți ale corpului, cum ar fi vasele de sânge și structurile musculare. Este interesant faptul că împovărarea homeostatică dată de boala fizică poate activa aceeași axă hipotalamo-hipofizară, ducând la eliberarea de dinorfină, o moleculă care induce disforie sau tulburare a dispoziției.

Circularitatea acestor operații este remarcabilă. La prima vedere, mintea și creierul influențează corpul propriu-zis tot atât de mult pe cât corpul poate influența creierul și mintea. Nu e vorba decât de două aspecte ale aceleiași ființe.

Indiferent dacă sentimentele corespund intervalelor pozitive sau negative ale homeostaziei, semnalele chimice implicate în procesarea lor și stările viscerale însoțitoare au puterea să modifice fluxul mental obișnuit într-un mod mai mult sau mai puțin subtil. Atenția, învățarea, amintirea și imaginația pot fi compromise, iar rezolvarea sarcinilor și a situațiilor banale sau complicate poate fi tulburată. Este adesea dificil să ignori perturbările mentale provocate de emoții, mai ales în varianta lor negativă, dar chiar și sentimentele pozitive de existență liniștită și armonioasă preferă să nu fie ignorate.

Rădăcinile armonizării proceselor vitale cu natura sentimentelor pot fi descoperite în procesele homeostaziei din strămoșii comuni ai sistemelor endocrin, imunitar și nervos. Aceste procese se pierd în negura vieții primordiale. Partea sistemului nervos care este responsabilă de supravegherea și de reacția la lumea interioară, mai ales cea veche, a lucrat întotdeauna în cooperare cu sistemul imunitar și cu cel endocrin. Să luăm în considerare câteva detalii actuale ale acestei armonizări.

Când se produce o rană, provocată de exemplu de un proces de îmbolnăvire din interior sau de o leziune provocată din exterior, rezultatul obișnuit este experiența durerii. În primul caz, durerea rezultă din semnalele emise de vechile fibre nervoase C nemielinizate, iar localizarea poate fi vagă; în al doilea caz, sunt implicate fibre nervoase mielinizate, care sunt mai recente din punct de vedere evolutiv și care provoacă o durere ascuțită și bine localizată.[1] Totuși, senzația de durere (vagă sau ascuțită) este doar o parte a ceea ce se întâmplă în organism; de fapt, din punct de vedere evolutiv, constituie partea cea mai recentă. Ce altceva se mai întâmplă? Ce anume constituie partea ascunsă a procesului? Răspunsul este că rana implică reacții imunitare și neuronale locale. De exemplu, au loc modificări inflamatorii precum vasodilatație locală și creșterea bruscă a fluxului de leucocite (celulele albe ale sângelui) către zona respectivă. Leucocitele sunt chemate să participe la combaterea sau prevenirea infecției (prin eliberarea anumitor molecule) și la îndepărtarea resturilor de țesut afectat (prin fagocitoză, adică înconjurând, încorporând și distrugând agenții patogeni). O moleculă veche din punct de vedere evolutiv (proencefalina, moleculă ancestrală și prima de acest fel) poate genera, prin divizare, doi compuși activi care sunt eliberați la nivel local. Unul dintre acești compuși este un agent antibacterian; celălalt este un analgezic opioid care va acționa asupra unei clase speciale de receptori opioizi (clasa delta) localizați în terminațiile nervoase periferice aflate la locul leziunii. Multiplele semne ale alterării și reconfigurării locale prin care trece țesutul sunt puse la dispoziția sistemului nervos și sunt cartografiate, contribuind astfel la substratul pluristratificat al senzației de durere. Dar, în mod simultan, eliberarea și captarea moleculelor de opioid ajută la atenuarea durerii și la reducerea inflamației, o cooperare neuro-imună prin care homeostazia încearcă să ne protejeze de infecții și chiar să ne reducă disconfortul la minimum.[2]

Dar povestea nu se termină aici. Rana provoacă o reacție afectivă care determină propria succesiune de acțiuni, de exemplu o contracție musculară pe care am putea-o numi tresărire. Aceste reacții și configurația modificată a organismului sunt de asemenea cartografiate și apoi „traduse în imagini" de către sistemul nervos ca parte a aceluiași eveniment. Formarea de imagini ale reacțiilor motorii contribuie la asigurarea faptului că situația nu trece neobservată. Interesant este că astfel de reacții motorii au apărut în evoluție cu mult timp înainte de existența sistemelor nervoase. Organismele simple se retrag, se ghemuiesc și se luptă când integritatea corpului lor este compromisă.[3]

Pe scurt, reacțiile față de o rană pe care le-am descris cu referire la oameni (substanțe antibacteriene și analgezice, acțiuni de îndepărtare și evitare) reprezintă un răspuns străvechi și bine structurat ce rezultă din interacțiunile corpului cu sistemul său nervos. Mai târziu pe parcursul evoluției, după ce organismele cu sistem nervos puteau să cartografieze evenimente non-neuronale, componentele acestui răspuns complex au putut să fie, la rândul lor, traduse în imagini. Experiența mentală pe care o numim „senzație de durere" se bazează pe această reprezentare multidimensională.[4]

Trebuie subliniat că senzația de durere este alimentată în întregime de un ansamblu de fenomene biologice mai vechi ale căror scopuri sunt în mod evident folositoare din punctul de vedere al homeostaziei. Nu este necesar și probabil nu e corect să spunem că formele simple de viață, lipsite de sistem nervos, simt durere. Ele au cu siguranță unele dintre elementele necesare pentru construirea senzației de durere, dar este logic să presupunem că, pentru apariția durerii în sine, ca experiență mentală, organismul trebuie să posede minte, iar pentru asta e nevoie de un sistem nervos capabil să cartografieze structuri și evenimente. Cu alte cuvinte, bănuiesc că formele de viață lipsite de sistem nervos sau de minte posedau sau posedă procese *afective* elaborate, programe de apărare și de adaptare, dar nu și sentimente. Odată cu apariția sistemului nervos, a fost deschisă calea către sentimente. De aceea, probabil că și sistemele nervoase rudimentare permit o oarecare doză de sentimente.[5]

Se pune adesea întrebarea, nu lipsită de sens, de ce e nevoie ca sentimentele să fie simțite în vreun fel, de ce e nevoie să fie plăcute sau neplăcute, liniștite sau furtunoase. Motivul ar trebui să fie deja clar: atunci când, pe parcursul evoluției, întreaga constelație de fenomene fiziologice ce constituie sentimentele a început să apară și a început să furnizeze experiențe mentale, a avut loc un mare salt. Sentimentele au făcut viața mai bună; au prelungit și au salvat vieți; s-au conformat obiectivelor imperativului homeostatic și au ajutat la implementarea acestora, dându-le *importanță mentală* pentru posesorii lor, după cum pare să demonstreze, de exemplu, comportamentul de aversiune condiționată față de anumite locuri.[6] Prezența sentimentelor este strâns legată de o altă dezvoltare: conștiința și, mai exact, subiectivitatea.

Valoarea cunoașterii oferite organismului de către sentimente este cauza probabilă a faptului că evoluția le-a păstrat. Sentimentele influențează procesele mentale din interior și sunt convingătoare datorită pozitivității sau negativității lor obligatorii, a originii lor în acțiuni ce favorizează sănătatea sau moartea și a capacității lor de a acapara și stimula posesorul sentimentului și de a-i atrage atenția asupra situației. Unei descrieri neutre și liniare a sentimentelor ca hărți/imagini perceptive îi scapă ingredientele cruciale: valența și puterea de a atrage atenția.

Această perspectivă asupra sentimentelor ilustrează faptul că experiențele mentale nu apar din simpla cartografiere a unui obiect sau eveniment în țesutul neuronal, ci din cartografierea multidimensională a fenomenelor corpului propriu-zis întrețesute într-un mod interactiv cu fenomenele neuronale. Experiențele mentale nu sunt „instantanee", ci procese care se derulează în timp, narațiuni ale mai multor microevenimente petrecute la nivelul corpului propriu-zis și al creierului.

Ar fi fost posibil, desigur, ca natura să fi evoluat într-o altă direcție și să nu fi dat peste sentimente. Dar nu s-a întâmplat așa. Elementele fundamentale din spatele sentimentelor sunt o parte atât de importantă a conservării vieții, încât erau deja disponibile. Tot ce mai trebuia adăugat era un sistem nervos care să producă minte.

DE UNDE PROVIN SENTIMENTELE?

Pentru a ne da seama cum au apărut sentimentele pe parcursul evoluției, ne va fi de folos să ne gândim cum trebuie să fi arătat reglarea vieții înainte de intrarea lor în scenă. Organismele simple, alcătuite dintr-o singură celulă sau mai multe, posedau deja un sistem homeostatic elaborat care se ocupa cu procurarea și încorporarea surselor de energie care să permită transformările chimice, cu eliminarea deșeurilor toxice și de altă natură și cu înlocuirea elementelor structurale care nu mai funcționau bine. Când integritatea corpului era amenințată de leziuni, organismul putea organiza o apărare pe mai multe fronturi ce includea eliberarea unor molecule specifice și executarea unor mișcări de protecție. Pe scurt, integritatea organismului putea fi menținută împotriva unei multitudini de amenințări.

La cele mai simple organisme vii nu exista un sistem nervos și nici măcar un nucleu de comandă, cu toate că existau precursori ai organitelor ce interacționau în citoplasmă și exista o membrană celulară. După cum am spus mai sus, în urmă cu aproximativ 500 de milioane de ani, sistemele nervoase erau niște simple „rețele nervoase" a căror structură semăna cu formațiunea reticulată din actualul trunchi cerebral al vertebratelor, inclusiv cel uman. Rețelele nervoase erau în mare parte responsabile de desfășurarea celei mai importante funcții a respectivelor organisme: digestia. La grațioasele ființe cunoscute sub numele de hidre, rețelele nervoase se ocupau de locomoție (prin care înțeleg înot), reacționau la alte obiecte, îi comandau gurii să se deschidă și executau peristaltismul. Hidrele erau și sunt adevărate sisteme gastronomice plutitoare. Aceste rețele nervoase nu erau probabil capabile să producă hărți sau imagini ale lumii interioare sau ale celei exterioare și, astfel, probabilitatea apariției minții este scăzută. Evoluției i-au trebuit milioane de ani ca să remedieze această limitare.

Înainte de apariția sistemelor nervoase, homeostazia a avut parte de o mulțime de dezvoltări benefice. În primul rând, anumite molecule semnalizau deja starea favorabilă sau nefavorabilă vieții din celule, o capacitate prezentă până la ultima treaptă a scării a vieții: celulele bacteriene. În al doilea rând, ceea ce se cunoaște astăzi drept sistem imunitar înnăscut își are debutul la eucariotele primitive. Toate organismele care posedă cavitate corporală, precum amibele, au un sistem imunitar înnăscut, dar numai vertebratele au un sistem imunitar adaptativ, adică un un sistem care poate fi învățat, antrenat și potențat, de exemplu prin vaccinuri.[7] Să reținem că sistemele imunitare aparțin unei clase speciale de sisteme globale ale organismului, care include sistemul circulator, cel endocrin și cel nervos. Imunitatea ne apără de agenții patogeni și de daunele pe care aceștia le provoacă; aceasta reprezintă una dintre primele santinele ale integrității organismului și un important factor al valenței. Circulația satisface cerințele homeostaziei prin distribuirea surselor de energie și prin facilitarea eliminării deșeurilor. Sistemele endocrine reglează activitatea subsistemelor pentru a se potrivi cu homeostazia întregului organism. Sistemul nervos își asumă în mod treptat rolul de coordonator central al tuturor celorlalte sisteme globale și, în același timp, gestionează relația dintre organism și mediul înconjurător. Această ultimă funcție depinde de o dezvoltare crucială a sistemului nervos: lumea mentală, unde sentimentele se desfășoară în voie, iar imaginația și creativitatea devin posibile.

În scenariul pe care-l susțin în momentul de față, viața a fost reglată la începuturi fără nici un fel de sentimente. Nu exista nici minte și nici conștiință, ci doar o serie de mecanisme homeostatice ale căror alegeri orbești se dovedeau favorabile supraviețuirii. Apariția sistemului nervos, capabil să creeze hărți și imagini a deschis calea pentru intrarea în scenă a minții simple. Pe parcursul exploziei cambriene, după numeroase mutații, unele creaturi cu sistem nervos au ajuns să genereze nu numai imagini ale lumii din jur, ci și un echivalent al imaginilor procesului complicat de reglare a vieții ce se petrece în interior. Aceasta pare să fi constituit temelia pe care să se clădească o stare mentală corespunzătoare, al cărei conținut tematic ar fi dobândit o valență în ton cu condiția vieții din acel moment și din acel corp. *Calitatea* stării vitale din fiecare moment ar fi putut astfel să fie simțită.

Pentru început, chiar dacă restul sistemului nervos al unor astfel de creaturi ar fi fost foarte simplu, abia capabil să construiască cele mai rudimentare hărți ale diferitelor informații senzoriale, introducerea în acest amestec a unor informații obligatorii despre „starea favorabilă sau nefavorabilă vieții“ din interiorul unui organism ar conduce la reacții comportamentale mai avantajoase decât erau disponibile înainte. Creaturile dotate cu acest element nou, cu acest evaluator suprapus peste imaginea unor locuri, obiecte sau alte creaturi, ar câștiga o ghidare automată ce le poate spune dacă să se apropie sau să se îndepărteze de acele locuri, lucruri sau creaturi. Viața ar fi gestionată mai bine și probabil ar dura mai mult, făcând posibilă reproducerea în mai mare măsură. În acel punct, organismele echipate cu formule genetice răspunzătoare de noua trăsătură avantajoasă ar câștiga cu siguranță jocul selecției evolutive, iar trăsătura s-ar răspândi în natură în mod inevitabil.

Nu avem cum să știm cu precizie când și cum, pe parcursul evoluției, au apărut sentimentele. Toate vertebratele au sentimente; și cu cât mă gândesc mai mult la insectele sociale, cu atât cred mai mult că sistemele lor nervoase generează minți simple ce posedă versiuni primitive ale sentimentelor și conștiinței. Un studiu recent susține această teorie.[8] Un lucru este sigur: procesele care au *susținut* sentimentele *după* apariția minților au existat cu mult timp înainte și includeau mecanismele necesare generării componentei specifice sentimentelor: valența.

După părerea mea, formele primitive de viață erau capabile să simtă și să reacționeze și aveau fundamentele sentimentelor, dar nu și sentimente ca atare, sau minte, sau conștiință. Pentru a ajunge la ceea ce numim noi minte, sentimente și conștiință, evoluția a avut nevoie de anumite dezvoltări structurale și funcționale care s-au petrecut mai ales în cadrul sistemului nervos.

Creaturile mai simple decât noi, inclusiv plantele, simt și reacționează la stimulii din mediul înconjurător.[9] Totodată, aceste creaturi se luptă cu vigoare pentru a-și menține integritatea fizică (dar nu și plantele, deoarece nu se pot mișca aproape deloc din cauză că sunt învelite în celuloză: nu prea poți reacționa dacă ești imobil). Cu toate astea, sensibilitatea, reacția și apărarea viguroasă împotriva tuturor tipurilor de amenințări fizice, deși sunt părți importante ale bogatei povești a vieții, nu sunt comparabile cu fenomenele sistemului nervos pe care le numim minte, sentimente și conștiință.

ASAMBLAREA SENTIMENTELOR

Faptele discutate până acum oferă un fundament pentru sentimente și conturează unele procese esențiale care le susțin, adică evidențiază prezența unei schele pentru valență. Acum subliniez unele condiții care țin de sistemul nervos și care probabil joacă un rol complementar în fiziologia valenței.

Este evident faptul că o mare parte din informația care contribuie la valență apare într-un context neobișnuit: *continuitatea* dintre structurile corporale și cele nervoase. Am folosit alți termeni pentru a explica această idee; m-am referit, de exemplu, la „legătura“ dintre corp și creier sau la un „pact“ ori o „fuziune“ a corpului cu creierul. Termenul *continuitate* adaugă o altă nuanță.[10] Experiența sentimentelor nu presupune aproape nici o *distanță* anatomică sau fiziologică între obiectul care generează conținuturile esențiale, corp și sistemul nervos, considerat de obicei acea parte a organismului care primește și procesează informația. Cele două componente, obiect/corp și procesor/creier, sunt cu siguranță contigue și, în multe feluri neașteptate, continue. Acest lucru le permite să interacționeze în moduri complexe, și deja am început să înțelegem o parte din proces. Din această interacțiune fac parte operații moleculare și neuronale asupra unor țesuturi specifice și reacțiile corespondente.

Sentimentele *nu* sunt doar fenomene neuronale. Corpul propriu-zis este implicat într-o foarte mare măsură, implicare ce include participarea altor sisteme importante și decisive din punct de vedere homeostatic, cum ar fi sistemul endocrin și cel imunitar. Sentimentele sunt, *simultan și interactiv*, fenomene ce țin în întregime de corp *și* de sistemul nervos.

Fenomenele pur neuronale sau pur mentale nu ar avea cum să acapareze subiectul cu intensitate și forță, o caracteristică a sentimentelor puternice atât pozitive, cât și negative. Fenomenele pur mentale sau pur neuronale nu au și ar trebui să aibă o astfel de capacitate, deoarece nu posedă ceea ce este necesar creaturilor complexe pentru a naviga în această lume.

CONTINUITATEA DINTRE CORP ȘI SISTEMUL NERVOS

Potrivit perspectivei convenționale, semnalele chimice și viscerale din mediul interior folosesc sistemul nervos periferic pentru a-și face drum de la nivelul corpului către creier. Tot potrivit aceleiași perspective, nucleii sistemului nervos central și cortexul cerebral sunt apoi responsabili de restul procesului, adică de făurirea sentimentelor. Aceste descrieri sunt învechite și au rămas captive în limitele neuroștiințelor vechi de decenii. S-au efectuat mai multe studii care evidențiază câteva caracteristici aparte ce pot fi întâlnite în conexiunea corp-creier și a căror însemnătate în procesul de generare a sentimentelor este seducătoare. Pe scurt, corpul și sistemul nervos „comunică" folosind „fuziuni" și „interacțiuni" de structuri pe care le permite continuitatea dintre corp și sistemul nervos. Nu mă împotrivesc folosirii termenului „transmitere" pentru descrierea călătoriei semnalelor *prin* căile neuronale. Dar noțiunea de „transmitere de la corp la creier" este problematică.

Dacă nu există distanță între corp și creier, dacă aceste două componente interacționează și formează o singură unitate, atunci sentimentele *nu* sunt o percepție a stării corpului în sensul convențional al termenului. Aici, dualitatea „subiect-obiect" sau „cel care percepe-ceea ce e perceput" nu mai e valabilă. Cât privește această parte a procesului, avem de-a face, în schimb, cu unitate. *Sentimentele reprezintă aspectul mental al acestei unități.*

Totuși, dualitatea revine într-un alt punct al procesului complex al interacțiunii creier-corp. Atunci când se formează imagini ale structurii corporale și ale porților sale senzoriale și când imaginile pozițiilor spațiale ocupate de viscere sunt raportate la acea structură generală și la poziționarea din interiorul său, se poate ajunge la generarea unei perspective mentale a organismului, la un set de imagini separate, care sunt diferite de imaginile senzoriale ale exteriorului (vizuale, tactile, auditive) *și* de emoțiile și sentimentele pe care le provoacă. În acel punct, se instalează o dualitate: pe de o parte, imaginile „activității structurii corporale și a porților senzoriale" și, pe de altă parte, restul imaginilor, cele ale exteriorului *și* cele ale interiorului. Aceasta este dualitatea legată de procesul subiectivității, despre care voi vorbi în capitolul referitor la conștiință.[11]

Până în prezent, unele dintre cele mai bune explicații ale fiziologiei sentimentelor s-au bazat pe relația exclusivă dintre sursa a ceea ce este trăit (activitățile corelate cu viața din interiorul organismului) și sistemul nervos, care, potrivit perspectivei convenționale, produce sentimente la fel cum produce vedere sau gândire. Dar aceste explicații acoperă numai o parte din realitate și nu țin cont de un fapt extraordinar: relația dintre organism și sistemul nervos este incestuoasă. La urma urmelor, sistemul nervos se află în interiorul organismului, dar nu în același fel distinct și clar delimitat în care cititorul se află în cameră sau în care portofelul se află în buzunarul meu. Sistemul nervos *interacționează* cu diferite părți ale corpului prin intermediul căilor neuronale distribuite în toate structurile corpului și, în sens invers, prin intermediul moleculelor chimice care se deplasează prin fluxul sangvin și au acces direct la sistemul nervos în anumite puncte de control precum „area postrema“ și „organele circumventriculare“. Aceste regiuni pot fi imaginate ca zone lipsite de granițe, cu acces liber, în vreme ce în toate celelalte zone există bariere (bariere hematoencefalice) care blochează circulația celor mai multe molecule dinspre și către creier.

Corpul are acces direct și necondiționat la sistemul nervos și se poate spune că același corp permite accesul sistemului nervos aproape în aceleași zone care comunică în direcția creierului, într-un fel de reciprocitate ce închide multiple cicluri de semnale, de la corp la creier, înapoi în corp și înapoi la creier. Cu alte cuvinte, ca urmare a informației pe care corpul o oferă creierului cu privire la starea sa, corpul este modificat prin răspunsul primit. Gama răspunsurilor este destul de largă: include contracția mușchilor netezi ai diferitelor organe și vase de sânge sau eliberarea de molecule chimice care influențează activitatea viscerelor și metabolismul. În unele situații, modificările petrecute sunt o reacție directă la ceea ce corpul „i-a spus“ creierului, iar alteori este independentă și spontană.

Ar trebui să fie evident că, de exemplu, în cazul relației dintre sistemul nervos și un obiect pe care îl vedem sau auzim nu se petrece nimic echivalent cu ce am descris mai sus. Obiectele văzute sau auzite sunt separate de aparatul senzorial care le cartografiază caracteristicile și le percepe, în sensul propriu al termenului „percepție“. Nu există vreo interacțiune naturală sau spontană între cele două părți. Există distanță între ele, uneori chiar o distanță mare. E nevoie de deliberare pentru a interacționa cu un obiect văzut sau auzit, iar interacțiunea este realizată *în afara* duetului format de obiect și organul de percepție. Din nefericire, această deosebire importantă a fost ignorată în mod sistematic în dezbaterile importante din domeniul științelor cognitive și al filozofiei minții. Această distincție se aplică mai puțin bine când este vorba de simțul tactil și chiar și mai puțin când ne referim la gust și miros, care sunt simțuri de *contact*. Evoluția a dezvoltat *telesimțuri* prin care obiectele exterioare intră în legătură cu noi mai întâi la nivel neuronal și mental, și ajung în interiorul nostru fiziologic numai prin intermediul unui filtru afectiv. Simțurile de contact, care sunt mai vechi, accesează interiorul fiziologic mult mai direct.[12]

Am da dovadă de neglijență dacă nu am remarca felul diferit în care creierul gestionează evenimente din interiorul organismului și evenimente din afara acestuia; și tot de neglijență am da dovadă dacă nu am presupune că această diferență contribuie la construirea valenței, așa cum am prezentat-o până acum. Deoarece valența este o reflectare a stării homeostatice bune sau rele din cadrul unui corp dat, rezultă că intimitatea cu care corpul și creierul își gestionează relația ar putea să aibă un rol în traducerea acelei stări homeostatice în aspecte ale funcției cerebrale și ale experienței mentale asociate. Cu condiția, desigur, ca respectivele mecanisme necesare traducerii să existe, ceea ce, după cum veți vedea imediat, așa și este. Parteneriatul intim dintre creier și corp și caracteristicile fiziologice ale acestei intimități contribuie la construirea valenței, principalul ingredient din spatele influenței exercitate de sentimente.

ROLUL SISTEMULUI NERVOS PERIFERIC

Oare corpul *transmite* cu adevărat informații despre starea sa sistemului nervos, sau *se combină* cu sistemul nervos, astfel încât ultimul este informat neîncetat despre starea sa? Din ceea ce am discutat până acum, putem conchide că fiecare dintre aceste două explicații corespunde unei etape diferite a evoluției relației corp-creier și unor niveluri diferite de procesare neuronală. Varianta *combinării* reprezintă singura modalitate de a descrie felul în care interiorul vechi, folosind vechi mecanisme, întrețese corpul și creierul. Varianta *transmiterii* se potrivește bine cu aspectele mai moderne ale anatomiei și funcționării cerebrale și cu felul în care acestea cuprind atât interiorul vechi, cât și pe cel mai puțin vechi.

De obicei, când se vorbește despre homeostazie, se spune că corpul transmite informații despre ceea ce face sistemului nervos central folosind o multitudine de căi care comunică informația relevantă părților vechi, așa-numitelor părți „emoționale“ ale creierului. Descrierile tipice se referă la unele grupuri importante de nuclei, precum amigdala, și la anumite cortexuri cerebrale din regiunea insulei, la regiunea cingulată anterioară și la unele părți ale sectorului ventromedial al lobului frontal.[13] Alte denumiri populare referitoare la aceste structuri sunt „creierul limbic“ și „creierul reptilian“. E ușor de înțeles cum acești termeni au pătruns în literatura de specialitate, dar astăzi nu prea mai sunt de folos. La oameni, de exemplu, toate aceste structuri „mai vechi“ includ sectoare „moderne“, așa cum casele vechi pot avea bucătărie sau baie complet renovată. Activitatea acestor sectoare nu e independentă, ci mai curând interactivă.

O problemă și mai mare cu care se confruntă perspectiva tradițională este aceea că vechile structuri menționate mai sus nu reprezintă întreaga poveste. Lipsesc unele părți, mai ales nucleii trunchiului cerebral, care sunt mecanisme cruciale de procesare a informațiilor legate de corp, cu mult sub nivelul cortexului cerebral.[14] Un exemplu important este nucleul parabrahial.[15] Acești nuclei nu numai că primesc informații legate de starea corpului, dar sunt și originea reacțiilor afective implicate în pornirile, în motivațiile și în emoțiile convenționale, un bun exemplu în acest sens fiind nucleii din materia cenușie periapeductală.[16] Poate că cel mai important element care lipsește din descrierea tradițională este o parte și mai veche a sistemului nervos, reprezentată de structurile neuronale periferice din proximitatea corpului propriu-zis. Această descriere trebuie modificată.

În primul rând, este adevărat că structurile sistemului nervos central asociate cu sentimentele sunt mai vechi din punct de vedere evolutiv decât cele asociate cu cogniția complexă. Dar e tot atât de adevărat (și tot atât de trecut cu vederea) faptul că dispozitivele din structurile „periferice", care se presupune că transmit creierului informații despre corp, sunt cel puțin la fel de vechi, dacă nu mai vechi. Am acordat multă importanță primelor și le-am neglijat pe ultimele.

În realitate, mijloacele de transport periferice care contribuie la producerea sentimentelor *nu* sunt de tipul celor folosite pentru transmiterea de semnale de la retină la creier prin nervul optic sau pentru transportarea semnalelor legate de sensibilitatea tactilă fină de la tegument la creier prin fibre nervoase moderne și sofisticate. În primul rând, o parte a procesului nu e nici măcar de ordin neuronal, adică nu presupune descărcări nervoase regulate de-a lungul unor înlănțuiri de neuroni. Procesul este umoral: semnalele chimice care circulă prin fluxul sangvin capilar *scaldă* anumite regiuni ale sistemului nervos care sunt lipsite de bariera hematoencefalică și pot, astfel, informa acele regiuni *în mod direct* despre aspecte ale stării homeostatice.[17]

Bariera hematoencefalică, după cum sugerează și numele, protejează creierul de influența moleculelor care circulă în sânge. Am menționat deja două sectoare ale sistemului nervos central care nu au această barieră și care pot să primească semnalele chimice în mod direct. Aceste sectoare, deja cunoscute, sunt area postrema, situată pe planșeul ventriculului patru, la nivelul trunchiului cerebral, și organele circumventriculare, situate în telencefal, pe marginile ventriculelor laterale.[18] Mai recent, s-a descoperit că și *ganglionii spinali* sunt lipsiți de bariera hematoencefalică.* Acest lucru este deosebit de interesant deoarece ganglionii spinali conțin corpurile celulare ale neuronilor ai căror axoni au o amplă distribuire în viscere și conduc semnale provenite de la corp către sistemul nervos central.

Ganglionii spinali sunt situați de-a lungul întregii măduve a spinării, la nivelul fiecărei vertebre, câte un ganglion de fiecare latură a măduvei. Aceștia leagă periferia corpului de coloana vertebrală, adică fibrele nervoase periferice de sistemul nervos central. Aceasta este una dintre căile de transmitere a semnalelor senzoriale, provenite de la membre și trunchi, către sistemul nervos central. Chiar și informațiile de la nivelul feței sunt transmise central prin doi ganglioni mari: ganglionii trigeminali, situați de o parte și de alta a trunchiului cerebral.

Aceste date demonstrează că, în activitatea de transmitere a semnalelor periferice sistemului nervos central, neuronii nu acționează singuri; dimpotrivă, sunt asistați: sunt modulați *în mod direct* de molecule din sânge. Semnalele care, de exemplu, intervin în generarea durerii de la nivelul unei leziuni sunt conduse către ganglioni spinali specifici.[20] Dată fiind organizarea pe care am descris-o, semnalele nu sunt „pur" neuronale: corpul are un cuvânt de spus în acest proces prin intermediul moleculelor influente care circulă în sânge. Aceeași influență se poate exercita și la un nivel mai înalt al sistemului, la nivelul trunchiului cerebral și al cortexurilor cerebrale. Barierele hematoencefalice reprezintă unul dintre mecanismele prin care se realizează fuziunea corpului și creierului. De fapt, permeabilitatea este posibil să reprezinte o trăsătură destul de generală a ganglionilor periferici.[21] Aceste fapte trebuie luate în considerare în studiul sentimentelor.

---

* Marshall Devor, „Unexplained Peculiarities of the Dorsal Root Ganglion", Pain 82 (1999): S27–S35.

Se știe de ceva vreme că semnalele interoceptive sunt transmise către sistemul nervos central fie prin neuroni ai căror axoni sunt lipsiți de mielină, fibrele C, fie prin neuroni ai căror axoni sunt foarte puțin mielinizați, fibrele A-delta.[22] Și acesta este un fapt bine stabilit, dar a fost interpretat pur și simplu ca un indicator al vârstei respectabile a sistemului interoceptiv, fără a i se mai atribui și o altă semnificație. Interpretarea mea este diferită. Să considerăm următoarele fapte.

Mielina este o cucerire importantă a evoluției: aceasta izolează axonii și le permite să conducă semnalele cu o viteză crescută, deoarece nu au loc pierderi de curent electric de-a lungul axonilor. Percepția noastră cu privire la lumea exterioară (ceea ce vedem, auzim, atingem) se află pe „mâinile" sigure, bine izolate și rapide ale axonilor mielinizați. Tot astfel sunt și mișcările abile și rapide pe care le facem în lume sau zborurile la altitudini înalte ale gândurilor, raționamentelor și creativității.[23] Descărcările axonilor mielinizați sunt moderne, rapide și eficiente; un fel de Silicon Valley.

În aceste condiții, este ciudat să descoperi că homeostazia (aparatul indispensabil al supraviețuirii noastre) și sentimentele (prețioasa interfață reglatoare de care depinde o mare parte din homeostazie) se află pe mâinile vechilor fibre nemielinizate, care sunt lente și suferă multe pierderi electrice. Cum poți explica faptul că selecția naturală, permanent atentă, nu a scăpat de aceste avioane cu elice lente și ineficiente în favoarea aparatelor de zbor care au motor cu reacție?

Mă pot gândi la două explicații. Voi prezenta mai întâi argumentul care se opune liniei mele de gândire. Mielina este creată prin înfășurare în jurul axonilor a unor celule non-neuronale, celulele gliale, cunoscute și sub numele de celule Schwann. Pe scurt, glia (care înseamnă „lipici"), pe lângă faptul că asigură schelăria rețelelor neuronale, izolează unii neuroni. Or, având în vedere că mielina are nevoie de multă energie pentru a fi construită, costurile izolării fiecărui axon cu aceasta s-ar putea să fi depășit beneficiile, având în vedere că vechile fibre se descurcau oricum destul de bine; evoluția nu ar fi cumpărat produsul, iar povestea lipsei mielinei nu ar mai căpăta vreo semnificație suplimentară.

Celălalt motiv pentru care natura ar fi acceptat acest statu-quo se află în linie cu gândirea mea. Fibrele nemielinizate asigură, de fapt, oportunități atât de indispensabile creării sentimentelor, încât evoluția nu și-a putut permite să izoleze aceste căi prețioase și să se debaraseze de astfel de oportunități.

Ce oportunități au fost create prin absența mielinei? Prima are de-a face cu permeabilitatea acestor fibre nemielinizate la mediul chimic aflat în jur. Fibrele mielinizate pot fi activate doar de o moleculă în câteva puncte situate de-a lungul axonului, cunoscute sub numele de noduri Ranvier. Acestea sunt locurile unde există întreruperi ale tecii de mielină. Însă fibrele nemielinizate reprezintă o cu totul altă poveste: sunt ca niște corzi ce pot fi ciupite oriunde de-a lungul lor. Acest lucru ar favoriza cu siguranță fuziunea funcțională dintre corp și creier.

A doua oportunitate este și mai tentantă. Deoarece sunt lipsite de izolare, fibrele nemielinizate așezate unele lângă altele (pentru a construi un nerv) pot transmite impulsuri electrice printr-un proces cunoscut sub numele de efapsă. Impulsurile sunt conduse în mod lateral, într-o direcție ortogonală față de lungimea fibrei. De obicei, efapsa nu e luată în considerare în cazul activității sistemului nervos, mai ales a unui sistem nervos ca al nostru. Atenția este îndreptată, pe bună dreptate, aș adăuga, către *sinapse*, dispozitivele de semnalizare electrochimică de la neuron la neuron de care depinde în atât de mare măsură cogniția și capacitatea de locomoție. Efapsa este un mecanism vechi, ceva din trecutul îndepărtat. Adesea, manualele nu se mai referă la ea. Dar sentimentele sunt și ele lucruri vechi, lucruri perpetuate până astăzi deoarece sunt atât de folositoare încât au devenit, de fapt, indispensabile. Efapsa ar putea modifica procesul de recrutare de la nivelul axonilor: de exemplu, prin amplificarea răspunsurilor transmise de-a lungul trunchiurilor nervoase. Este interesant de observat că fibrele nervului vag, *principala* cale de transmitere a semnalelor nervoase de la nivelul toracelui și abdomenului către creier, sunt aproape în totalitate nemielinizate. Efapsa ar putea tot atât de bine juca un rol în activitățile foarte importante ale acestui nerv.

Mecanismele non-sinaptice de transmitere a impulsurilor sunt o realitate. Ele pot opera nu numai între axoni, ci și între corpurile celulare și chiar între neuroni și celulele de susținere, precum cele gliale.[24]

ROLUL NEGLIJAT AL INTESTINELOR

Este ciudat că toate aceste particularități ale relației dintre corp și creier au rămas necunoscute sau au fost neglijate. Unul dintre lucrurile dintre cele mai surprinzătoare este dezinteresul față de sistemul nervos enteric, acea componentă masivă a sistemului nervos care reglează tractul gastrointestinal, începând cu faringele și esofagul. Este rareori menționat în cursurile medicale; iar atunci când se întâmplă asta, este de obicei tratat ca o componentă „periferică" a sistemului nervos. Abia în ultima vreme a început să fie studiat în detaliu. Este practic absent din abordările științifice ale homeostaziei, sentimentelor și emoțiilor, ba chiar și din propriile mele incursiuni în aceste regiuni, unde afirmațiile referitoare la sistemul nervos enteric sunt extrem de reținute.

În realitate, sistemul nervos enteric este mai curând central decât periferic. Are o structură enormă și o funcție indispensabilă. Cuprinde între 100 și 600 de milioane de neuroni, număr comparabil, dacă nu mai mare, decât cel al neuronilor din întreaga măduvă a spinării. Cei mai mulți sunt intrinseci, exact așa cum sunt majoritatea neuronilor din regiunile cerebrale superioare: adică sunt proprii structurii respective și operează în limitele sale. Numai o mică parte dintre neuroni sunt extrinseci și trimit semnale către sistemul nervos central, mai ales prin celebrul nerv vag. Există în jur de 2000 de neuroni intrinseci la fiecare neuron extrinsec, dovada clară a unei structuri neuronale independente. În consecință, funcția sistemului nervos enteric se află în mare măsură sub control propriu: sistemul nervos central nu-i spune sistemului enteric ce să facă sau cum să facă, ci doar îi poate modula activitatea. Pe scurt, există un permanent dialog între sistemul nervos enteric și cel central, cu toate că fluxul de comunicare este în cea mai mare parte orientat de la intestine către creierul superior.

Recent, sistemul nervos enteric a fost numit „al doilea creier". Această clasificare onorabilă se datorează dimensiunilor apreciabile și autonomiei acestui sistem. Nu există îndoială că, în acest moment al evoluției, sistemul nervos enteric este al doilea după creierul superior în termeni structurali și funcționali. Există totuși unele dovezi care indică faptul că, istoric vorbind, sistemul nervos enteric s-ar putea să fi apărut înainte de dezvoltarea sistemului nervos central.[25] Există argumente întemeiate în acest sens și toate au legătură cu homeostazia. La organismele pluricelulare, funcția digestivă este esențială pentru procesarea surselor de energie. Mâncatul, digeratul, extragerea compușilor folositori și excreția sunt complexe și indispensabile pentru viața organismului. Singura funcție la fel de indispensabilă, dar mult mai simplă decât digestia, este respirația. Faptul de a lua oxigen din mediul înconjurător și a elimina apoi bioxid de carbon este o bagatelă comparativ cu toate sarcinile pe care trebuie să le îndeplinească tractul gastrointestinal.

Dacă ne uităm la istoria apariției tracturilor gastrointestinale de-a lungul evoluției, găsim ceva asemănător la creaturile primitive aparținând familiei cnidarilor, la care ne-am referit mai sus. După cum observam, cnidarii arată ca niște saci care pur și simplu plutesc pentru a trăi. Sistemul lor nervos este reprezentat de o rețea nervoasă, structură considerată a fi cea mai veche. Aceste rețele seamănă cu sistemul nervos enteric modern în două privințe. În primul rând, produc mișcări peristaltice ce direcționează fluxul de apă încărcată cu hrană spre interiorul, spre exteriorul și chiar în jurul organismului. În al doilea rând, din punct de vedere morfologic, acestea amintesc de o trăsătură anatomică importantă a sistemului nervos enteric al mamiferelor, și anume plexul mienteric Auerbach. În timp ce cnidarii datează din Precambrian, structuri care să semene cu ceea ce avea să devină sistemul nervos central apar de abia la platelminții din Cambrian. Este fascinant să ne gândim că sistemul nervos enteric este posibil să fi fost *primul* creier.

În lumina comentariilor mele anterioare despre mielină, nu ar trebui să ne surprindă că neuronii sistemului nervos enteric *nu* sunt mielinizați: axonii sunt grupați laolaltă și nu sunt complet izolați de către celulele gliale enterice. Această structură ar putea să permită transmiterea efaptică, interacțiunea ortogonală dintre axoni la care ne-am referit în legătură cu neuronii nemielinizați din sistemul nervos periferic. Activitatea dintr-un mic număr de axoni ar recruta alte fibre din același mănunchi și ar amplifica semnalul. Recrutarea fibrelor învecinate care inervează teritorii din apropiere ar produce senzațiile caracteristice, vag localizate, care apar din activitatea gastrointestinală.

Există mai multe dovezi care sugerează că tractul gastrointestinal și sistemul nervos enteric influențează foarte mult sentimentele și dispozițiile.[26] Nu m-ar surprinde dacă experiența „globală" a nivelului stării de bine, de exemplu, ar fi substanțial legată de funcționarea sistemului nervos enteric. Greața este un alt exemplu. Sistemul nervos enteric este un tributar major al nervului vag, principala cale de transmitere a semnalelor de la viscere la creier. Dar mai există și alte lucruri fascinante. De exemplu, tulburările digestive au tendința de a se corela cu patologii ale dispoziției, iar sistemul nervos enteric produce aproximativ 95% din serotonina corpului, un neurotransmițător ce are un rol crucial în tulburările afective și în corectarea lor.[27] Probabil cea mai interesantă noutate de menționat aici este relația strânsă dintre lumea bacteriilor și intestine. Cele mai multe bacterii trăiesc în interiorul nostru, într-o simbioză fericită, ocupând loc pretutindeni pe piele și mucoase, mai ales în locurile unde tegumentul și mucoasele prezintă pliuri. Dar nicăieri acestea nu sunt mai numeroase decât în intestine, unde ajung la miliarde de indivizi, adică mai multe organisme bacteriene decât celulele individuale care alcătuiesc întregul corp uman. Felul (direct sau indirect) în care aceste bacterii influențează lumea sentimentelor reprezintă un subiect provocator pentru știința secolului XXI.[28]

UNDE SUNT SITUATE SENTIMENTELE?

Unde așez sentimentele atunci când cercetez obiectele din sfera mentală? Răspunsul la această întrebare este simplu: îmi așez sentimentele în corp, așa cum e reprezentat în mintea mea, folosind deseori coordonate complete, demne de un adevărat GPS. Dacă mă tai în timp ce curăț cartofi, simt tăietura la nivelul degetului, iar mecanismul fiziologic al durerii îmi spune cu precizie unde anume se află tăietura: la nivelul pielii degetului meu arătător stâng. Procesul complex responsabil de durere (așa cum l-am descris mai sus) este la început local, dar continuă atunci când semnalele neuronale ajung la nivelul ganglionului spinal răspunzător de membrele superioare. Nici aici procesul nu e exclusiv neuronal, în sensul că moleculele care circulă prin sânge pot influența în mod direct neuronii. În schimb, așa-numiții neuroni pseudounipolari, ai căror corpi celulari se găsesc în interiorul ganglionilor spinali, transmit semnale măduvei spinării, unde acestea sunt amestecate în mod complex în coarnele dorsale și ventrale ale măduvei de la nivelul respectiv. Numai în acest punct, probabil, se petrece transmiterea convențională și semnalele urcă la nucleii trunchiului cerebral, în talamus și în cortexul cerebral.

Potrivit unei explicații standard, creierul meu pur și simplu ar detecta poziția precisă a tăieturii asemenea cuiva care urmărește un panou plin de luminițe, asemănător cu ceea ce găsim într-un centru de control al unei mari fabrici sau în carlinga unei aeronave moderne. La poziția X de pe panoul Y se aprinde un semnal. Asta înseamnă că există probleme la poziția X, pentru că persoana din camera de control are capacitatea mentală să interpreteze semnalul. Persoana responsabilă de monitorizarea panoului, sau pilotul, sau dispozitivul robotic proiectat să execute funcția de monitorizare dă alarma și ia măsuri de corectare. Dar probabil că nu așa funcționează raportul dintre corp și creier. Localizăm durerea, ceea ce este folositor, dar foarte important este și faptul că reacția afectivă la durere ne oprește din acțiune și este *simțită.* Parte a interpretării noastre și cea mai mare parte a reacției noastre depind de ceea ce simțim. Reacționăm în conformitate și chiar și în cunoștință de cauză, dacă putem.

Interesant este că și creierul nostru are tablouri de control (la fel ca fabricile sau aeronavele) situate în zonele somatosenzoriale ale cortexului cerebral, care conțin hărți cu diferite aspecte ale structurii noastre corporale: capul, trunchiul, membrele și structura lor musculo-scheletică. Și totuși nu simțim durerea *în* panoul creierului, tot așa cum nici problema din fabrică nu e situată în panoul care o semnalează. Simțim durerea la *sursă,* la *periferie,* și acesta este exact locul unde unii dintre constructorii valenței încep să-și facă treaba. Această referință avantajoasă presupune ca *regiunile cerebrale responsabile cu experiența sentimentelor (unii nuclei ai trunchiului cerebral, cortexul insular și cel cingulat) să fie coactive cu regiunile cerebrale responsabile cu localizarea proceselor periferice din cadrul hărții neuronale globale a corpului, de exemplu, cortexul somatomotor.* Procesul mental iluminează conținuturile care au de-a face atât cu sentimentul, cât și cu punctul în care își are originea procesul. Nu e nevoie ca cele două aspecte să ocupe același spațiu neuronal și, în mod evident, nu o fac. Ele sunt detectabile în zone separate ale sistemului nervos, active într-o secvență rapidă, și totuși în cadrul aceleiași unități de timp. În plus, cele două părți separate pot fi legate în mod funcțional prin conexiuni neuronale ce formează un sistem.

Revenind la aventura mea cu curățatul cartofilor, detaliile locale ale pierderii integrității pe care a suferit-o corpul meu sunt răspunzătoare de o importantă perturbare chimică, senzorială și motorie ce nu îmi va da pace până ce nu voi rezolva problema într-un fel sau altul. Nu sunt lăsat să ignor sau să uit, deoarece valența negativă a sentimentului meu mă distrage în mod forțat de la alte activități; și, în plus de asta, garantează că voi învăța detaliile evenimentului în mod destul de eficient. Nu există nimic distant sau detașat în conținutul experienței mele mentale. Nu voi mai curăța cartofi niciodată.

OARE AM EXPLICAT SENTIMENTELE?

În acest punct, ce putem spune cu certitudine despre sentimente? Putem spune că unicitatea acestor fenomene este strâns legată de rolul homeostatic crucial pe care-l joacă. Contextul generării sentimentelor este radical diferit de cel necesar celorlalte fenomene senzoriale. Relația dintre sistemul nervos și corp este cel puțin neobișnuită: primul se află *în interiorul* celui de-al doilea, și nu dau dovadă doar de contiguitate, ci și, în anumite privințe, de continuitate și interactivitate. Așa cum am arătat în secțiunile anterioare, corpul și activitățile neuronale fuzionează la niveluri multiple, de la periferia sistemului nervos până la nivelul cortexului cerebral și al marilor nuclei subiacenți. Acest fapt, împreună cu cel potrivit căruia creierul și corpul se află într-o conversație neîntreruptă motivată de necesitățile homeostatice, sugerează că sentimentele sunt bazate, din punct de vedere fiziologic, pe procese hibride care nu sunt nici pur neuronale, nici pur corporale. Acestea sunt faptele și circumstanțele de ambele părți ale ecuației: experiența mentală pe care o numim sentiment, pe de o parte, și procesele corporale și neuronale care sunt legate de ea, pe de altă parte. Continuarea explorării fiziologiei din spatele aspectelor neuronale și corporale promite lămurirea altor componente ale laturii mentale a ecuației.

Am discutat despre sentimente ca expresii mentale ale homeostaziei și ca elemente esențiale ale reglării vieții. Am observat de asemenea că, din cauza mașinăriei afectelor pe care evoluția le-a construit în jurul sentimentelor și din cauza implicării frecvente a acestei mașinării, nu avem cum să vorbim cu adevărat despre gândire, inteligență și creativitate fără să includem sentimentele. Ultimele ne influențează deciziile și pătrund fiecare aspect al existenței noastre.

Sentimentele pot să ne irite sau să ne satisfacă, dar acesta e rostul lor, dacă ni se permite să gândim teleologic pentru o clipă. Sentimentele sunt necesare reglării vieții, sunt furnizoare de informații referitoare la homeostazia de bază sau la condițiile sociale ale vieții noastre. Sentimentele ne vorbesc despre riscuri, pericole și crize ce trebuie rezolvate. Cât privește fața plăcută a medaliei, ele ne pot informa cu privire la oportunități; ne pot ghida către comportamente ce ne vor îmbunătăți homeostazia generală și, pe parcursul acestui proces, pot face din noi ființe umane mai bune, mai responsabile pentru viitorul nostru și al altora.

Evenimente din viață care ne fac să ne simțim bine promovează stări homeostatice benefice. Dacă iubim și ne simțim iubiți, dacă ceea ce am sperat să înfăptuim s-a împlinit cu adevărat, putem spune că suntem fericiți sau norocoși, sau ambele, deși nici o acțiune specifică a mai multor parametri ai fiziologiei noastre generale nu se mișcă în direcția benefică. De exemplu, reacția noastră imunitară devine mai puternică. Relația dintre sentimente și homeostazie este atât de strânsă, încât operează în ambele direcții: stările tulburate ale reglării vitale care definesc bolile sunt simțite ca fiind neplăcute; sentimentele ce corespund reprezentării unui corp propriu-zis afectat de boală sunt neplăcute.

Este de asemenea evident că sentimentele neplăcute induse de evenimente exterioare, care nu se datorează unei tulburări a homeostaziei, afectează reglarea vitală. De exemplu, tristețea permanentă determinată de o pierdere personală poate afecta sănătatea în mai mult feluri: reduce reacțiile sistemului imunitar și reduce starea de alertă care ne poate proteja de pericolele de fiecare zi.[29]

Indiferent de fața medaliei lor, sentimentele au rolul de motivații aflate în spatele instrumentelor și practicilor culturale.

O DIGRESIUNE PE TEMA AMINTIRII SENTIMENTELOR TRECUTE

Un aspect care mă fascinează în special cu privire la memorie și la sentimente este felul în care, cel puțin în cazul unora dintre noi, multe momente *frumoase* din trecut pot deveni, prin reamintire, momente *minunate*, ba chiar momente *extraordinare* din trecut: de la frumos la minunat și de la minunat la extraordinar, transformarea poate fi magică și plăcută. Materialul este reclasificat și reevaluat. Se petrece o îndulcire a lucrurilor reamintite, astfel încât detaliile devin mai vii. De exemplu, imaginile vizuale și auditive devin mai intense și sentimentele sociale mai calde, mai bogate în tonalitate și atât de încântătoare încât însuși gândul de a întrerupe amintirea devine dureros, chiar dacă experiența trecută a fost atât de pozitivă.

Ne putem întreba ce anume determină o astfel de transformare. Mă îndoiesc că vârsta poate fi o explicație (personal, întotdeauna am avut astfel de experiențe ale amintirilor), deși înaintarea în vârstă o poate exacerba. Oare frecvența experiențelor frumoase crește odată cu vârsta, astfel încât se acumulează tot mai multe amintiri cu ele? Puțin probabil. Apropo, ameliorarea amintirilor, dacă ne putem exprima astfel în legătură cu acest proces, nu se petrece prin denaturarea evenimentelor sau uitarea unor detalii. Dimpotrivă, detaliile evenimentelor reamintite pot fi chiar mai numeroase; multe imagini ale compoziției pot zăbovi destul de mult timp și pot produce o reacție afectivă mai puternică. Poate că, până la urmă, asta explică ameliorarea: editarea scrupuloasă a amintirii în așa fel încât anumite imagini decisive sunt scoase în relief pentru mai mult timp și li se permite să provoace emoții mai bine definite, care, la rândul lor, se traduc în sentimente mai profunde. Un lucru este sigur: sentimentul pozitiv ce însoțește reamintirea *nu* este parte a materialului extras din memorie. Sentimentul este o nouă creație ce rezultă din reacțiile afective puternice pe care le antrenează reamintirea. Sentimentele, în sine, nu sunt niciodată memorate și, astfel, nu pot fi extrase din memorie. Ele pot fi recreate mai mult sau mai puțin fidel, din zbor, pentru a completa și a însoți fapte conținute în memorie.

Asta nu înseamnă că amintirile despre momentele rele nu sunt stocate și disponibile. Este mai curând vorba de cât de mult li se permite să acționeze în mintea actuală. Detaliul e prezent și poate produce sentimente îngrozitor de dureroase. Dar probabil că amintirile nu foarte bune nu câștigă la fel de multă forță în timp, spre deosebire de amintirile frumoase, care capătă o aură mai bună odată cu fiecare iterație. Nu ar fi vorba de suprimarea detaliilor amintirilor rele, ci de faptul de a nu mai zăbovi atât de mult asupra lor, lucru care le reduce negativitatea. Rezultatul este o creștere înalt adaptativă a stării de bine.[30] Un rol ar putea să-l joace și regula „vârfului și finalului" descrisă de Daniel Kahneman și Amos Tversky: am fi înclinați să creăm amintiri puternice legate de aspectele cele mai plăcute ale unei situații din trecut și să estompăm restul. Memoria e imperfectă.[31]

Nu la toți are loc această remodelare afectivă pozitivă a amintirilor: unii oameni consideră că amintirile lor sunt exact așa cum ar trebui să fie, nici mai bune, nici mai rele. Evident, pesimiștii consideră că are loc o înrăutățire. Dar toate aceste lucruri sunt greu de măsurat și de judecat, deoarece cursul vieții fiecăruia dintre noi diferă în bună măsură din cauze care au de-a face cu propriul stil afectiv.

De ce este important să luăm în considerare astfel de fenomene? Unul dintre motive îl constituie anticiparea viitorului. Lucrurile ce ne așteptăm că se vor întâmpla și modul în care facem față vieții depind de felul în care am trăit trecutul, nu numai în termeni obiectivi și verificabili, ci și în experiența reconstrucției datelor obiective din propriile amintiri. Amintirea este influențată de tot ce ne face indivizi unici. Din multe puncte de vedere, stilul personalității noastre are de-a face cu moduri cognitive și afective tipice, cu echilibrul experiențelor individuale în termeni afectivi, cu identatea culturală, cu realizările și cu norocul.

Felul în care creăm cultură și în care reacționam la fenomenele culturale depinde de trucurile amintirilor noastre imperfecte manipulate de sentimente.

9. CONȘTIINȚA

DESPRE CONȘTIINȚĂ

În circumstanțe normale, când ne aflăm în stare de veghe și suntem alerți, fără vreo agitație sau vreo concentrare asupra propriilor reflecții, imaginile care ne trec prin minte au o perspectivă: a noastră. Ne recunoaștem în mod spontan ca fiind subiectul propriilor experiențe mentale. Materialul din propria minte este al meu și presupun în mod automat că materialul din mintea ta este al tău. Fiecare dintre noi recunoaște conținutul mental dintr-o perspectivă distinctă: a mea sau a ta. Dacă ne uităm împreună la aceeași scenă, ne dăm seama imediat că avem perspective diferite.

Termenul „conștiință“ corespunde stării mentale (foarte naturală, dar caracteristică) descrise de trăsăturile de mai sus. Această stare mentală îi permite celui care o posedă să aibă o experiență privată a lumii înconjurătoare și, lucru tot atât de important, să conștientizeze aspecte ale propriei ființe. Din rațiuni practice, universul cunoașterii (prezente și trecute) ce poate fi evocat într-o minte individuală se materializează pentru proprietarul acesteia numai atunci când mintea sa e conștientă, adică atunci când e capabilă să observe conținuturile propriei perspective subiective. Această perspectivă este atât de importantă pentru întregul proces al conștiinței, încât suntem tentați să vorbim pur și simplu despre „subiectivitate“ și să renunțăm la termenul „conștiință" și la confuziile pe care tinde să le provoace. Trebuie totuși să rezistăm acestei tentații, deoarece termenul „conștiință" comportă o dimensiune suplimentară: „experiența integrată", care constă în plasarea conținutului mental într-o panoramă multidimensională mai mult sau mai puțin unitară. În concluzie, subiectivitatea și experiența integrată sunt componente esențiale ale conștiinței.

Scopul acestui capitol este de a clarifica din ce cauză subiectivitatea și experiența integrată reprezintă fundamente ale minții culturale. În absența subiectivității, nimic nu contează; în absența unui anumit grad de experiență integrată, reflecția și discernământul necesare creativității nu sunt posibile.[1]

OBSERVAREA CONȘTIINȚEI

Starea conștientă a minții are câteva trăsături importante: se află în stare de veghe, nu de somn; este alertă și concentrată, nu somnolentă, confuză sau distrasă; este orientată în timp și spațiu. Imaginile mentale (sunete, imagini vizuale, sentimente etc.) sunt formate în mod corespunzător, sunt expuse cu claritate și pot fi observate în detaliu. Nu ar fi așa dacă te-ai afla sub influența unor molecule „psihoactive", de la alcool la substanțe psihedelice. În teatrul minții tale (propriul „teatru cartezian", de ce nu?) cortina este ridicată, actorii se află pe scenă, vorbesc și se mișcă, luminile sunt aprinse, efectele acustice funcționează... iar acum vine partea critică a întregului context: există un public, TU. Nu te *vezi* pe tine; doar *percepi* sau *simți* că în fața scenei stă ceva asemănător propriei tale persoane, subiectul și publicul spectacolului care ocupă un spațiu ce corespunde celui de-al patrulea perete. Îmi e teamă că urmează lucruri și mai bizare, deoarece, uneori, poți să simți că o altă parte din tine te urmărește în timp ce tu urmărești spectacolul.

În această clipă, unii cititori vor fi îngrijorați că alunec în tot felul de capcane, că, prin acest potop de metafore, postulez existența unei regiuni cerebrale care ar putea fi atât un teatru, cât și forumul experiențelor noastre mentale. Stați liniștiți, nu este vorba de așa ceva. Nu cred că în creier ar exista vreo versiune în miniatură a fiecăruia dintre noi care ne trăiește experiențele. Nu cred că există vreun homunculus, nici vreun homunculus în interiorul altui homunculus și nici vreo regresie infinită de renume filozofic. Totuși, faptul de netăgăduit este că lucrurile se petrec *ca și cum* ar exista un teatru sau un ecran cinematografic imens și *ca și cum* eu sau tu am fi publicul. Este perfect legitim să considerăm acest fenomen o iluzie, cu condiția să recunoaștem că iluzia respectivă este rezultatul unor procese biologice certe pe care le putem folosi pentru a schița o explicație a fenomenului. Nu putem pur și simplu să neglijăm aceste iluzii și să spunem că nu au importanță. Organismul nostru (în special sistemul nervos și corpul cu care acesta interacționează) nu are de fapt nevoie de teatre sau de spectatori. După cum vom vedea, ele folosesc alte trucuri (bazate pe parteneriatul corp-creier) pentru a produce aceleași rezultate.[2]

Ce altceva mai poți observa ca subiect al minții tale conștiente? De exemplu, poți observa că mintea conștientă nu este un monolit; e ceva compus, are părți. Părțile sunt bine integrate, în așa fel încât se susțin unele pe altele, dar tot părți sunt. În funcție de felul în care îi observi conținuturile, unele părți pot fi mai proeminente decât altele. Partea din mintea conștientă care este cea mai proeminentă și are tendința de a domina succesiunea evenimentelor constă în *imagini* cu origine senzorială multiplă: vizuale, acustice, tactile, gustative și olfactive. Multe dintre aceste imagini corespund obiectelor și evenimentelor lumii din jurul tău. Ele sunt mai mult sau mai puțin integrate în grupuri, iar abundența lor e legată de activitățile de moment: dacă asculți muzică, ar putea să domine imaginile sonore; dacă mănânci, ar putea să domine imaginile gustative și cele olfactive. Unele imagini alcătuiesc narațiuni sau fragmente de narațiuni. Imaginile referitoare la percepția în curs de desfășurare pot fi intercalate cu alte imagini reconstituite din memorie, deoarece se potrivesc cu situația prezentă. Ele sunt parte ale amintirilor despre obiecte, acțiuni și evenimente, încorporate în narațiuni vechi sau arhivate ca elemente izolate. Mintea voastră conștientă include și scheme ce leagă imagini sau abstracțiuni ale acelor imagini. În funcție de stilul mental personal, aceste scheme și abstractizări pot fi percepute mai clar sau mai puțin clar. Prin asta vreau să spun că, de exemplu, o persoană poate construi, „prin oglindă, în ghicitură“*, imagini secundare ale mișcării elementelor în spațiu sau relații spațiale între obiecte.

Derularea acestui extraordinar „film cerebral“ e însoțită de o succesiune de simboluri, unele dintre care alcătuiesc un traseu verbal ce traduce obiectele și acțiunile în cuvinte și fraze. Pentru cei mai mulți muritori, traseul verbal este în mare parte auditiv și nu trebuie să fie complet: nu se traduce chiar totul; mintea noastră nu pregătește subtitrări pentru fiecare dialog sau descrieri pentru fiecare priveliște. După cum am afirmat mai sus, este un traseu verbal la cerere și traduce atât imagini provenite din lumea exterioară, cât și imagini provenite din interior.

Prezența acestui traseu verbal este unul dintre ultimele argumente încă incontestabile în favoarea unui minim excepționalism uman. Creaturile nonumane, respectabile cum sunt, nu-și traduc imaginile în cuvinte, chiar și atunci când mintea lor face o mulțime de lucruri inteligente de care noi nu suntem mereu capabili.

Traseul verbal reprezintă o sursă a componentei narative a minții umane, iar pentru cei mai mulți dintre noi poate fi

---

* Vezi 1 Corinteni 13:12.

chiar elementul de bază al organizării acesteia. Pe căi nonverbale și aproape filmice (dar și prin apelul la cuvinte), spunem fără încetare povești atât în sinea noastră, cât și altora. Grație înclinației neobosite de a povesti, ajungem chiar să producem noi semnificații ce transcend diferitele elemente ale poveștii.

Ce putem spune despre celelalte componente ale minții conștiente? Ei bine, acestea se dovedesc a fi imaginile organismului în sine. Se deosebesc două grupuri. Un grup este alcătuit din reprezentări ale vechii lumi interioare, lumea chimiei și a viscerelor, fundament al sentimentelor – acele imagini încărcate cu valență care sunt atât de distincte în orice minte. Sentimentele, care își au originea în starea homeostatică din fundal și în atât de multe reacții afective generate de imaginile lumii exterioare, aduc o contribuție importantă la mintea noastră conștientă. Ele fac posibile acele qualia atât de des discutate în dezbaterile despre conștiință. Al doilea grup e format din imagini ale noii lumi interioare, lumea structurii musculo-scheletice și a porților sale senzoriale. Imaginile structurii scheletice formează o schemă corporală în care pot fi plasate și fixate toate celelalte imagini. Rezultatul acestor procese coordonate de reprezentarea imaginilor nu este doar o mare piesă de teatru, sau o mare simfonie, sau un mare film. Este un spectacol epic multimedia.

Cât de mult ne domină viața mentală aceste componente ale minții? Cu alte cuvinte, cât de mult ne solicită atenția? Acest lucru depinde de numeroși factori precum vârsta, temperamentul, cultura, circumstanțele, stilul mental. De fapt, fiecare dintre noi are tendința de a acorda mai mult sau mai puțin spațiu lumii exterioare sau lumii afectului.

În condiții normale, intensitatea funcției subiectivității variază, tot așa cum variază și gradul de integrare a imaginilor. Când suntem adânciți într-o narațiune ce ne pasionează sau când o creăm o nouă poveste, funcția subiectivității poate fi foarte subtilă. E în continuare acolo, este disponibilă și gata să-și asume imediat rolul central.

De exemplu, când suntem complet absorbiți de ceea ce se întâmplă cu personajele unui film nu ne gândim neapărat la noi înșine și nici nu stabilim o legătură între propria plăcere și prezența subiectului. De ce am avea nevoie să alocăm un efort suplimentar de procesare pentru „eu“? Prezența stabilă a unui „eu“ este suficientă. Dar, în anumite momente din film, un cuvânt sau o întâmplare poate stabili o legătură cu una dintre amintirile noastre și poate provoca o reacție (un gând, un răspuns emoțional sau un sentiment specific). Acela e momentul în care noi, ca „subiect“, ajungem în prim-plan. Pentru o clipă, avem experiența concomitentă a conținutului filmului și a propriei prezențe, care e acum mai bine reliefată în mintea conștientă. Acest fenomen este și mai frecvent atunci când avem un control complet asupra timpului necesar pentru absorbirea materialului: de exemplu, când citim un roman sau pur și simplu un text antrenant. Achiziția informațiilor și traducerea mentală se petrec în ritmul ales de noi, lucru ce nu se întâmplă când vizionăm un film decât dacă ne abandonăm rolul de spectator și ne îndreptăm atenția în altă parte. Cinematograful, muzica și realitatea își impun propriul ritm. Dacă doriți să fiți cu adevărat liberi, citiți o carte.

În fine, trebuie să subliniez că imaginile din interior au un dublu rol. Pe de o parte, contribuie la spectacolul multimedia al conștiinței: pot fi observate ca parte a spectacolului conștiinței; pe de altă parte, contribuie la construirea sentimentelor și, astfel, ajută la generarea subiectivității în sine, proprietate a conștiinței care ne permite să fim spectatori. Acest lucru poate să pară confuz, chiar paradoxal, la prima vedere, dar nu este. Procesele sunt dependente unele de altele. Sentimentele furnizează qualia, care sunt elemente constitutive ale subiectivității. La rândul ei, subiectivitatea permite sentimentelor să fie analizate ca obiecte specifice ale experienței conștiente. Acest paradox aparent evidențiază faptul că nu putem discuta despre fiziologia conștiinței fără a ne referi la trăiri, și viceversa.

SUBIECTIVITATEA: PRIMA ȘI INDISPENSABILA COMPONENTĂ A CONȘTIINȚEI

Să lăsăm așadar deoparte cele mai importante imagini ale minții conștiente, cele care alcătuiesc în esență conținutul poveștilor, și să ne concentrăm asupra imaginilor care construiesc elementul crucial al conștiinței: subiectivitatea. Motivul pentru care pot să descriu orice îmi trece prin minte și să spun că „se află în conștiința mea" este acela că imaginile care îmi populează mintea devin în mod automat imaginile *mele*, imagini asupra cărora pot reflecta și pe care le pot examina cu o mai mare sau o mai mică claritate. Fără să fiu nevoit să ridic vreun deget sau să cer ajutor, *știu* că, în timp ce scriu aceste rânduri, imaginile îmi aparțin mie, proprietarul acestei minți și al corpului în interiorul căruia mintea respectivă este fabricată și proprietarul organismului viu pe care-l locuiesc.

Când subiectivitatea dispare – când imaginile mentale nu mai sunt revendicate în mod automat de proprietarul lor de drept sau de subiect –, conștiința încetează să mai funcționeze normal. Dacă nu am mai putea să menținem conținuturile manifeste într-o perspectivă subiectivă, acele conținuturi ar pluti în derivă și nu ar aparține nimănui în mod particular. Cine ar fi conștient de existența lor? Conștiința și semnificația clipei prezente ar dispărea. Sentimentul existenței ar fi suspendat.

Este fascinant că un simplu truc (trucul subiectivității, pe care l-am putea numi și trucul posesorului) poate transforma procesul mental de creare a imaginilor într-un material ce ne oferă semnificație și orientare și că, totodată, poate, prin simpla sa absență, să transforme aproape întreaga activitate mentală într-un lucru inutil. Este clar că, dacă vrem să înțelegem originea conștiinței, trebuie să aflăm cum apare subiectivitatea.

Subiectivitatea este, desigur, un proces, nu un lucru, iar acest proces se sprijină pe două ingrediente esențiale: elaborarea unei *perspective* pentru imaginile din minte și asocierea acelor imagini cu *sentimente*.

1. *Elaborarea unei perspective pentru imaginile mentale*

Când „vedem“, conținuturile vizuale evidente apar în mintea noastră din perspectiva punctului nostru de observare, mai precis din perspectiva aproximativă a ochilor noștri. Exact același lucru se întâmplă cu imaginile auditive din mintea noastră. Ele sunt formate din perspectiva urechilor noastre, nu a urechilor altcuiva sau chiar a ochilor noștri. La fel în cazul imaginilor tactile: acestea au perspectiva exactă a mâinii noastre sau a feței noastre sau a oricărei alte părți a corpului care intră în contact direct cu ceea ce este atins. Evident că mirosul aparține propriului nas și gustul, propriilor papile gustative. Aceste lucruri sunt importante pentru înțelegerea subiectivității, după cum vom vedea imediat.

Unul dintre elementele principale ce contribuie la construirea subiectivității este funcționarea porților senzoriale, printre care se află organele responsabile de generarea imaginilor lumii exterioare. Primele etape ale oricărei percepții senzoriale depind de o poartă senzorială. Ochii și mecanismele asociate cu aceștia reprezintă un exemplu perfect: orbitele oculare ocupă o regiune specifică și bine delimitată în cadrul corpului, în cadrul capului sau chiar în cadrul feței. Ele au coordonate GPS specifice în harta tridimensională a corpului nostru, schema corporală definită de structura musculo-scheletică. Vederea este un proces mult mai complex decât proiectarea unor tipare luminoase pe retină. Vederea de „calitate superioară“ începe la nivelul retinei și continuă prin diferite etape de transmisie și procesare a semnalelor până în cortexurile cerebrale dedicate vederii. Dar pentru a vedea, trebuie mai întâi să *privim*. Privirea constă din mai multe acțiuni care sunt îndeplinite de o serie complicată de dispozitive situate în interiorul și în jurul ochilor, *nu* de retină sau de cortexurile vizuale. Fiecare ochi are un obturator, o diafragmă asemănătoare cu aceea a unui aparat de fotografiat, care controlează cantitatea de lumină ce cade pe retină. Există și o lentilă, tot așa cum întâlnim la un aparat de fotografiat. Lentila poate fi reglată în mod automat pentru a focaliza obiecte. În fine, cei doi ochi se mișcă în diferite direcții, într-o manieră conjugată (în sus, în jos, la stânga, la dreapta), permițându-ne să sondăm și să observăm universul situat în câmpul vizual fără a fi nevoiți să ne mișcăm capul sau corpul. Toate aceste dispozitive sunt neîncetat percepute de sistemul nostru somatosenzorial și produc imaginile somatosenzoriale corespondente. În aceeași clipă în care construim o imagine vizuală, creierul nostru își reprezintă, de asemenea, mulțimea de mișcări executate de aceste dispozitive complicate. Ele informează mintea prin intermediul imaginilor și în modul cel mai autoreferențial cu putință despre activitățile creierului și ale corpului și „localizează" acele activități în schema corporală. Imaginile schemei corporale sunt subtile și țin de spectatorul din sală. Ele sunt mai puțin vii decât cele descrise în marea sală a spectacolului conștiinței. Sistemele cerebrale care primesc informația referitoare la mișcările și ajustările necesare pentru a regla procesul „privirii" sunt complet diferite de cele care primesc informația despre imaginile vizuale propriu-zise, baza „vederii". Mașinăria „privitului" *nu* este localizată în cortexurile vizuale.

Să luăm în considerare acum situația neobișnuită pe care o descriem aici: procesul subiectivității este alcătuit în parte din același tip de material cu care construim conținuturile manifeste ale înseși subiectivității, și anume *imaginile*. Dar deși materialul este același, sursa e diferită. Aceste imagini particulare nu corespund obiectelor, acțiunilor sau evenimentelor (elemente ce domină în general conștiința), ci sunt *imagini generale ale corpului nostru, corp surprins în momentul în care produce imaginile elementelor ce domină în general conștiința.* Noul grup de imagini, inteligent și discret adăugate la celelalte imagini, dezvăluie parțial procesul de construcție a conținuturilor manifeste ale minții. Aceste imagini sunt generate în cadrul aceluiași corp ce posedă conținuturile manifeste, conținuturi care sunt acum proiectate pe ecranul de tip multiplex al creierului nostru și pe care conștiința ne va permite să le posedăm și să le evaluăm. Aceste imagini ajută la descrierea corpului proprietarului în procesul de achiziționare a *celorlalte* imagini. Dacă nu le acordați o atenție deosebită, nu le veți putea observa.

Această strategie globală realizează un colaj complex format din (a) imaginile fundamentale pe care le simțim și le interpretăm ca fiind cruciale pentru momentul pe care-l trăim în propria minte și din (b) imaginile propriului nostru organism în timp ce elaborează imaginile anterioare. Nu prea acordăm atenție celei de-a doua categorii de imagini, deși sunt esențiale pentru construirea *subiectului.* Ne rezervăm atenția pentru nou fabricatele imagini ce descriu conținuturile fundamentale ale minții, conținuturi de care trebuie să ținem cont pentru a continua să trăim. Aceasta este una dintre cauzele pentru care subiectivitatea și, în sens mai larg, procesele conștiinței au rămas un asemenea mister. Firele păpușarului rămân ascunse, așa cum și trebuie. Nimic din lucrurile astea nu necesită vreun homunculus sau vreo magie misterioasă. Este atât de natural și de simplu încât nu putem face altceva decât să zâmbim cu respect și să admirăm ingeniozitatea procesului.

Ce se întâmplă atunci când imaginile care curg prin mintea noastră apar din memorie, și nu din percepția directă? Se aplică același scenariu. Când sunt inserate în conținuturile minții, materialele extrase din memorie sunt intercalate cu percepțiile din acel moment, percepții care, fiind complet încadrate și personalizate, asigură „ancora“ necesară pentru perspectiva personală.

2. *Sentimentele: al doilea ingredient al subiectivității*

Perspectiva generată de structura musculo-scheletică și de porțile sale senzoriale nu e suficientă pentru construirea subiectivității. Pe lângă perspectiva senzorială, disponibilitatea continuă a sentimentelor este decisivă pentru subiectivitate. Această abundență de sentimente generează un fundal bogat ce poate fi numit *simțire generală.*

Am discutat procesul elaborării sentimentelor în capitolele anterioare. Acum trebuie să analizăm felul în care sentimentele se alătură perspectivei senzoriale pentru a produce subiectivitatea. Sentimentele constituie un complement natural și abundent al imaginilor din componenta manifestă a conștiinței. Abundența lor provine din două surse. Prima este starea vitală prezentă al cărei nivel homeostatic produce stări de bine sau de rău de diferite grade. Fluxul și refluxul sentimentelor homeostatice spontane asigură un fundal permanent, o senzație de existență mai mult sau mai puțin pură (experiență căutată de cei care practică meditația). A doua sursă a acestei abundențe o constituie elaborarea multitudinii de imagini care alcătuiesc conținuturile noastre mentale succesive și care provoacă reacții afective și sentimentele asociate acestora. După cum am explicat în capitolul 7, ultimul proces depinde de prezența anumitor caracteristici ale imaginilor obiectelor, acțiunilor sau ideilor din fluxul mental, caracteristici capabile să declanșeze o reacție afectivă și, astfel, să producă sentimente. Numeroasele sentimente produse în acest fel se unesc cu fluxul sentimentelor homeostatice și călătoresc pe valul lor. În consecință, orice grup de imagini este însoțit de un oarecare sentiment.

Tragem concluzia că subiectivitatea este formată din două elemente: „perspectiva organismului", care depinde de partea corpului unde au fost generate imaginile ce urmează să devină conștiente, și construirea neîncetată a sentimentelor spontane și provocate, care sunt declanșate de imagini fundamentale, imagini pe care apoi le acompaniază. Când imaginile coincid cu perspectiva organismului *și* sunt acompaniate în mod adecvat de sentimente, rezultă o *experiență mentală*. Conștiința, în înțelesul deplin al termenului, apare, după cum vom vedea mai departe, când astfel de experiențe mentale sunt integrate corect într-un cadru mai amplu.

Experiențele mentale care constituie conștiința depind, astfel, de prezența imaginilor mentale *și* de procesul subiectivității care ne face să le considerăm ale noastre. Pentru a putea exista, subiectivitatea presupune adoptarea unei perspective în privința generării imaginilor și o simțire generală a trăirilor ce însoțesc procesarea imaginilor. Aceste două fenomene provin direct din propriul corp și sunt rezultatul tendinței neîntrerupte a sistemului nervos de a percepe și de a crea hărți ale obiectelor și evenimentelor atât din jurul, cât și din interiorul organismului.[3]

INTEGRAREA EXPERIENȚELOR: A DOUA COMPONENTĂ A CONȘTIINȚEI

Oare complicatul proces al subiectivității, cu cele două componente ale sale (perspectiva și sentimentele), este suficient pentru a explica conștiința așa cum am descris-o în primele pagini ale acestui capitol? Nu. Am scris despre experiența urmăririi unui spectacol multimedia unde „eul“ e spectatorul și unde, uneori, poți chiar să urmărești spectacolul propriei tale persoane care urmărește spectacolul. Subiectivitatea, oricât ar fi de sofisticată, nu e suficientă. Pentru ca acest lucru să fie posibil, avem nevoie de un alt proces ce constă în integrarea imaginilor și a subiectivităților corespondente într-un cadru mai mult sau mai puțin extins.

Conştiinţa, în sensul deplin al termenului, este o stare particulară a minţii în care imaginile mentale sunt încărcate de subiectivitate şi trăite într-o formă mai mult sau mai puţin integrată.[4]

Unde se realizează integrarea subiectivităţii şi a imaginilor? Există oare un loc din creier, o regiune sau chiar un sistem *unde* se petrece acest proces? Din câte ştiu eu, nu. După cum am spus în capitolele anterioare, mintea apare în toată complexitatea ei din operaţiile combinate ale sistemului nervos *şi* ale corpului, lucrând sub bagheta imperativului homeostatic, prezent în fiecare celulă, ţesut, organ şi sistem şi în articulaţia lor globală de la nivelul fiecărui individ. Conştiinţa se naşte din înlănţuiri interactive asociate cu viaţa şi e de la sine înţeles că, fiind asociată cu viaţă, conştiinţa este de asemenea asociată cu universul chimiei şi fizicii ce formează substratul organismului şi în cadrul căruia există şi organismul nostru.

Nu există o regiune sau un sistem al creierului care să satisfacă toate cerinţele conştiinţei: cele două componente ale subiectivităţii (perspectiva şi sentimentele) şi integrarea experienţelor. Astfel, nu e surprinzător că încercările de a găsi un loc în creier pentru conştiinţă nu au avut succes.[5] Pe de altă parte, după cum am subliniat mai sus, pot fi identificate diferite regiuni şi sisteme cerebrale care sunt fără îndoială asociate cu producerea ingredientelor esenţiale ale procesului: adoptarea unei perspective, sentimente şi integrarea experienţelor. Aceste regiuni şi sisteme participă la proces sub forma unui ansamblu, intrând şi părăsind linia de asamblare într-un mod ordonat. Încă o dată, aceste regiuni cerebrale nu acţionează singure, ci cooperează intens cu corpul propriu-zis.

Prin urmare, ipoteza mea este că ingredientele implicate sunt produse la nivel regional şi încorporate în succesiuni dispuse secvenţial, paralel sau chiar suprapuse. Într-un scenariu tipic, subiectivitatea unei scene dominate de elemente vizuale și auditive va necesita activitate în mai multe zone ale sistemului vizual și auditiv, atât în structurile trunchiului cerebral, cât și în cele ale cortexurilor cerebrale. Evocarea imaginilor corespondente din memorie ar fi intercalată cu matricea principală de imagini ale scenei. Activitatea asociată cu sentimentele provocate de fluxul imaginilor ar fi furnizată de nuclei ai trunchiului cerebral superior, de hipotalamus, de amigdală, de prozencefalul bazal și de cortexul insular și cel cingulat, care interacționează cu diferite părți ale corpului propriu-zis. Cât despre activitatea asociată cu porțile senzoriale și cu structura musculo-scheletică, aceasta ar fi produsă în tectumul trunchiului cerebral (coliculii superiori și inferiori), în cortexurile somatosenzoriale și în câmpurilor oculare frontale. În cele din urmă, coordonarea tuturor acestor activități ar avea loc în regiunile corticale mediale, în special în cortexurile posteromediale, cu asistența nucleilor talamici.

Procesul asociat cu integrarea experiențelor are nevoie de o ordonare de tip narativ a imaginilor și de coordonarea acestora cu procesul subiectivității. Toate aceste lucruri sunt realizate de cortexuri ale asocierii, din ambele emisfere cerebrale, aranjate într-o rețea la scară mare (cel mai cunoscut exemplu fiind rețeaua modului implicit). Rețelele la scară mare reușesc să conecteze regiuni cerebrale distanțate prin căi nervoase bidirecționale destul de lungi.

Pe scurt, diferite părți ale creierului, lucrând în strânsă interacțiune cu corpul propriu-zis, produc imagini, generează sentimente pentru acele imagini și le asociază pe toate acestea cu harta perspectivei, oferind astfel cele două ingrediente ale subiectivității. Alte părți ale creierului fac astfel încât imaginile să fie evidențiate în mod secvențial. Fiecare evidențiere apare *la* nivelul sursei sale senzoriale, contribuind astfel la o reprezentare mai amplă de imagini care se desfășoară în timp, dar nu și în spațiu. Imaginile au nevoie să fie mișcate în creier.

Ele ajung la nivelul subiectivității și integrării grație unei evidențieri locale secvențiale. Un număr mai mic sau mai mare de imagini și de narațiuni pot fi procesate în fiecare unitate de timp, lucru care determină amploarea integrării lor în fiecare clipă. Diferitele regiuni cerebrale și multe dintre regiunile corporale care le asistă sunt interconectate de adevărate căi neuronale și pot fi localizate în structuri și sisteme neuroanatomice. Cu toate astea, experiența panoramică și integrată cu care am început acest capitol – spectacolul teatral sau cinematografic observat de un subiect (de mine sau de tine) – nu se găsește într-o singură structură cerebrală, ci în serii temporale mai mult sau mai puțin numeroase de cadre activate treptat, aproape asemenea cadrelor care alcătuiesc o peliculă cinematografică. Dar trebuie să se țină cont că, atunci când am folosit metafora filmului din creier, mă refeream doar la producerea și ordonarea imaginilor statice într-o narațiune. Nu aveam în vedere procesul mult mai complicat al încărcării lor cu subiectivitate și al amplificării integrării la nivelul unui cadru multidimensional mai vast, unde spațiul este dependent de timp.

Această ipoteză ne oferă o imagine în care nivelul superior al procesului depinde complet de sisteme neuronale locale, de căi care le interconectează și de interacțiunile lor cu corpul. Procesul global se desfășoară în timp, dar rezultă din contribuțiile rafinate înrădăcinate în operații specifice și localizabile ale organismului. Procesul este de neconceput fără contribuțiile periferiei organismului prin acțiuni chimice directe asupra sistemului nervos periferic și a structurilor neuronale centrale. Necesită numeroși nuclei ai trunchiului cerebral și alți nuclei telencefalici; și are nevoie de cortexuri cerebrale din toate etapele evolutive, atât vechi, cât și noi. Când vine vorba de construirea conștiinței, ar fi o nebunie să privilegiem unul dintre aceste sectoare neuronale în detrimentul celorlalte, tot așa cum ar fi și ignorarea prezenței corpului propriu-zis, corp pe care sistemul nervos are sarcina să-l servească.[6]

Ideea potrivit căreia conștiința, în sensul larg al termenului, este întâlnită la numeroase specii vii are o oarecare fundamentare. Problema ține, desigur, de „tipul" și de cantitatea de conștiință manifestată la alte specii. Nu încape îndoială că bacteriile și protozoarele simt și răspund condițiilor din mediul lor. La fel fac și parameciii. Plantele reacționează la temperatură, la hidratare și la cantitatea de lumină solară prin creșterea rădăcinilor sau prin orientarea frunzelor sau florilor. Toate aceste creaturi *simt* neîntrerupt prezența altor creaturi vii sau a mediului înconjurător. Dar mă abțin să le numesc conștiente în sensul tradițional al termenului, deoarece acest sens este asociat cu noțiunea de minte și de sentimente, în vreme ce eu am asociat mintea și sentimentele cu prezența sistemelor nervoase.[7] Creaturile menționate mai sus nu au un sistem nervos și nimic nu sugerează că ar avea stări mentale. Pe scurt, o stare mentală, o minte, este o condiție fundamentală pentru ca experiențele conștiinței să existe în accepțiune tradițională. Conștiința propriu-zisă poate să apară abia când mintea dobândește un punct de vedere (adică o perspectivă subiectivă).

Atât despre începuturi. După cum am văzut, punctul final al conștiinței e foarte înalt, se află în stratosfera experiențelor complexe, integrate, multisenzoriale cărora li se aplică subiectivitatea. Aceste experiențe se referă, pe de o parte, la lumea exterioară și, pe de altă parte, la lumea complexă de pe vremuri, adică la lumea experienței trecute a subiectului, care e asamblată din amintiri. Ele se referă de asemenea la lumea stării corporale prezente a subiectului, subiect care, după cum am spus mai sus, reprezintă un punct de ancorare a procesului subiectivității și este, astfel, un element crucial al conștiinței în sens larg.

Faptul că există o distanță fiziologică și evolutivă mare între sensibilitatea și iritabilitatea plantelor și a celulelor izolate, pe de o parte, și stările mentale și conștiința, pe de altă parte, nu înseamnă că aceste aspecte nu sunt înrudite. Dimpotrivă, stările mentale și conștiința depind, în interiorul creaturilor echipate cu sistem nervos, de elaborarea unor strategii și mecanisme care sunt prezente și la animalele mai simple, preneuronale. Din punct de vedere evolutiv, acest proces se petrece inițial în înmănuncherile nervoase, în ganglioni și în nucleii sistemului nervos central. În cele din urmă, se petrece în creierul propriu-zis.

Între fenomenul senzației celulare (nivelul de bază al acestui proces natural) și stările mentale în deplina accepțiune a termenului există un nivel intermediar crucial alcătuit din cele mai fundamentale stări mentale: sentimentele. Ultimele sunt stări mentale centrale, probabil *singurele* stări mentale centrale, cele care corespund unui conținut specific, fundamental: *starea internă a corpului în care rezidă conștiința*. Și pentru că țin de componenta dinamică a calității stării vitale din interiorul unui corp, sentimentele au în mod necesar *o valență*; adică sunt bune sau rele, pozitive sau negative, atrăgătoare sau respingătoare, plăcute sau dureroase.

Când sentimentele, care descriu starea vitală internă din *prezent*, sunt „plasate" sau chiar „situate" *în interiorul perspectivei actuale a întregului organism*, apare subiectivitatea. Pornind din acest punct, evenimentelor care ne înconjoară sau la care participăm și amintirilor pe care le avem le este conferită o nouă posibilitate: pot să *conteze* pentru noi și să ne influențeze viața. Inventarea culturii umane are nevoie de acest pas: ca evenimentele să fie importante, să fie clasificate în mod automat drept benefice sau nu pentru individul căruia îi aparțin. Sentimentele conștiente și proprii permit o primă evaluare a situației și stabilirea faptului dacă e problematică sau nu. Ele animă imaginația și stimulează procesele de raționare ce ne permit să stabilim dacă pericolul e real sau dacă e vorba despre o alarmă falsă. Subiectivitatea este necesară pentru a ghida inteligența creativă care construiește manifestările culturale.

Subiectivitatea a înzestrat imaginile, mintea și sentimentele cu proprietăți noi: un simț al posesiunii în organismul în care se petrec aceste fenomene; acel *simț că ceva e al meu* ce permite pătrunderea în universul individualității. Experiențele mentale i-au dat minții un nou impuls, avantajând nenumărate specii. Odată cu omul, experiențele mentale au devenit pârghii directe în construirea deliberată a culturii: experiențele mentale ale durerii, suferinței și plăcerii au devenit temelie a dorințelor umane și factori ai invențiilor umane, în contrast puternic cu seria de comportamente asamblate până atunci de selecția naturală și de transmiterea genetică. Prăpastia dintre aceste două procese (evoluția biologică și evoluția culturală) este atât de mare, încât ne face să uităm că ambele sunt călăuzite de același fenomen: homeostazia.

Imaginile nu pot fi *experimentate* în mod direct dacă nu sunt integrate într-un *context* care să includă *seturi specifice de imagini legate de organism*, seturi care spun povestea felului în care organismul este tulburat de interacțiunea dispozitivelor sale senzoriale cu un anumit obiect. Nu are importanță unde se găsește obiectul: undeva în lume, în interiorul corpului sau în amintirea creată de o imagine anterioară referitoare la ceva extern sau intern organismului. *Subiectivitatea este o narațiune ce se construiește neîncetat.* Narațiunea apare din circumstanțele în care se găsesc organismele înzestrate cu anumite caracteristici cerebrale când interacționează cu lumea exterioară, cu lumea amintirilor trecute și cu lumea interioară.[8]

Aceasta e esența misterelor din spatele conștiinței.

O DIGRESIUNE PE TEMA PROBLEMEI „GRELE“ A CONŞTIINŢEI

Filozoful David Chalmers a identificat două probleme în studiile asupra conştiinţei.[9] În practică, ambele probleme se referă la înţelegerea felului în care materia organică a sistemului nervos poate genera conştiinţă. Prima problemă, considerată „simplă“, se referă la mecanismele complexe dar inteligibile ce permit creierului să construiască imagini şi instrumentele cu ajutorul cărora pot fi manipulate imaginile: de exemplu, memoria, limbajul, raţionarea şi procesul decizional. Chalmers era de părere că ingeniozitatea şi timpul vor rezolva uşor această problemă. Cred că avea dreptate. După părerea mea, Chalmers a procedat inteligent prin faptul că nu a avut nici o problemă în ceea ce priveşte elaborarea de hărţi sau de imagini.

Problema „grea“ identificată de Chalmers este aceea de a înţelege de ce şi în ce fel componentele „simple“ ale activităţii noastre mentale au devenit conştiente. În cuvintele sale: „De ce executarea acestor funcţii mentale [funcţiile descrise în cadrul problemei simple] este însoţită de experienţă?“ Astfel, problema grea se referă la experienţa mentală şi la felul în care poate fi construită. Când sunt conştient de un anumit lucru perceput (de exemplu de o persoană sau un tablou) ştiu în mod automat că fiecare imagine este a mea, că îmi aparţine mie şi nimănui altcuiva. După cum am spus mai sus, acest aspect al experienţei mentale este cunoscut sub numele de subiectivitate, dar simpla menţionare a subiectivităţii nu evocă ingredientele funcţionale cu care tocmai am propus s-o construiesc. Mă refer la *calitatea experienţei mentale*, simţirea generală, şi la *aşezarea simţirii generale în cadrul perspectivei organismului.*

Chalmers vrea de asemenea să ştie de ce experienţa este „însoţită“ de sentimente. De ce există sentimente care însoţesc informaţia senzorială?

În explicația pe care o propun, experiența în sine este parțial generată din sentimente, astfel încât nu e vorba cu adevărat de o însoțire. În organisme precum al nostru, sentimentele sunt rezultatul unor operații necesare pentru homeostazie. Ele sunt parte integrantă a procesului și sunt făcute din același material precum alte aspecte ale minții. Imperativul homeostatic care străbătea organizarea organismelor primitive a condus la selecția de programe ale unor căi chimice și acțiuni specifice ce au asigurat menținerea integrității organismului. Odată ce au apărut organisme înzestrate cu sistem nervos și capacitate de formare a imaginilor, creierul și corpul au cooperat pentru a crea imagini multidimensionale ale acestor programe complexe, care constau în mai multe etape, lucru ce a dat naștere sentimentelor. Ca traducători mentali ai avantajelor homeostatice ale programelor chimice și de acțiune în raport cu diferite obiecte și situații, sentimentele permit minții să conștientizeze starea prezentă a homeostaziei, adăugând astfel un alt nivel de opțiuni valoroase de reglare. Sentimentele au reprezentat un avantaj decisiv pe care natura nu ar fi pierdut ocazia să-l selecteze și să-l folosească sub forma unui acompaniament constant al proceselor mentale. Răspunsul la întrebarea lui Chalmers este că *stările mentale dau în mod natural senzația de ceva deoarece este avantajos pentru organisme să aibă stări mentale caracterizate de sentimente.* Numai atunci pot stările mentale să susțină organismul în producerea celor mai compatibile comportamente homeostatice. De fapt, organismele complexe precum al nostru nu ar supraviețui în absența sentimentelor. Selecția naturală s-a asigurat că acestea vor deveni o trăsătură permanentă a stărilor mentale. Pentru mai multe detalii despre felul în care viața și sistemele nervoase au ajuns să producă sentimente, cititorul poate consulta capitolele anterioare și își poate aminti că sentimentele se ivesc dintr-o serie de procese treptate asociate cu corpul, procese ce au pornit de jos în sus: de la simple fenomene chimice acumulate și menținute de-a lungul evoluției.

Sentimentele au schimbat evoluția creaturilor bazate pe carbon, printre care se numără și omul. Dar impactul complet al sentimentelor a avut loc într-un stadiu evolutiv ulterior, atunci când experiențele trăirilor au fost inserate și cuprinse în perspectiva mai largă a subiectului și au devenit importante pentru individ. Acela a fost momentul în care sentimentele au început să influențeze imaginația, rațiunea și inteligența creatoare, adică atunci când experiența, altminteri izolată, a sentimentelor s-a petrecut în cadrul unei minți construite pornind de la imagini.

Problema grea constă în faptul că, dacă mintea este produsul țesuturilor organice, ar putea să fie greu sau chiar imposibil să explici cum sunt produse experiențele mentale, stările mentale *simțite*. Aici sugerez că împletirea perspectivei individuale cu sentimentele furnizează o explicație plauzibilă a originii experiențelor mentale.

Partea a treia

ACTIVITATEA MINȚII CULTURALE

10. CULTURILE

MINTEA CULTURALĂ UMANĂ ÎN ACȚIUNE

La procesul cultural uman contribuie toate facultățile mentale. În ultimele cinci capitole am accentuat însă capacitatea de a crea imagini, afecte și conștiință deoarece mințile culturale nu sunt de conceput în absența unor astfel de elemente. Memoria, limbajul, imaginația și rațiunea sunt factori esențiali ai proceselor culturale, dar depind de imagini. Cât despre inteligența creatoare, care e responsabilă de practicile și de produsele noastre culturale, aceasta nu poate funcționa fără afect și conștiință. Interesant este că afectul și conștiința se întâmplă să fie facultățile care au fost lăsate la o parte, uitate în tumultul revoluțiilor raționaliste și cognitive. Ele merită o atenție specială.

Spre sfârșitul secolului al XIX-lea, rolul biologiei în modelarea evenimentelor culturale a fost recunoscut, printre alții, de Charles Darwin, William James, Sigmund Freud și Émile Durkheim.[I] Cam în aceeași epocă și în primele decenii ale secolului XX, faptele biologice au fost invocate de numeroși teoreticieni (între care Herbert Spencer și Thomas Malthus) pentru a susține aplicarea gândirii darwiniste la nivelul societății. Aceste eforturi, cunoscute în general sub numele de darwinism social, au avut ca rezultat diferite politici bazate pe eugenie în Europa și în Statele Unite. Mai târziu, în timpul celui de al treilea Reich, faptele biologice au fost interpretate în mod greșit și aplicate societăților umane cu scopul de a produce o transformare socioculturală radicală. Rezultatul a fost o exterminare oribilă și masivă a anumitor grupuri umane pe baza originii lor etnice sau a identității politice și sexuale. Biologia a fost blamată pe nedrept (dar de înțeles) pentru această perversiune monstruoasă. Au fost necesare decenii pentru ca relația dintre biologie și cultură să devină un subiect de cercetare acceptabil.[2]

În ultimul sfert al secolului XX și după aceea, sociobiologia și disciplina ce a derivat din ea, psihologia evoluționistă, nu numai că au apărat o perspectivă biologică asupra minții culturale, dar au susținut și transmiterea biologică a trăsăturilor asociate cu fenomenul cultural.[3] Acest din urmă efort s-a concentrat pe relația dintre cultură și procesul de replicare genetică. Faptul că lumile sentimentelor și rațiunii interacționează neîncetat și că adaptările și contradicțiile lor influențează în mod inevitabil ideile, obiectele și practicile culturale nu a constituit subiectul cercetării lor (deși psihologii evoluționiști au inclus în abordările lor componenta acțiunii lumii afectului, precum emoțiile). Același lucru este valabil și în cazul argumentului pe care-l favorizez în această carte: felurile în care mintea culturală face față dramei umane și exploatează posibilitățile umane și modul în care selecția culturală completează activitatea minții culturale și complementează realizările transmiterii genetice. Nu favorizez afectul și pasiunile umane în detrimentul altor componente ale procesului cultural. Pur și simplu îmi îndrept atenția asupra afectelor (și mai ales asupra sentimentelor) în speranța că își vor găsi un loc mai clar în cercetările axate asupra raporturilor dintre biologie și cultură. În acest scop, trebuie să insist asupra rolului homeostaziei și al sentimentelor (reprezentanții săi conștienți) în procesul cultural. În ciuda tuturor incursiunilor istorice ale biologiei în lumea culturilor, noțiunea de homeostazie (chiar și în sensul său restrâns și convențional de reglare a vieții) este absentă din analizele clasice ale culturii.

După cum am afirmat anterior, deși Talcott Parsons a menționat-o când a luat în considerare culturile din perspectiva sistemelor, conform interpretării sale, homeostazia nu avea legătură nici cu sentimentele, nici cu indivizii.[4]

Cum se face legătura între starea homeostatică și crearea unui instrument cultural capabil să corecteze un deficit homeostatic? După cum am afirmat, legătura este asigurată de sentimente, expresia mentală a stării homeostatice. Întrucât reprezintă mental starea homeostatică prezentă și întrucât pot provoca o schimbare radicală a echilibrului, sentimentele stimulează inteligența creatoare, care constituie componenta răspunzătoare de construirea efectivă a practicilor sau instrumentelor culturale.

HOMEOSTAZIA ȘI RĂDĂCINILE BIOLOGICE ALE CULTURILOR

În primele capitole ale acestei cărți, scriam că anumite aspecte importante ale răspunsurilor culturale umane au fost prefigurate în comportamentele organismelor mai simple decât noi. Comportamentele sociale ale acestor organisme, deși uimitor de eficiente, nu au fost însă inventate de intelecte formidabile sau motivate de sentimente asemănătoare cu ale noastre. Ele au rezultat din felul natural și extraordinar în care procesele vitale fac față imperativului homeostatic, campionul orb al comportamentelor individuale și sociale avantajoase. Conform interpretării mele a originii biologice a minții culturale umane, homeostazia a fost răspunzătoare de apariția strategiilor comportamentale și a mecanismelor capabile să asigure menținerea vieții și a înfloririi atât la organismele simple, cât și la cele complexe, inclusiv la om. La organismele primitive, homeostazia a generat *precursori* ai sentimentelor și ai perspectivei subiective, în absența proceselor mentale. Nu erau prezente nici sentimentele și nici subiectivitatea, ci doar mecanismele necesare și suficiente pentru reglarea vieții, înainte de dezvoltarea sistemelor nervoase și a minții.

Toate aceste mecanisme se bazau (în cadrul precursorilor sistemelor endocrin și imunitar) pe molecule chimice și pe programe de acțiune selectate în mod natural. Multe dintre aceste mecanisme au fost bine conservate până astăzi, și le cunoaștem drept comportamente emoționale.

La organismele mai târzii, apariția sistemelor nervoase a făcut posibilă formarea minții și, în interiorul lor, a sentimentelor și a imaginilor care reprezentau lumea exterioară și relațiile acesteia cu organismul. Aceste imagini erau susținute de subiectivitate, memorie, rațiune și, în cele din urmă, de limbajul verbal și inteligența creatoare. Instrumentele și practicile care constituie culturile și civilizațiile în sens tradițional au apărut după aceea.

Homeostazia a realizat supraviețuirea și înflorirea indivizilor și a ajutat la crearea condițiilor perpetuării și reproducerii acestora.[5] La început, organismele vii au abordat astfel de obiective fără a apela la vreun sistem nervos sau vreo minte, dar mai târziu au folosit mijloace mentale și deliberative. De-a lungul evoluției, au fost selectate cele mai eficiente strategii din cele disponibile și, astfel, au fost transmise genetic de la o generație la alta. La organismele mai simple, selecția s-a făcut din opțiunile generate în mod natural de procesele de autoorganizare autonomă; la organismele complexe, selecția a început să devină culturală: era consecința alegerilor produse de invenția individuală. Nivelul de complexitate a variat, dar obiectivele tacite ale homeostaziei (supraviețuirea, înflorirea și posibilitatea de reproducere) au rămas aceleași. Acest lucru explică de ce practicile și instrumentele care, într-un fel sau altul, exprimă caracteristici „socioculturale“ au apărut foarte devreme și de mai multe ori pe parcursul evoluției.

Putem constata că, la organismele unicelulare, precum bacteriile, comportamentele sociale elaborate reflectă (fără nici o deliberare din partea organismului) o evaluare implicită a impactului pozitiv sau negativ avut asupra supraviețuirii propriului grup de comportamentul altor indivizi. Organismele unicelulare se comportă „ca și cum" și-ar forma o părere. Acesta este un exemplu de „cultură" primordială realizată în absența unei „minți culturale". Aici avem de-a face cu o manifestare timpurie a acelui tip de soluții schematice pe care inteligența și rațiunea lucidă aveau să le folosească și să le prescrie odată ce mințile complet formate vor ajunge să reflecte asupra unor probleme în esență asemănătoare.

La insectele sociale, creaturi pluricelulare cu un sistem nervos elaborat, complexitatea comportamentelor „culturale" este superioară. Practicile comportamentale sunt mai complexe și există totodată o producție de instrumente concrete: de exemplu, arhitectura coloniei ca entitate fizică. Există numeroase alte specii care produc artefacte: cuiburi complicate, unelte simple. Desigur, deosebirea importantă stă în faptul că manifestările culturale nonumane sunt adesea rezultatul unui program bine stabilit, desfășurat în circumstanțe adecvate și într-un mod stereotipic. Aceste programe au fost asamblate de selecția naturală de-a lungul a milioane de ani sub controlul homeostaziei, și au fost transmise genetic. În cazul bacteriilor, organisme fără creier și fără nucleu, centrii de comandă pentru derularea programelor sunt situați în citoplasma celulară; în cazul metazoarelor pluricelulare, precum insectele, acești centri se află la nivelul sistemului nervos, unde au fost modelați de genom.

Dacă se ia în considerare evoluția și ramificațiile sale, se pot observa regiuni de tranziție de la organismele prementale la cele postmentale. Într-o anumită măsură, aceste regiuni corespund deosebirii dintre comportamentele „preculturale" și comportamentele (și mințile) „cu adevărat culturale". Se poate observa un paralelism fascinant între primele comportamente și evoluția pur genetică, pe de o parte, și ultimele comportamente și evoluția mixtă (dar în principal culturală), pe de altă parte.

CULTURILE PUR UMANE

Imaginea pe care ne-o putem face despre mintea culturală umană și despre culturile produse de ea diferă în mai multe privințe. Imperativul principal este în continuare același (homeostazia), dar procesul presupune mai multe etape. În primul rând, numeroasele specii care ne-au precedat au avut la dispoziție o serie de reacții sociale elementare prezente încă din zorii vieții bacteriene: competiție, cooperare, reacții emoționale simple, producție colectivă de instrumente de apărare (cum ar fi biofilme). Acest repertoriu comportamental le-a permis să se dezvolte și să transmită pe cale genetică o categorie de *mecanisme intermediare* capabile să producă reacții afective pro-homeostatice, care sunt, de cele mai multe ori, răspunsuri sociale. Componenta esențială a acestor mecanisme se află în mașinăria afectelor, descrisă în capitolul 7. Aceasta este responsabilă de intrarea în scenă a pornirilor și motivațiilor și a reacției afective la stimuli și scenarii.

În al doilea rând, exploatând faptul că mecanismele intermediare produc reacții afective experimentate apoi la nivel mental (sentimentele), homeostazia putea acum să acționeze în mod transparent. Sentimentele au devenit motivații ale unor noi forme de reacție generate de intelectul creator și de abilitatea motorie a oamenilor, două caracteristici de o bogăție unică. Aceste noi forme de reacție au putut să controleze parametrii fiziologici și să realizeze acele echilibre de energie pozitivă care sunt esențiale pentru homeostazie. Dar noile forme de reacție erau inovative și dintr-un alt punct de vedere: ideile, practicile și instrumentele culturilor umane se puteau transmite cultural și erau deschise selecției culturale. Pe lângă antecedentele genetice care permiteau organismelor să reacționeze în moduri particulare în anumite circumstanțe, apăruseră acum produse culturale care își respectau propriile reguli, supraviețuind sau dispărând în funcție de valoarea pe care o aveau, ghidate de homeostazie și de valorile determinate de aceasta. Această inovație ne conduce la cea de-a treia caracteristică, nu mai puțin importantă, a relației dintre sentimente și cultură: *sentimentele puteau acționa și ca arbitri ai procesului.*

SENTIMENTELE CA ARBITRI ȘI NEGOCIATORI

Procesul natural al reglării vieții orientează ființele vii în așa fel încât acestea să funcționeze în cadrul unui interval de parametri compatibili cu menținerea și înflorirea vieții. Activitatea eroică de conservare a vieții presupune un proces precis de reglare atât la nivelul celulelor individuale, cât și la nivelul întregului organism. La organismele complexe, sentimentele joacă un rol esențial în acest proces, la două niveluri. În primul rând, după cum am văzut, când e constrâns să opereze în afara intervalului stării de bine, organismul alunecă spre boală și spre moarte. În astfel de cazuri, sentimentele injectează în procesul mental dorința de a atinge un interval homeostatic avantajos. În al doilea rând, pe lângă faptul că generează neliniște și ne împing către gândire și acțiune, sentimentele acționează ca arbitri și evaluează calitatea reacției. În definitiv, sentimentele sunt judecătorii procesului creației culturale. Acest lucru se întâmplă în mare măsură deoarece meritele invențiilor culturale sfârșesc prin a fi clasificate în funcție de eficiența lor printr-o interfață bazată pe sentimente. Atunci când senzația durerii ne determină să găsim o soluție pentru a o elimina, succesul acțiunii noastre este indicat de sentimentul diminuării durerii. Acesta este semnalul important ce ne permite să decidem dacă efortul depus a avut efect. Sentimentele și rațiunea se împletesc, se oglindesc și se hrănesc reciproc, sunt inseparabile. Această îmbrățișare poate favoriza pe unul din cei doi parteneri, dar îi implică pe amândoi.

Pe scurt, reacțiile culturale care fac parte din repertoriul actual par să fi avut succes în corectarea homeostaziei dereglate și în readucerea organismelor în intervalele homeostatice anterioare. Este rezonabil să considerăm că aceste categorii de reacție culturală au supraviețuit deoarece au realizat un obiectiv funcțional util și au fost astfel selectate de evoluția culturală. Interesant este că aceste obiective funcționale utile au dus la creșterea puterii unor indivizi și, prin extensie, a unor grupuri de indivizi în comparație cu alți indivizi sau alte grupuri. Tehnologiile sunt un bun exemplu al acestei posibilități: gândiți-vă la navigație, la comerț, la contabilitate, la tipar și, astăzi, la mediul informațional. Desigur, creșterea puterii este un avantaj pentru cei care o controlează. Dar cucerirea puterii este alimentată de ambiția simțită și este urmată de o senzație gratificatoare. Ideea că instrumentele și practicile culturale au fost concepute cu scopul gestionării afectelor (și, prin extensie, pentru a produce corecții homeostazice) este plauzibilă. De asemenea, este de la sine înțeles că selecția culturală a instrumentelor și practicilor eficace poate avea repercusiuni asupra frecvenței genelor.

EVALUAREA MERITELOR UNEI IDEI

Cum se potrivește această idee a funcționării minții culturale cu manifestările reale ale culturilor umane? În cazul numeroaselor tehnologii timpurii, care au fost, fără îndoială, unele dintre primele manifestări culturale, ideea este ușor de acceptat. Fabricarea uneltelor (pentru vânătoare, apărare sau atac), construirea de adăposturi și confecționarea hainelor sunt bune exemple de invenții inteligente ce răspund unor nevoi fundamentale. Aceste nevoi au ajuns să fie cunoscute oamenilor prin intermediul sentimentelor homeostatice spontane precum foamea, setea, frigul sau căldura extremă, starea de rău și durerea, care țin de gestionarea stării vitale *individuale* și semnalizează o homeostazie deficientă. Nevoia de a ne hrăni și de a căuta surse de hrană (precum carnea) care ar produce energie suficient de repede; nevoia unui adăpost pentru protecția față de intemperii și crearea unui cămin sigur pentru nou-născuți și copii; nevoia de apărare individuală și a propriului grup față de prădători și dușmani – toate aceste nevoi erau eficient semnalizate de sentimente asociate, de exemplu, cu legătura părinte–copil sau cu frica. Aceste sentimente au fost apoi elaborate de cunoaștere, de rațiune și de imaginație: pe scurt, de inteligența creatoare. În același fel, stările patologice (răni, fracturi și infecții) erau detectate cu precădere prin intermediul sentimentelor homeostatice și rezolvate prin noi tehnologii care au devenit tot mai eficiente – o poveste ce avea să fie cunoscută sub numele de „medicină".

Majoritatea sentimentelor provocate rezultă din angajarea emoțiilor legate nu numai de individul izolat, ci și de *individ în context social*. Situațiile de pierdere au drept rezultat tristețea și disperarea, a căror prezență solicită manifestarea empatiei și a compasiunii, care stimulează imaginația creatoare să producă antidoturi la tristețe și disperare. Rezultatul poate fi simplu (o serie de gesturi ocrotitoare, protecția asigurată de contactul fizic) sau complex (un cântec sau o poezie). Când homeostazia revine la normal, se deschide calea pentru recrutarea unor sentimente mai complexe (de exemplu, recunoștința și speranța) și pentru elaborarea rațională a acestor stări. Formele avantajoase de sociabilitate sunt strâns legate de afecte pozitive, iar aceste două elemente sunt la fel de strâns legate de o serie de molecule chimice (precum opioidele endogene) care reglează stresul și inflamațiile.

Ne este imposibil să ne imaginăm în afara unui context afectiv originea reacțiilor care aveau să devină medicină sau ale oricărora dintre principalele manifestări artistice. Pacientul bolnav, îndrăgostitul părăsit, războinicul rănit și trubadurul îndrăgostit puteau să *simtă*. Situațiile și sentimentele lor motivau răspunsuri inteligente atât în interiorul lor, cât și în ceilalți participanți la situațiile respective. Sociabilitatea benefică recompensează și îmbunătățește homeostazia, în timp ce sociabilitatea agresivă are efecte opuse. Dar ar trebui să fie limpede că nu restrâng artele la rolul lor terapeutic. Plăcerile care pot proveni de la o piesă de artă sunt încă legate de originea lor terapeutică, dar se pot avânta în noi regiuni intelectuale, unde sunt însoțite de idei și sensuri complexe. Nici nu sugerez că toate răspunsurile culturale sunt realizări inteligente și bine organizate care generează o reacție eficientă la drama inițială.

Alte exemple pozitive de reacții afective și de răspunsuri culturale sunt: dorința de a atenua suferința altora și plăcerea de a descoperi mijloacele de a face acest lucru; încântarea provocată de căutarea unor modalități de îmbunătățire a vieții altora, de la oferirea de bunuri materiale până la invenții distractive care aduc bună dispoziție; resimțirea plăcerii în explorarea misterelor naturii și încercarea de a le rezolva. Acesta este probabil felul în care s-au născut multe idei, instrumente, practici și instituții culturale: cu modestie și în grupuri mici. În timp, acestea s-au transformat în lăcașuri de cult, în cărți sapiențiale, în opere literare exemplare, în instituții de învățământ, în declarații de principiu și în constituții ale națiunilor.

Din perspectivă negativă, violența îndreptată împotriva altor ființe umane a jucat un rol preponderent. Principala sa cauză a fost activarea unui aparat neuronal al emoțiilor a cărui dezvoltare a atins probabil un vârf la maimuțele antropoide și a cărui umbră continuă să se proiecteze asupra condiției umane.

O astfel de violență era exercitată în mare măsură de masculi și nu era neapărat provocată de foame sau de conflicte teritoriale. Ținte puteau să fie femelele, puii sau alți masculi adulți. Oamenii au moștenit aceste comportamente potențiale care au avut o puternică funcție de adaptare pentru o lungă perioadă din istoria omenirii și pe care evoluția biologică nu a reușit să le elimine.[6] Evoluția culturală, grație creativității umane, a extins de fapt gama de manifestări ale violenței. *Calcio storico* florentin, rugby-ul sau fotbalul reprezintă bune exemple. Violența fizică rămâne prezentă în unele sporturi competitive, moștenitoare ale spectacolelor romane cu gladiatori, și este sistematic folosită în diferite forme de divertisment: în filme, în televiziune și pe internet. Același tip de violență este prezentă din abundență în atacurile precise ale războaielor moderne, ale actelor de terorism sau de altă natură. În schimb, violența nonfizică, de tip psihologic, se manifestă prin abuzurile nelimitate de putere, bine exemplificate de invadarea intimității cu ajutorul tehnologiei moderne.

Una din funcțiile culturilor a fost aceea de a îmblânzi bestia care s-a manifestat de atâtea ori în om și care ne amintește de originile sale. Samuel von Pufendorf definea cultura astfel: „Mijlocul prin care ființele umane își depășesc barbaria originară și devin, prin artificiu, pe deplin umani"[7]. Pufendorf nu menționează homeostazia, însă interpretarea mea este că barbaria duce la suferință și afectează homeostazia, în timp ce culturile și civilizațiile vizează reducerea suferinței și, astfel, restaurarea homeostaziei prin resetarea și refacerea funcționării organismelor afectate.

Constatăm că, astăzi, o mulțime de instrumente și practici culturale sunt create ca răspuns la încălcările drepturilor fundamentale și la protestele provocate de aceste încălcări, proteste care se manifestă nu ca simple descrieri factuale ale situațiilor dificile, ci iau adesea forma unor emoții puternice și stimulatoare (cum ar fi furia și revolta) și a sentimentelor asociate. Afectul și rațiunea reprezintă astfel două componente ale mișcărilor sociale. Imnurile și poemele care celebrează înfrângerea dușmanilor în victorii sângeroase sunt parte a istoriei din spatele acestui proces.

DE LA CREDINȚE RELIGIOASE ȘI MORALITATE LA GUVERNARE POLITICĂ

Vechea medicină nu era pregătită să se confrunte cu traumele sufletului uman. Dar se poate susține că credințele religioase, sistemele morale, justiția și guvernarea politică aveau ca scop principal evitarea acelor traume și recuperarea în urma efectelor pe care le produceau. Consider că dezvoltarea credințelor religioase este foarte strâns legată de suferința provocată de pierderea personală, care i-a forțat pe oameni să se confrunte cu inevitabilul morții și cu nesfârșitele feluri în care poate să se petreacă: accidente, boli, violențe din partea altora și catastrofe naturale – dar nu și bătrânețea, o condiție rară în timpurile preistorice. Cu toate astea, multe traume ale sufletului uman au fost provocate de evenimente publice, într-un context social, iar credințele religioase reprezentau, sub diferite aspecte, răspunsuri adecvate.[8]

Reacțiile față de pierderea și suferința provocate de violență au fost variate și, în funcție de caz, includeau empatie și compasiune, dar și furia și violență suplimentară. Putem înțelege că durerea ar fi fost contracarată de o concepție adaptativă a unor puteri supraumane sub formă de zei capabili să rezolve conflictele de amploare și să pună capăt exceselor de violență.

În perioada animistă a culturilor, astfel de zei ar fi fost implorați să aline suferințele personale, dar să și protejeze proprietățile personale și colective: recoltele, animalele domestice, teritoriul vital. Mai târziu, în cazul culturilor monoteiste, credința în astfel de entități se va transforma, în cele din urmă, în credința într-un singur Dumnezeu, capabil, de exemplu, să prezinte suferințele în termeni chiar acceptabili. În definitiv, promisiunea unei vieți de apoi ar putea să anuleze complet efectele negative ale oricărei pierderi și să le ofere un alt înțeles.

Sentimentele și motivația homeostatică a credințelor religioase și-au găsit cea mai bună expresie în budism. Fondatorul Budismului, prințul Gautama, era perspicace, bine informat și genial din punct de vedere filozofic. El considera suferința un aspect distructiv al naturii umane și intenționa s-o elimine prin reducerea cauzei sale cele mai frecvente: dorința de a obține plăcere prin orice mijloace și incapacitatea de a atinge astfel de plăceri în mod sistematic. Gautama propune salvarea (eliberarea de anxietatea homeostatică, de efortul inutil de a obține plăcere perpetuă) prin ocolirea completă a sinelui în schimbul experienței existenței pure.

Rațiunea rece se folosește, la rândul său, de sentimente pentru a-și motiva acțiunea. Suferința provocată de furt, minciună, trădare sau lipsa disciplinei a contribuit foarte mult la inventarea codurilor de conduită ale căror recomandări și aplicări au redus suferința.

Consider că dezvoltarea codurilor morale, a sistemelor juridice și a guvernării politice (începând cu organizarea egalitară a societăților primitive și continuând cu administrațiile complexe ale regatelor Epocii Bronzului și ale imperiilor grec și roman) este strâns legată de dezvoltarea credințelor religioase în conexiune cu sentimente și, prin intermediul acestora, cu homeostazia. Zeii și, în cele din urmă, Dumnezeul unic reprezintă o modalitate de a transcende interesele umane și de a căuta o autoritate *dez*interesată ce poate fi imparțială, de încredere și respectată. Un lucru demn de remarcat este faptul că, în ultimele două decenii, investigarea fenomenelor neuronale și cognitive legate de moralitate și religie au adus la lumină noi puncte de contact cu sentimentele și emoțiile, așa cum reiese din rezultatele grupului nostru de cercetare și ale studiilor lui Jonathan Haidt, Joshua Greene și Lianne Young. Aceste descoperiri sunt foarte bine analizate din punctul de vedere al filozofiei moralei de Mark Johnson și Martha Nussbaum.[9]

Un alt parcurs homeostatic important pentru dezvoltarea practicilor religioase îl constituie pericolele și dezastrele de amploare: de exemplu, calamitățile climatice majore (inundații sau secete), cutremurele, epidemiile și războaiele.[10] Aceste evenimente sunt surse de motivații sociale și pot duce la cooperare colectivă. Reacțiile inițiale sunt, fără îndoială, dominate de frică, teroare și furie, dar sunt urmate de inițiative colective, ajutor reciproc și dorința de a înțelege situația și de a acționa într-un mod constructiv. Unele dintre aceste comportamente sunt apoi încorporate în practicile religioase, artistice și de guvernare. Războaiele reprezintă un caz aparte, deoarece stimulează în același timp atât remedii constructive, cât și cicluri fără de sfârșit de violență care generează violență. Nu este nimic de adăugat la ceea ce Homer, *Mahabharata*, și piesele istorice ale lui Shakespeare ilustrează în legătură cu acest subiect.

Indiferent dacă homeostazia este abordată din unghiul consolării și al mângâierii sau din perspectiva beneficiilor produse de organizarea colectivă și de sociabilitate, se poate stabili o legătură convingătoare între religie și homeostazie atât în privința originii, cât și a duratei lor istorice, ultima indicând o puternică selecție culturală. Presupun că Émile Durkheim (care a plasat rădăcinile religiei în ritualurile colective ale populațiilor tribale, și nu în dorința de a scădea suferința individului sau a grupului) ar fi de acord cu analiza mea. Astfel de comportamente colective, după cum comenta Durkheim, au dezlănțuit emoții și sentimente puternice și plăcute. Cu toate astea, comportamentele colective ale populațiilor tribale studiate de Durkheim, par să fi fost motivate de instabilități homeostatice. Rezultatul final, adică stabilizarea homeostatică a membrilor grupului, ar fi valabil în oricare caz.

Karl Marx ar fi spus că religia este „opiul maselor“ (deși nu s-ar fi exprimat chiar așa, ci ar fi zis că „opiul poporului“, „masele“ fiind probabil o ajustare post-leninistă). Ce ar putea fi mai inspirat din punct de vedere homeostatic decât ideea de a folosi opiacee pentru a trata durerea și suferința umană?

Marx a mai scris, în pasajul ce precedă această faimoasă frază, că „religia este suspinul creaturii asuprite, inima unei lumi fără inimă și sufletul condițiilor fără suflet“. Aici este un amestec interesant de analiză socială și de explorare atentă a minții culturale. Marx respinge religia, dar recunoaște (nu fără pragmatism) că aceasta poate fi un refugiu al sufletului într-o lume dezumanizată și lipsită de suflet. Este remarcabil, având în vedere că Marx nu avea nici o idee despre cât de dezumanizată și fără suflet va deveni lumea, mai ales lumea pe care a inspirat-o scrierile sale. Dar și mai remarcabilă e legătura ușor de identificat dintre starea vitală, sentimente și răspunsurile culturale.[11]

Faptul că istoria religiilor este plină de episoade în care credințele religioase au dus și încă duc la suferință, violență și războaie (rezultate clar indezirabile) nu contrazice cu nimic valoarea homeostatică pe care au avut-o aceste credințe și încă o mai au pentru o mare parte a omenirii.

În final, ca și în cazul realizărilor artistice, trebuie să precizez că nu consider religiile simple răspunsuri terapeutice. Faptul că motivația inițială a credințelor și practicilor religioase a avut de-a face cu un fel de compensație homeostatică este plauzibil și verosimil. Însă evoluția acelor prime încercări este o cu totul altă poveste. Construcțiile intelectuale care au urmat au depășit obiectivul consolării, servind ca instrument de investigare și de formulare a înțelesurilor acolo unde elementul compensator este numai un vestigiu. Scopurile practice au fost urmate de explorări filozofice ale sensului avut de om și de univers.

ARTELE, FILOZOFIA ȘI ȘTIINȚELE

Artele, cercetarea filozofică și științele fac uz de o paletă deosebit de largă de sentimente și de stări homeostatice. Cum ne putem reprezenta nașterea artelor fără a ne imagina raționamentul unui individ care lucrează la rezolvarea unei probleme provocate de un sentiment (al artistului sau al altcuiva)? Așa concep eu dezvoltarea muzicii și dansului, a picturii și, în cele din urmă, a poeziei, a teatrului și a cinematografului. Toate aceste forme de artă erau, de asemenea, legate de o intensă sociabilitate, deoarece sentimentele motivaționale proveneau adesea din grup, iar efectele artelor depășeau nivelul individului. Pe lângă satisfacerea nevoilor afective individuale ale participanților originari, artele au jucat roluri importante în structura și coerența grupurilor în numeroase contexte: de la ceremoniile religioase la pregătirile de război.

Muzica este un puternic declanșator de sentimente, iar oamenii sunt în mod natural atrași de anumite sunete, tonuri și compoziții care produc stări afective plăcute.[12] Creația muzicală a produs sentimente pentru o mulțime de ocazii, sentimente capabile să anuleze suferința și să ofere consolare personală sau colectivă. Sentimentele generate de muzică au mai fost probabil folosite pentru seducție și pentru pura satisfacție personală. Se știe că oamenii au construit fluiere cu nu mai puțin de cinci orificii încă de acum aproximativ 50.000 de ani. De ce ar mai fi făcut-o dacă nu le-ar fi procurat plăcere? De ce ar mai fi dedicat atât de mult timp pentru a perfecționa aceste noi instrumente, testându-l pe fiecare? În acele zile ale începuturilor muzicii, se descoperise că anumite tipuri de sunete (instrumentale și vocale) produc efecte plăcute sau neplăcute. Cu alte cuvinte, reacția afectivă provocată de producerea unor sunete prin suflare (voce sau fluier) și sentimentele care le urmau au reprezentat o descoperire bine-venită a efectelor liniștitoare sau seducătoare ale acestora; ceea ce nu avea nimic de-a face cu sunetele dure, răgușite, provocate de bețe și pietre frecate unele de altele. În plus, pe măsură ce erau alăturate, sunetele prelungeau starea de plăcere și puteau produce și alte efecte: de exemplu, imitarea obiectelor și a evenimentelor într-o secvență corespunzătoare, ceea ce permitea depănarea unei povești.

Reacția afectivă asociată cu sunetele este comparabilă cu aceea asociată cu formele, culorile și texturile. Natura fizică a acestor stimuli constituie un semnal emblematic al caracterului bun sau rău al obiectelor *întregi* care prezintă de obicei astfel de caracteristici fizice. Pe parcursul evoluției, aceste obiecte erau în mod sistematic asociate cu stări vitale pozitive sau negative: cu pericole și amenințări sau stări de bine și oportunități; pe scurt, cu stări aflate la baza plăcerii sau durerii. Noi, oamenii, împreună cu celelalte creaturi din care am descins biologic, locuim un univers în care obiectele și evenimentele, animate și inanimate, nu sunt neutre din punct de vedere afectiv. Dimpotrivă, orice obiect sau eveniment este în mod considerat *favorabil* sau *nefavorabil* vieții individului care-l percepe. Obiectele și evenimentele influențează homeostazia în mod pozitiv sau negativ, declanșând sentimente pozitive sau negative. Tot așa, *caracteristicile* obiectelor și evenimentelor (sunetele, formele, culorile, texturile, mișcarea, structura temporală și așa mai departe) ajung să fie *asociate, prin învățare* cu emoții/sentimente pozitive sau negative asociate cu acel obiect sau eveniment. Acesta este, cred eu, felul în care caracteristicile acustice ale anumitor sunete ajung să fie descrise ca fiind „plăcute“ sau „neplăcute“. Caracteristicile unui sunet, care sunt parte a unui obiect/eveniment, dobândesc semnificația afectivă pe care *întregul* eveniment îl are pentru individul respectiv. Acea legătură sistematică dintre caracteristica izolată și valența afectivă continuă să supraviețuiască independent de asocierea originară care i-a dat naștere. Acesta este motivul pentru care sfârșim prin a spune că sunetul unui violoncel este frumos și cald: caracteristicile acustice ale unui sunet particular au făcut cândva parte din experiența plăcută provocată de un obiect complet diferit. Sunetele ascuțite ale trompetei sau ale viorii pot fi considerate neplăcute sau înspăimântătoare din aceleași motive. Pentru a clasifica sunetele muzicale în termeni afectivi ne bazăm pe asocieri foarte vechi, dintre care multe precedă apariția oamenilor și care acum fac parte din echipamentul nostru neuronal standard. Oamenii au putut să exploreze astfel de asocieri pe măsură ce au construit narațiuni sonore și au stabilit reguli pentru combinarea sunetelor.[13]

Când oamenii ajunseseră să fabrice fluiere, probabil că deja se foloseau foarte eficient de primul instrument muzical (vocea) și chiar de cel de-al doilea instrument descoperit vreodată: toracele, o cavitate naturală potrivită pentru percuție. Cât despre al treilea instrument, probabil că a fost un tambur gol, construit manual.

Indiferent dacă era folosită pentru a consola sau a seduce, în activitățile care implicau doi indivizi sau un grup adunat la un eveniment comun (naștere, moarte, sosirea hranei, sărbătorirea unei idei, religioase sau de altă natură, jocuri sau ceremonie tribală de pregătire pentru luptă) muzica a avut de la bun început (și probabil frecvent) efecte homeostatice pe mai multe planuri, mai întâi provocând sentimente și, în cele din urmă, dând naștere ideilor.[14] Universalitatea muzicii și persistența ei remarcabilă par să provină din această capacitate misterioasă de a se amesteca cu fiecare dispoziție și circumstanță, oriunde pe pământ, în dragoste și în război, antrenând indivizi izolați și grupuri mici sau mari unite prin puterea muzicii. Muzica slujește oricărui stăpân supusă precum un majordom de pe vremuri sau zgomotoasă precum o formație de heavy metal.

Dansul a fost strâns legat de muzică, iar mișcările sale au exprimat sentimente comparabile: compasiune, dorință, bucurie a seducției reușite, iubire, agresivitate și război.

Funcțiile homeostatice ale artelor vizuale (care au început odată cu picturile rupestre) ale tradiției comunicării orale tradiționale prin povestiri, poezie, teatru și oratorie politică nu sunt greu de demonstrat. Aceste manifestări se refereau adesea la gestionarea vieții: de exemplu, sursele de hrană și vânătoarea, organizarea grupului, războaiele, alianțele, iubirile, trădările, invidiile, geloziile și, destul de des, rezolvarea violentă a problemelor cu care se confruntau participanții. Picturile și, mult mai târziu, textele ofereau indicatoare și pauze pentru reflecție, avertizare, joacă și bucurie; acestea erau încercări de a clarifica ceea ce trebuie să fi constituit confruntări confuze cu realitatea și au contribuit la ordonarea și organizarea cunoașterii. Erau surse încărcate cu sens.

Investigarea filozofică și știința s-au dezvoltat din aceeași țesătură homeostatică. Întrebările la care filozofia și știința se străduiau să răspundă erau impulsionate de o gamă largă de sentimente. Suferința era, fără îndoială, importantă, dar tot așa erau și tulburarea și îngrijorarea provocate de enigmele realității – încă o dată, capriciile și iregularitățile climatice, inundațiile și cutremurele, mișcarea stelelor, ciclurile vieții care se puteau observa la plante, la animale și la alte ființe umane și combinația bizară de comportamente binevoitoare și distructive care descriu acțiunile atât de multor oameni.

Sentimentele distructive, ce au dus de atâtea ori la conflicte, au jucat un rol major în știință și tehnologie. De-a lungul istoriei, eforturile de război au depins de multe ori de armele dezvoltate în urma progresului științific și tehnologic.

Existau însă și alte sentimente, nu în ultimul rând senzațiile plăcute ce rezultau din însăși încercarea de a rezolva enigmele cosmosului și din anticiparea recompenselor furnizate de un răspuns edificator. Exact aceleași tipuri de probleme și același tip de nevoie homeostatică este posibil să-i fi făcut pe oameni care trăiau în perioade și în locuri diferite să formuleze explicații religioase sau științifice care să-i lămurească cu privire la condiția în care se află. Scopul suprem era acela de a diminua durerea, reducând nevoia homeostatică. Forma și eficiența răspunsului este o cu totul altă poveste.

Beneficiile homeostatice ale investigației filozofice și ale observației științifice sunt infinite: în medicină, desigur, dar și în fizică și în chimie, de care s-au născut tehnologiile de care depindem de multă vreme. Printre acestea se numără controlul focului, inventarea roții, inventarea scrisului și, în cele din urmă, apariția manuscriselor, primele înregistrări exterioare creierului. Același lucru se aplică în cazul inovațiilor aflate la baza modernității (începând cu Renașterea) și al ideilor care au dat formă, mai fericită sau mai nefericită, sistemelor de guvernare ale imperiilor și națiunilor (de exemplu cele exprimate în timpul Reformei, al Contrareformei, al Iluminismului și al modernității în general).

În timp ce partea leului în materie de cucerire culturală trebuie să meargă către inventarea inteligentă a unor soluții specifice la diverse situații dificile, trebuie să reținem că până și încercarea automată de corectare homeostatică (care este mediată de mecanismele afectului) poate să producă consecințe fiziologice benefice. Prin scăderea izolării și aducerea laolaltă a indivizilor, simplul impuls de a socializa a generat oportunități de îmbunătățire sau de stabilizare a homeostaziilor individuale. Mecanismele de toaletare reciprocă la mamifere sunt un exemplu de practici preculturale ale căror efecte homeostatice sunt semnificative. În termeni strict afectivi, toaletarea declanșează senzații plăcute; iar în planul sănătății, reduce stresul și previne infestarea cu paraziți, care ar duce la îmbolnăvire.

Exact pe baza acelorași principii și folosindu-se aceleași mecanisme neuronale și chimice, tovărășia generată de manifestările culturale colective induce răspunsuri care reduc stresul, generează plăcere, stimulează fluiditatea cognitivă și are, în general, efecte benefice asupra sănătății.[15]

OBIECȚII

Putem încerca să contestăm ipoteza mea generală prin referire la situații ce o contrazic și prin evaluarea faptului dacă acele obiecții sunt reale sau aparente. Cum putem, de exemplu, să considerăm că credințele religioase sunt homeostatice având în vedere că religia poate provoca atât de multă suferință? Și ce putem spune despre practicile culturale care încurajează automutilări sau creșteri exorbitante în greutate?[15]

Subiectul credințelor religioase este important de abordat. Efectul homeostatic pozitiv al credinței poate fi studiat individual: aceasta poate reduce sau elimina suferința și disperarea și poate prilejui diferite grade de stare de bine și de speranță. Aceste lucruri sunt verificabile la nivel fiziologic.[17] Este de asemenea cunoscut faptul că mari părți ale populației de pe glob au credințe religioase diferite și că numărul global de credincioși este stabil sau de-a dreptul în creștere, semn al unei selecții culturale puternice. Această ipoteză nu ține cont de trăsăturile, de structura internă sau de consecințele externe ale credinței, ci doar de faptul că suferințele individuale sau colective pot fi reduse prin răspunsuri culturale ce implică credințe religioase. Faptul că religiile pot *de asemenea* provoca suferință nu contrazice ipoteza. În plus, credințele religioase generează alte beneficii remarcabile, precum apartenența la un grup social, ale cărei consecințe homeostatice pozitive sunt evidente. Același lucru poate fi spus despre muzica, arhitectura și arta asociate în mod direct cu credințele religioase și cu organizațiile religioase. După părerea mea, sentimentele au avut rol de arbitru și au contribuit la menținerea ideilor ce au adus avantaje homeostatice. Selecția culturală a asigurat adoptarea ideilor și a instituțiilor înrudite.

Anumite instrumente culturale pot, de fapt, să înrăutățească reglarea homeostatică sau pot să reprezinte cauze primare ale dereglărilor. Un exemplu evident îl constituie adoptarea sistemelor de guvernare politică și economică concepute inițial pentru a răspunde în mod constructiv la o suferință socială generalizată, dar care au sfârșit prin producerea de catastrofe. Exact asta a făcut, de exemplu, comunismul. Scopul homeostatic al acestei ideologii este de netăgăduit și este conform cu ipoteza pe care am avansat-o. Consecințele imediate și pe termen lung au fost altceva, producând, în unele cazuri, o mai mare sărăcie și moarte violentă decât războaiele mondiale care au flancat răspândirea acestor sisteme. Este un caz paradoxal în care respingerea nedreptății (un proces teoretic favorabil homeostaziei) conduce în mod neintenționat la mai multă nedreptate și degradare homeostatică. Dar nimic din ipoteza mea nu presupune succesul garantat al homeostaziei. Succesul depinde de cât de bine este conceput răspunsul cultural, de circumstanțele cărora i se aplică și de caracteristicile concrete ale implementării.

Ipoteza mea specifică doar faptul că succesul răspunsului este controlat de același sistem care este responsabil de motivația sa, adică de sentimente. Se poate argumenta că mizeria și suferința produse de astfel de sisteme sociale au fost cauza ruinării lor. Dar atunci de ce a durat atât de mult până când s-au prăbușit? La prima vedere, adoptarea sau respingerea răspunsurilor culturale depinde de selecția culturală. În mod ideal, rezultatele selecției culturale sunt monitorizate de sentimente, evaluate de colectivitate și judecate ca fiind benefice sau dăunătoare printr-o negociere între sentimente și rațiune. Dar selecția culturală cu adevărat benefică presupune anumite condiții care, în practică, pot să nu funcționeze. De exemplu, în cazul guvernării și sistemelor morale, aceasta prevede libertate democratică, astfel încât adoptarea sau respingerea unui răspuns să nu fie forțată. Prevede de asemenea un fel de paritate de condiții în termeni de cunoaștere, de raționament și de discernământ. În cazul regimurilor comuniste și fasciste, selecția culturală a trebuit să-și aștepte rândul, și încă îl mai așteaptă.

PUNCTUL ÎN CARE NE AFLĂM

Putem afirma că ceea ce considerăm acum culturi adevărate își au originea în viața simplă a organismelor unicelulare sub forma unui comportament social eficient ghidat de imperativul homeostatic. Culturile propriu-zise au apărut miliarde de ani mai târziu la organismele umane complexe animate de minți culturale, adică de minți curioase și creative care încă funcționează sub același puternic imperativ homeostatic. Între prefigurările timpurii presupuse de organismele unicelulare și înflorirea ulterioară a minților culturale există o serie de dezvoltări intermediare care, privind retrospectiv, pot fi considerate consonante cu cerințele homeostaziei.

În primul rând, mintea trebuia să poată reprezenta sub formă de imagini două seturi distincte de date: lumea exterioară organismului, unde *ceilalți* membri ai țesutului social se remarcă și interacționează, *și* starea interioară a organismului, care este percepută sub formă de sentimente. Această capacitate se bazează pe o inovație a sistemului nervos central: posibilitatea de a crea, în cadrul circuitelor neuronale, hărți ale obiectelor și evenimentelor situate în afara circuitelor respective. Astfel de hărți reproduc „asemănări" ale acelor obiecte și evenimente.

În al doilea rând, mintea individuală trebuia să creeze o perspectivă mentală a întregului organism cu privire la acele două seturi de reprezentări: reprezentarea interiorului organismului și a lumii înconjurătoare. Această perspectivă este construită din imagini ale organismului în timpul în care se percepe pe sine și își percepe mediul înconjurător și se referă la structura generală a organismului. Acesta este un ingredient esențial al subiectivității, care, în opinia mea, reprezintă o componentă decisivă a conștiinței. Crearea culturilor, care necesită intenții sociale și colective, este de neconceput fără prezența subiectivităților individuale care, inițial, operează pentru propriul interes și, în final, când cercul de interese se lărgește, promovează binele grupului.

În al treilea rând, după ce mintea a apărut, dar înainte de a deveni mintea culturală actuală, a trebuit să fie îmbogățită prin adăugarea de trăsături noi și puternice: de exemplu, o funcție (bazată pe imagini) a memoriei capabilă de învățare și de manipulare a unor fapte și evenimente unice; expansiunea imaginației, a raționării și a gândirii simbolice, fapt care a permis generarea narațiunilor nonverbale; și capacitatea de a traduce imaginile și simbolurile nonverbale în limbaje codificate. Ultima a deschis calea către formarea unui instrument decisiv în construirea culturilor: o linie paralelă a narațiunilor verbale. Alfabetele și gramaticile au constituit uneltele „genetice" al acestei ultime evoluții. Inventarea scrisului a constituit punctul culminant al inteligenței creatoare, care acum putea fi împinsă de sentimente să răspundă provocărilor și posibilităților homeostatice.

În al patrulea rând, un instrument esențial al minții culturale este constituit de o funcție în mare parte neglijată: *jocul*, adică dorința de a te dedica unor activități aparent lipsite de utilitate, precum mișcarea unor obiecte aflate în lumea din jur (reale sau sub formă de jucării); mișcarea propriului corp în acea lume, precum dansul sau cântatul la un instrument; mișcarea imaginilor din minte (reale sau inventate). Desigur, imaginația joacă un rol central aici, dar acesta nu surprinde pe deplin spontaneitatea, bogăția și scopul JOCULUI, ca să folosesc majusculele preferate de Jaak Panksepp atunci când vorbește de această funcție. Gândiți-vă la joc atunci când aveți în vedere ce anume se poate face cu infinitatea de sunete, culori forme, piese de Lego sau jocuri video; sau atunci când aveți în vedere nenumărate moduri în care sunetele sau semnificațiile cuvintelor pot fi combinate; sau când plănuiți un experiment ori evaluați diferite opțiuni pentru realizarea unui proiect.

În al cincilea rând, există capacitatea (dezvoltată în mod special la oameni) de a *coopera* cu alții pentru atingerea unui țel comun. Cooperarea derivă dintr-o altă capacitate umană bine dezvoltată: atenția împărtășită, un fenomen căruia Michael Tomasello i-a dedicat studii de pionierat.[18] Jocul și cooperarea sunt activități care, independent de rezultatele ce le corespund, favorizează în sine homeostazia. Ele recompensează „jucătorii/cooperatorii" cu o mulțime de sentimente plăcute.

În al șaselea rând, răspunsurile culturale încep în reprezentările mentale, dar se manifestă prin intermediul mișcărilor. Ultimele sunt profund încorporate în procesul cultural. Sentimentele ce motivează acțiunile culturale sunt construite pornind de la mișcările asociate cu emoțiile petrecute în interiorul organismului. Acțiunile culturale apar deseori pornind de la mișcările asociate cu emoții: ale mâinilor (care sunt foarte evidente), ale aparatului vocal, ale musculaturii faciale (care ajută foarte mult la comunicare) sau ale întregului corp.

În ultimul rând, drumul de la apariția vieții până la dezvoltarea culturii umane și a transmiterii culturale a putut fi parcurs doar grație unei alte evoluții motivate de homeostazie: mașinăria genetică, care a uniformizat reglarea vieții în interiorul celulelor și a permis transmiterea acesteia noilor generații.

Apariția culturilor umane trebuie atribuită atât sentimentelor conștiente, cât și inteligenței creatoare. Fără apariția sentimentelor (atât pozitive, cât și negative) la omul primitiv, nimic n-ar fi putut duce la apariția producțiilor culturale superioare precum artele, religia și filozofia. Dacă n-ar fi fost *experimentat*, procesul ce stă la baza a ceea ce numim durere ar fi rămas o simplă stare corporală, un tipar de activitate în mecanismul organismului nostru. Același lucru se aplică și în cazul stării de bine sau al bucuriei, al fricii sau al tristeții. Pentru a fi experimentate cu adevărat, aceste tipare de activitate trebuiau să se transforme în sentimente, adică trebuiau să dobândească o formă *mentală*, formă mentală ce trebuia, la rândul său, să aparțină organismului în care a apărut, devenind astfel *subiectivă* sau, pe scurt, *conștientă*.

Mecanismele durerii și plăcerii ce nu puteau fi experimentate (prin care înțeleg mecanisme care *nu sunt nici conștiente și nici subiective*) au contribuit la reglarea vieții primitive în mod automat și nedeliberat. Dar în absența subiectivității, organismul în care se petreceau astfel de fenomene nu ar fi putut să analizeze nici mecanismele și nici consecințele lor. Stările corporale respective nu ar fi avut cum să fie *examinate*.

Întrebările, explicațiile, consolările, adaptările, descoperirile și invențiile care constituie partea cea mai nobilă a istoriei umane aveau nevoie de un imbold. Durerea și suferința (de unele singure, dar mai ales atunci când sunt comparate cu plăcerea și cu bunăstarea) au stimulat mintea și au încurajat acțiunea. Cu condiția, desigur, să fi existat ceva de stimulat în minte; ceea ce a și existat (mai ales odată cu dezvoltarea lui *Homo sapiens*) sub forma capacităților cognitive și lingvistice extinse la care ne-am referit mai sus. În termenii cei mai practici, era vorba de capacitatea de a *privi* dincolo de ceea ce poate fi perceput imediat și capacitatea de a *interpreta* și de a *diagnostica* o situație, de a înțelege cauze și efecte. Nu conta cât de corecte sunt interpretările și diagnosticele. Este cert că au fost de multe ori incorecte. Ceea ce conta era să ai o interpretare (corectă sau nu) ferm motivată de un sentiment puternic (pozitiv sau negativ). Pornind de aici, oamenii puternic sociabili au putut să inventeze, în spațiul individual și în cel colectiv, răspunsuri care nu mai existaseră. Această dimensiune mentală ține nu numai de ceea ce percepem drept realitate aici și acum, ci și de realitate așa cum ar fi putut să fie sau ar fi fost anticipată în trecut. Mă refer la realitatea *amintită*, o realitate ce poate fi modificată de imaginația noastră și procesată sub forma unei succesiuni de imagini de orice tip senzorial (vedere, sunet, atingere, miros, gust). Aceste imagini pot fi fragmentate și mutate, recombinate liber pentru a forma noi aranjamente și a atinge obiective specifice: fabricarea unei unelte, elaborarea unei practici, căutarea unei explicații. Toate aceste lucruri sunt compatibile cu formele mai vechi ale unor manifestări culturale limitate, precum fabricarea uneltelor de piatră, anterioare apariției lui *Homo sapiens*.[19]

Acest stimul mental a ajuns să identifice relațiile dintre anumite obiecte, oameni, evenimente sau idei și apariția suferinței sau a bucuriei; a permis conștientizarea antecedentelor mai mult sau mai puțin imediate ale durerii și plăcerii; și a identificat cauzele posibile și chiar probabile. Anumite evenimente pot avea o mare amploare și consecințe la fel de importante. Istoria ne oferă exemple de astfel de antecedente: de exemplu, răsturnările sociale care au precedat dezvoltarea unor mari religii precum iudaismul, budismul și confucianismul; sau războaiele și terorismul „popoarelor mării", care au destrămat civilizațiile mediteraneene în secolul al XII-lea î.Cr. într-un context care a inclus probabil cutremure devastatoare, secete și colapsul economic și politic. Dar cu mii de ani înainte de dezvoltarea culturilor epocii axiale (perioadă care acoperă cele șase secole ce precedă epoca creștină și care include explozia filozofiei și a teatrului din Atena) oamenii inventaseră tot felul de structuri sociale ca reacție la propriile sentimente. Sentimentele nu erau limitate la pierdere, la durere, la suferință sau la o plăcere anticipată, ci cuprindeau dorința de a aparține unei comunități sociale (ca o extindere la nivelul grupurilor mai mari a sentimentelor ce își au originea în îngrijirea puilor, în atașament și în familia nucleară), precum și înclinația față de obiecte, oameni și situații ce pot genera admirație, venerație și un simț al sublimului.

Printre invențiile inspirate de sentimente se află muzica, dansul și artele vizuale, dar și ritualurile, practicile magice și numeroasele divinități prin care oamenii au încercat să explice și să rezolve unele enigme din viața de zi cu zi. Ființele umane au formalizat de asemenea scheme de organizare socială complexă, de la simplele organizări tribale la elaborata structură socială a regatelor legendare din Epoca Bronzului în Egipt, Mesopotamia și China.

Dimensiunea mentală care a produs aceste dezvoltări culturale complexe a mai cuprins și conștientizarea unui fapt neliniștitor: că, uneori, nu pot fi identificate antecedente ale plăcerii sau durerii, că nu se pot găsi explicații pentru ele și că totul e un mister. Neputința și chiar disperarea care au rezultat este posibil să fi motivat eforturile umane și chiar să fi dus la dezvoltarea unor noțiuni precum transcendența. În ciuda triumfului extraordinar al științei, misterele sunt încă atât de multe încât aceste forțe continuă să influențeze puternic majoritatea culturilor umane.

Sentimentele au concentrat inteligența umană asupra anumitor obiective, i-au crescut orizontul și au îmbunătățit-o în așa fel încât s-a transformat în minte creatoare de cultură. Într-o oarecare măsură, de bine, de rău, sentimentele și intelectul pe care l-au stimulat i-au eliberat pe oameni de tirania absolută a genelor, dar numai pentru a-i ține sub legea despotică a homeostaziei.

SEARA UNEI ZILE ISTOVITOARE

Suntem cu toții obișnuiți cu magia serii, cu apusuri de soare ce se transformă în amurguri și apoi fac loc nopților cu stele și cu lună. Noi, oamenii, ne adunăm la un loc în aceste ore magice, vorbim și bem, ne jucăm cu copiii și câinii, vorbim despre evenimentele bune sau rele din cursul zilei care se încheie, avem dispute de familie sau politice, facem planuri pentru ziua de mâine. Facem asta indiferent de anotimp, inclusiv in timpul iernii, lângă foc, adevărat sau alimentat de gaze, un vestigiu al unui trecut îndepărtat. Așa s-ar fi putut naște activități culturale complexe: la amurg, în jurul unui foc de tabără, sub cerul înstelat.

Folosirea focului datează de nu mai mult de un milion de ani, probabil chiar de mai puțin timp. În opinia lui Robin Dunbar și a lui John Gowlett, focurile de tabără au fost folosite timp de câteva sute de mii de ani, probabil anterior apariției lui *Homo sapiens.*[20] De ce era atât de important controlul focului? Datorită unei uimitoare serii de descoperiri, dintre care prepararea hranei este cea mai cunoscută. Focul a dus la inventarea gătitului și posibilitatea de a consuma rapid carne într-un mod ușor digerabil, spre deosebire de mestecatul îndelungat de plante timp de ore întregi și cu puține beneficii din punct de vedere al acumulării de energie. Corpul și creierul puteau acum să crească repede, iar abundența de proteine vitale și grăsimi animale care au contribuit la ascuțirea minților capabile să se confrunte cu nenumăratele sarcini necesare pentru a susține tot acest ospăț. Hrana preparată cu ajutorul focului a favorizat crearea unui anumit loc pentru hrănire, a redus timpul necesar mestecatului și, astfel, a permis angajarea în alte activități. Și aici este locul unde descoperim prețul ascuns al focului: crearea unui mediu favorabil pentru activități noi. Întregul trib putea să se adune în jurul focului nu numai pentru a găti și a mânca, ci și pentru a socializa. Până atunci, sosirea nopții declanșa, în mod normal, secreția hormonului melatonină care avea drept rezultat instalarea somnului. Dar lumina focului a dus la amânarea secreției de melatonină și o creștere a numărului de ore utilizabile ale unei zile. Nimeni nu vâna sau culegea hrană la venirea serii, iar mai târziu, odată cu începuturile agriculturii, nimeni nu se apuca să muncească pământul. Durata zilei a fost acum prelungită. Muncile din timpul zilei se încheiaseră, dar comunitatea era acum încă trează, gata să se relaxeze și să se refacă. Nu e greu de imaginat natura conversațiilor care aveau loc: se vorbea despre problemele și reușitele de peste zi, despre prieteni și dușmani, despre relațiile de muncă și cele amoroase. Lucruri foarte simple, dar care nu au întârziat să devină complexe odată cu apariția lui *Homo sapiens*. Ce moment ar fi fost mai bun pentru a repara legături rupte în timpul zilei sau pentru a cimenta noi relații? Ce moment ar fi fost mai bun pentru disciplinarea și instruirea copiilor? La toate astea se adaugă enigmatica boltă cerească care cere răspunsuri despre sensul întregii existențe: crepusculul, lumini îndepărtate, Calea Lactee, o Lună care se mișcă pe cer și-și schimbă forma în mod capricios dar predictibil și, în sfârșit, zorile.

Polly Wiessner, bazându-se pe studiile sale referitoare la populația boșimană Ju/'hoansi, din Africa de Sud, a descris în mod convingător reuniunile din jurul focului.[21] Odată ce activitățile de strângere a hranei din timpul zilei se încheie, focul îi oferă grupului posibilitatea folosirii productive a primelor ore ale serii: conversații, nenumărate povestiri, bârfe, desigur, și repararea relațiilor sociale afectate în timpul zilei.

Data viitoare când te mai bucuri stând lângă foc, întreabă-te de ce își mai doresc oamenii și astăzi să construiască ceva atât de demodat și adesea de nefolositor precum un șemineu în casele lor moderne? Răspunsul este că, probabil, vatra încă poate avea vechea și bogata funcție culturală de care se bucura și că ideea unui context potențial avantajos produce un sentiment încurajator de anticipare bucuroasă. Numiți-o pur și simplu magie.

11. MEDICINĂ, NEMURIRE ȘI ALGORITMI

MEDICINA MODERNĂ

Avantajele homeostatice ale practicilor culturale umane nu sunt greu de identificat, iar cel mai clar se pot observa în cazul medicinei. De la începuturile sale ca disciplină specializată, cu mii de ani în urmă, practica medicală a constituit un exercițiu de reparare a proceselor, organelor și sistemelor afectate, prin asociere cu unele practici magice și religioase și, în final, prin raportarea la știință și la tehnologie.

Panorama actuală a dezvoltărilor științelor și tehnologiilor asociate cu medicina este amplă, iar obiectivele acestora sunt cât se poate de diverse: de la cele convenționale până la cele de-a dreptul delirante. În cadrul medicinei convenționale găsim tratamente pentru boli destul de bine înțelese, unde se folosesc instrumente farmacologice sau chirurgicale realizate grație progresului științific și tehnologic recent. Istoria bolilor infecțioase reprezintă un bun exemplu. Efectele devastatoare ale infecțiilor au ajuns să fie ținute sub control prin dezvoltarea antibioticelor, a vaccinurilor sau a ambelor. Este o luptă fără sfârșit: pe scenă apar mereu noi agenți infecțioși sau unii vechi se modifică atât de mult (adesea ca urmare a tratamentului cu antibiotice), încât ajung să se manifeste cu virulența unei noi tulpini. Povestea noilor corecții nu are vreun final. Natura este defensivă și evazivă, dar știința medicală nu este lipsită de ingeniozitate și persistență. De exemplu, atunci când cauza unei boli este un virus periculos, de obicei purtat de o anumită specie de insecte, este posibilă modificarea genomului insectei respective în așa fel încât statutul ei de vector să fie blocat. Această intervenție îndrăzneață, nouă și promițătoare este posibilă datorită descoperirii unei tehnici numite CRISPR-Cas9, care permite modificarea de succes a genomului.[1] Nimic nu garantează, desigur, că virușii nu se vor modifica pentru a se adapta la noua barieră genetică și nu vor reuși s-o depășească prin sporirea propriei virulențe. Așa se desfășoară lucrurile. Homeostazia știe cum să se joace de-a șoarecele și pisica, și uneori știm și noi să facem asta.

Aceste noi tehnici ne vor permite într-o bună zi să modificăm genomul uman și să eliminăm anumite boli ereditare. E o altă realizare lăudabilă și potențial valoroasă. Dar nu e ceva simplu. Cele mai multe boli ereditare care afectează lumea nu sunt provocate de o singură genă defectă, ci de câteva gene, uneori chiar de mai multe. Genele operează de multe ori în grupuri, cam așa cum funcționează creditele ipotecare toxice. Garantarea că rezultatul unei intervenții nu va fi însoțit de efecte periculoase și nedorite este mai ușor de spus decât de făcut

Mult mai problematice sunt unele dezvoltări medicale neconvenționale, precum modificările genetice ce vizează garantarea unor caracteristici intelectuale și fizice mai avantajoase sau întârzierea sau chiar eliminarea morții. Și aceste intervenții au ca obiectiv linia germinală umană, și sunt posibile grație noii tehnici îndrăznețe pe care am menționat-o mai devreme.

Există numeroase probleme ce trebuie luate în considerare în situația implementării acestor proiecte. Din punct de vedere practic, manipularea materialului genetic presupune riscuri importante care, până acum, nu par să fi fost discutate în mod corespunzător. La un nivel mai fundamental, însuși faptul de a influența procesul natural al evoluției poate avea consecințe imprevizibile pentru viitorul omenirii, atât din punct de vedere biologic, cât și din punct de vedere sociocultural, politic și economic. Dacă scopul e acela de a elimina o boală ce produce suferință și nu e asociată cu nici un beneficiu, atunci se poate merge înainte. O regulă clasică a medicinei spune *primum non nocere* („mai întâi de toate, nu face rău"), iar dacă este respectată cu rigurozitate, aceste inițiative merită aplauzele noastre. Dar dacă nu e vorba de o boală? Cum putem justifica încercarea de îmbunătățire a memoriei sau a nivelului intelectual prin mijloace genetice, având în vedere că putem obține aceleași rezultate prin exerciții mentale? Și ce putem spune despre posibila alegere a trăsăturilor fizice: culoarea ochilor sau a pielii, forma feței sau înălțimea? Sau despre intervențiile ce au ca rezultat modificarea raportului dintre cele două sexe?

Se poate susține că acestea sunt modificări „estetice"; că chirurgia cosmetică se practică de decenii întregi fără consecințe neapărat negative și că foarte mulți clienți sunt satisfăcuți (de fapt, e vorba despre o practică milenară, dacă punem la socoteală tatuajele, piercingul, circumciziile etc.). Dar putem oare compara liftingul facial sau liposucția cu o intervenție la nivelul genomului, care nici măcar nu se limitează la persoana căreia îi este destinată? Apropo de acest lucru, au oare părinții dreptul de a decide cu privire la trăsăturile fizice și intelectuale ale propriilor copii? Ce încearcă părinții să garanteze sau să ocolească? De ce atâta frică să lași o ființă umană în curs de dezvoltare să se confrunte cu ce-i rezervă soarta și să-și definească viitorul combinând puterea de voință cu punctele tari și slabe pe care le-a moștenit? Ce anume este atât de rău în întărirea caracterului prin depășirea neajunsurilor cu care ne-am născut sau prin practicarea modestiei atunci când înzestrările naturale ne sunt favorabile? Absolut nimic, după părerea mea, deși un coleg care a citit acest pasaj se plângea că-mi accept prea mult defectele (știu că ar fi trebuit să fiu mai înalt) și că atitudinea mea m-a făcut să devin o victimă a sindromului Stockholm (o tulburare ce îi face pe ostatici să devină prietenoși cu răpitorii lor). Sunt deschis la obiecții și sunt dispus să-mi schimb opinia.

Există de asemenea dezvoltări importante în domeniul inteligenței artificiale și al roboticii, iar unele dintre ele sunt strâns asociate cu imperativul homeostatic ce guvernează evoluția culturală. Practicile care vizează depășirea limitelor noastre în câmpul cognitiv (în domeniile percepției, inteligenței sau performanței motorii) sunt în mod clar ghidate de homeostazie. Gândiți-vă doar la ochelarii de citit, la binocluri și microscoape, la aparatele auditive, la bastoane și la scaunele cu rotile. Sau gândiți-vă la calculatoare și dicționare. Organele artificiale și protezele nu sunt nici ele o noutate, tot așa cum nu sunt nici substanțele dopante ce creează atât de multe probleme sportivilor olimpici și campionilor din Turul Franței. Recursul la strategii și instrumente ce pot spori performanța fizică sau cea intelectuală nu constituie o problemă, cu excepția competițiilor.

Aplicarea inteligenței artificiale la diagnosticarea medicală este foarte promițătoare. Diagnosticarea bolii și interpretarea procedurilor de diagnostic sunt esențiale pentru medicină și depind de recunoașterea tiparelor. Programele informatice de învățare sunt un instrument natural în acest domeniu și au obținut rezultate de încredere.[2]

Spre deosebire de unele proiecte de manipulare genetică, inițiativele din acest domeniu sunt în mare parte benigne și potențial valoroase. Cel mai plauzibil scenariu din viitorul apropiat presupune realizarea unor dispozitive protetice avansate care ar putea să asigure nu numai compensarea funcțiilor de care ducem lipsă, ci și amplificarea sau îmbunătățirea percepției. Mă gândesc mai ales la implanturi oculare artificiale pentru nevăzători și la membre protetice controlate de procese mentale, cum ar fi intenția de a mișca acea extremitate. Ambele dispozitive există cu adevărat și vor fi perfecționate în anii următori. Ele constituie un progres important în lumea hibridizării om–mașină. Printre alte aplicațiile utile se numără exoschelete pentru persoane paraplegice sau tetraplegice. Exoscheletul este cu adevărat un al doilea schelet fixat în jurul membrului afectat și ancorat în măduva spinării. Aceste proteze sunt acționate de calulatoare activate de un operator extern sau de către pacient. În cel de-al doilea caz, pot fi ghidate de *intenția* pacientului de a se mișca, bazându-se pe captarea semnalelor electrice cerebrale asociate cu dorința de a produce mișcare.[3] Suntem pe cale de a crea hibrizi formați din organisme vii și dispozitive de înaltă tehnologie, ceva asemănător cyborgilor atât de iubiți de literatura științifico-fantastică.

NEMURIREA

Woody Allen glumea odată că nu vrea să devină nemuritor prin operele sale, ci prin faptul că nu va mai muri. El nu-și dădea seama că într-o bună zi ideea de a elimina moartea nu va mai fi doar o glumă. Oamenii își imaginează acum că această posibilitate este reală și lucrează în vederea atingerii acestei ținte. Până la urmă, de ce nu? Dacă chiar am putea prelungi viața la infinit, ar trebui oare să renunțăm la această opțiune?

Răspunsul practic la această întrebare este evident. Ar merita să încercăm, cu condiția să nu ne confruntăm cu un creator suprem care s-ar putea să aibă alte planuri și cu condiția ca această viață veșnică să fie de bună calitate, fără bolile care apar atât de frecvent odată cu creșterea longevității (în special tumori și demențe). Îndrăzneala acestui proiect îți taie respirația, precum și aroganța pe care o presupune. Dar după ce îți revii (atent să nu cazi din nou în capcana sindromului Stockholm) poți să pui câteva întrebări. Care sunt consecințele unui astfel de proiect, în prezent și pe termen lung, pentru indivizi și pentru societate? Pe ce concepție despre omenire se bazează efortul de a face oamenii eterni?

Din punctul de vedere al homeostaziei de bază, nemurirea este perfecțiunea, realizarea visului, de neînchipuit în natură, al unei vieți nesfârșite. Condițiile primordiale ale homeostaziei au fost de așa natură încât au favorizat viața prezentă și (în mod inconștient) viața viitoare. Printre dispozitivele neprevăzute care au garantat viața viitoare s-a numărat apariția mecanismelor genetice. În scenariul nostru futurist, nemurirea ar fi un ultim stadiu al procesului vieții, o realizare fascinantă și valoroasă având în vedere că este rodul creativității umane. Pare ceva firesc, dacă ținem cont că creativitatea este ea însăși o consecință a homeostaziei. Dar ce putem spune despre dezavantaje? Nu toate lucrurile naturale sunt în mod obligatoriu bune și nici nu este recomandabil să lăsăm lucrurile naturale să funcționze fără nici un control.

Nemurirea ar elimina cel mai puternic motor al homeostaziei ghidate de sentimente: descoperirea că moartea este inevitabilă și angoasa pe care o provoacă această descoperire. Ar trebui oare să nu ne îngrijorăm de pierderea acestui motor? Sigur că trebuie să ne îngrijorăm. Unii vor spune că durerea, suferința (din alte cauze decât inevitabilitatea morții) și plăcerea ar putea servi drept motoare de rezervă pentru homeostazie. Dar chiar s-ar întâmpla astfel? Își poate imagina cineva că eliberarea de angoasa morții ar constitui preludiul pentru eliminarea completă a durerii și a suferinței? Și ce putem spune despre plăcere? O vom păstra și vom transforma Pământul într-un paradis? Sau vom abandona și plăcerea pentru a pătrunde într-o lume de zombi unde (mă întreb câteodată) unii dintre promotorii nemuririi nu ar fi deranjați să trăiască?

E puțin probabil că ne vom confrunta cu astfel de dileme în viitorul apropiat, și nu pentru că nu există futurologi și vizionari care să nu fi plănuit așa ceva. De exemplu, ideea fundamentală din spatele transumanismului este aceea că mintea umană ar putea fi „descărcată" într-un computer, oferindu-i astfel viață eternă.[4] Momentan, este un scenariu implauzibil. Dezvăluie o noțiune limitată despre ce înseamnă viața cu adevărat și trădează o lipsă de înțelegere a condițiilor în care oamenii reali își construiesc experiențele mentale. Ceea ce ar descărca de fapt transumaniștii este încă un mister. Cu siguranță nu ar fi vorba despre experiențele lor mentale, cel puțin nu acele experiențe mentale conforme cu relatările pe care cei mai mulți oameni le fac în legătură cu mintea lor conștientă și care ar necesita dispozitivele și mecanismele pe care le-am descris mai sus. Una dintre ideile principale ale acestei cărți este că mintea nu reprezintă un fenomen pur cerebral, ci e rezultatul interacțiunii dintre corp și creier. Oare transumaniștii vor să descarce în computer și corpul?

Sunt deschis la scenarii îndrăznețe despre viitor și am tendința de a deplânge eșecurile imaginației științifice, dar pur și simplu nu-mi pot închipui consecințele unei astfel de idei. Esența problemei este probabil cel mai bine explicată prin indicarea motivelor pentru care noțiunile de cod și de algoritm (fundamentale în informatică și în inteligența artificială) nu se pot aplica în cazul organismelor vii decât în anumite limite clare. Acesta e subiectul la care mă voi referi în continuare.

DESCRIEREA ALGORITMICĂ A NATURII UMANE

Unul dintre marile progrese ale științei secolului XX este reprezentat de descoperirea că atât structurile fizice, cât și comunicarea ideilor pot fi asamblate pe baza unor algoritmi ce utilizează coduri. Folosind un alfabet al acizilor nucleici, codul genetic ajută organismele vii să asambleze elementele caracteristice ale altor organisme vii și le ghidează dezvoltarea. Tot așa, limbajul verbal ne pune la dispoziție un alfabet (cu care putem asambla nenumărate cuvinte ce se referă la o infinitate de obiecte, acțiuni, relații și evenimente) și reguli gramaticale care ordonează secvența cuvintelor. Și astfel construim propoziții și povești care descriu cursul evenimentelor sau explică ideile. În acest stadiu al evoluției, multe aspecte ale asamblării organismelor naturale și ale comunicării depind de algoritmi și de codificare, la fel ca multe dintre aspectele referitoare la computere, la inteligența artificială și la robotică în general. Dar acest fapt a dus la nașterea ideii radicale potrivit căreia organismele naturale ar putea fi cumva reduse la algoritmi.

Cercetătorii care lucrează în domeniile inteligenței artificiale, biologiei și chiar neuroștiinelor sunt practic vrăjiți de această idee. Este acceptabil să afirmi, fără a oferi vreo justificare, că organismele (atât creierul, cât și corpul) sunt algoritmi. Toate aceste lucruri fac parte dintr-o presupusă „singularitate" la care s-ar putea ajunge datorită faptului că putem scrie algoritmi în mod artificial, îi putem asocia cu echivalentul lor natural și, astfel, putem crea, ca să spun așa, amestecuri. Conform acestei concepții, singularitatea nu e doar apropiată, ci se află deja printre noi.

Această terminologie și aceste teorii fac parte dintr-o tendință culturală ce a câștigat teren în cercurile științifice și tehnologice, dar nu au vreun temei științific. În cazul omului, nu-și ating ținta.

A spune că organismele vii sunt algoritmi este, cel puțin, înșelător și, strict vorbind, fals. Algoritmii sunt formule, rețete, enumerări de pași în construirea unui anumit rezultat. Organismele vii, inclusiv ființele umane, sunt construite în concordanță cu algoritmi și folosesc algoritmi pentru operarea mecanismelor lor genetice, dar *nu* sunt algoritmi în sine. Organismele vii sunt consecințe ale implicării algoritmilor și prezintă proprietăți care ar putea să fi fost sau nu specificate în algoritmii ce au dirijat construirea lor. Cel mai important lucru este însă că organismele vii sunt colecții de țesuturi, organe și sisteme în cadrul cărora fiecare componentă celulară este o entitate vie și vulnerabilă alcătuită din proteine, lipide și glucide. Acestea *nu* sunt coduri informatice, ci lucruri palpabile.

Ideea că organismele vii sunt algoritmi contribuie la perpetuarea falsei idei că substraturile folosite în alcătuirea unui organism, fie el viu sau artificial, nu au importanță. Se creează impresia că nu are relevanță nici substratul pe baza căruia operează algoritmul, nici contextul în care acea activitate se desfășoară. În spatele întrebuințării curente a termenului de „algoritm" pare să pândească ideea independenței de context și de substrat, deși, în sine, acest termen nu ar trebui să aibă astfel de implicații.

Potrivit uzanței actuale, aplicarea aceluiași algoritm la substraturi diferite și în contexte noi ar avea rezultate asemănătoare. Și totuși nu există nici o justificare pentru așa ceva. Substraturile contează: cel al vieții noastre este un tip particular de organizare chimică supusă termodinamicii și imperativului homeostatic. Din câte știm, substratul este esențial pentru a explica ce suntem. De ce? Permiteți-mi să menționez trei motive.

În primul rând, fenomenologia sentimentului dezvăluie că sentimentele umane rezultă din crearea unor reprezentări multidimensionale și interactive ale operațiilor noastre vitale și ale componentelor lor chimice și viscerale. Sentimentele reflectă *calitatea* acestor operații și *viabilitatea* lor viitoare. Își poate cineva imagina sentimente care să apară dintr-un alt substrat? Posibil, deși nu există motive pentru care astfel de sentimente ipotetice să semene cu cele umane. Îmi pot imagina că ceva „asemănător" cu sentimentele poate să rezulte dintr-un substrat artificial, cu condiția să existe o formă de „homeostazie" în dispozitivul astfel generat, iar sentimentele să semnaleze calitatea și viabilitatea proceselor inerente dispozitivului respectiv. Dar nu există motive să ne aşteptăm ca acele sentimente să fie comparabile cu cele omeneşti (sau ale altor specii) în absența substratului pe care sentimentele se bazează pentru a reprezenta stările vitale ale ființelor de pe planeta Pământ.

Pot de asemenea să-mi imaginez sentimentele unei alte specii diferite, aflată undeva în galaxia noastră, unde viața a apărut și unde organismele au urmat un imperativ homeostatic asemănător cu al nostru şi au generat (pe baza unui substrat diferit din punct de vedere fiziologic, dar viu) o variantă a sentimentelor noastre. Experiențele pe care misterioasa specie le-ar avea cu sentimentele sale oarecum asemănătoare cu a noastră, dar nu identică, deoarece substratul nu ar fi exact acelaşi. Dacă schimbi substratul sentimentelor, schimbi ceea ce este reprezentat prin imagini și, astfel, schimbi și sentimentele.

Pe scurt, substratul este important deoarece procesul mental la care ne referim constituie o interpretare mentală a substratului respectiv. Fenomenologia contează.

Există destul de multe dovezi că organismele artificiale pot fi proiectate astfel încât să opereze în mod inteligent și chiar să depășească inteligența ființelor umane. Dar nu există probe că astfel de organisme artificiale, proiectate doar pentru a fi inteligente, pot genera sentimente numai pentru că se comportă inteligent. Sentimentele naturale au apărut în cursul evoluției și au fost conservate deoarece s-au dovedit cruciale pentru supraviețuirea organismelor suficient de norocoase să le posede.

Interesant este că procesele pur intelectuale se pretează bine unei descrieri algoritmice și nu par să fie dependente de substrat. Acesta este motivul pentru care programele de inteligență artificială bine concepute pot învinge campioni de şah, excelează în jocul Go și pot conduce mașini. Totuși, încă nu există nici o dovadă care să sugereze că procesele intelectuale pot constitui, de unele singure, baza a ceea ce ne face să fim oameni. Dimpotrivă, procesele intelectuale și cele ale sentimentelor trebuie să aibă o funcționare interconectată pentru a produce ceva care să semene cu operațiile organismelor vii, și în special ale oamenilor. Aici este esențial să ne reamintim o deosebire fundamentală (discutată în partea a doua) între procesele emotive, adică programele de acțiune legate de afecte, și sentimente, adică experiențe mentale ale stărilor organismului (inclusiv cele generate de emoții).

De ce această distincție este atât de importantă? Deoarece valorile morale apar în urma proceselor de recompensă și pedeapsă generate de procese chimice, viscerale și neuronale din interiorul creaturilor înzestrate cu minte. Procesele de recompensă și pedeapsă nu produc decât sentimente de plăcere sau durere. Valorile pe care culturile noastre le-au celebrat sub forma artelor, credințelor religioase, dreptății și bunei guvernări au fost făurite pe baza sentimentelor. Dacă am elimina substratul chimic actual al suferinței sau al contrariului său, plăcerea și starea de bine, am elimina fundamentul natural al sistemelor morale pe care le avem.

Desigur, se pot construi sisteme artificiale care operează în funcție de „valori morale". Dar asta *nu* ar însemna că astfel de dispozitive ar conține fundamentele acelor valori și că le-ar putea construi în mod independent. Prezența „acțiunilor" nu garantează că organismul sau dispozitivul ar avea vreo „percepție mentală" a lor.

Nimic din toate acestea nu implică faptul că funcțiile superioare (bazate pe sentimente) ale organismelor vii sunt intangibile sau că nu pot fi supuse cercetării științifice. Nu urmăresc să contest folosirea noțiunii de algoritm cu scopul de a introduce un element de mister în discuție. Dar până când nu se va dovedi contrariul, cercetarea organismelor vii trebuie să țină cont de substratul viu și de complexitatea proceselor care rezultă. Aceste distincții nu sunt deloc banale, mai ales dacă avem în vedere noua eră a medicinei despre care am discutat mai înainte și în care prelungirea vieții umane va fi posibilă prin ingineria genetică și fuzionarea omului cu dispozitive artificiale.

În al doilea rând, predictibilitatea și inflexibilitatea evocate de termenul „algoritm“ nu sunt compatibile cu nivelurile cele mai înalte ale comportamentului și minții umane. La oameni, prezența copioasă a sentimentelor conștiente garantează că executarea algoritmilor naturali poate fi zădărnicită de inteligența creatoare. Nu suntem cu totul liberi să rezistăm impulsurilor pe care tendințele noastre bune sau rele încearcă să ni le impună, dar rămâne faptul că, în multe circumstanțe, putem acționa împotriva influenței lor. Istoria culturilor umane este în mare parte o narațiune despre rezistența noastră la algoritmii naturali prin intermediul unor invenții care nu au fost prevăzute de acești algoritmi. Cu alte cuvinte, chiar dacă nu am mai fi prudenți și am spune despre creierul uman că e un „algoritm“, nu putem afirma că activitățile noastre sunt algoritmi și că suntem neapărat niște creaturi predictibile.

Se poate obiecta că abaterile de la algoritmii naturali sunt la rândul lor susceptibile unei descrieri algoritmice. Acest lucru este corect, dar rămâne faptul că algoritmii „inițiatori“ nu creează toate comportamentele. Sentimentele și gândirea își aduc propria contribuție, folosindu-și gradele lor considerabile de libertate. Dacă este așa, atunci care e avantajul folosirii acestui termen?

În al treilea rând, acceptarea unei descrieri algoritmice a umanității, cu toate problemele evidențiate mai sus (independența de substrat și de context, inflexibilitatea și predictibilitatea), este genul de poziție reducționistă care conduce adesea sufletele bune la respingerea științei și tehnologiei ca fiind degradante și la năzuința după o epocă în care filozofia, alături de sensibilitatea estetică și de răspunsul uman la suferință și la moarte, ne-a ridicat deasupra speciei pe ai cărei umeri biologici ne aflam.

Cred că nu trebuie să negăm meritul proiectului științific sau să-l blocăm doar pentru că implică o descriere problematică a umanității. Mesajul meu este mai simplu. Producerea unor perspective asupra omului ce par să-i diminueze demnitatea (chiar dacă nu acesta este scopul lor) nu îi sunt deloc favorabile.

Favorizarea cauzei umane nu se află pe agenda celor care cred că intrăm într-o etapă „postumanistă" a istoriei, o etapă în care o bună parte a oamenilor vor fi inutili pentru societate. În viitorul imaginat de Yuval Harari, oamenii nu vor mai fi necesari pentru a lupta în războaie (războiul cibernetic poate face asta în locul lor) și mulți dintre ei își vor pierde locul de muncă din cauza automatizării, după care majoritatea vor dispărea pur și simplu. Istoria va aparține celor care vor *dobândi* nemurirea (sau măcar o viață foarte lungă) și care vor rămâne să beneficieze de această situație. Spun că vor „beneficia", și nu că se vor „bucura", deoarece îmi imaginez că starea sentimentelor lor va fi nebuloasă.[5] Filozoful Nick Bostrom oferă o viziune alternativă: roboți foarte inteligenți și distructivi vor ajunge să domine lumea și să pună capăt suferinței umane.[6] În ambele cazuri, viața și mintea vor depinde, cel puțin parțial, de „algoritmi electronici" care simulează în mod artificial ceea ce fac în mod natural „algoritmii chimici". În plus, din perspectiva acestor gânditori, descoperirea că viața oamenilor este comparabilă, în esența ei, cu viața tuturor speciilor vii slăbește platforma tradițională a umanismului: ideea că oamenii sunt excepționali și diferiți de celelalte specii. Aceasta este concluzia aparentă a lui Harari, și dacă este așa, atunci e cu siguranță greșită. Oamenii împărtășesc numeroase aspecte ale proceselor vitale cu toate celelalte specii, dar se deosebesc în mod clar în unele privințe. Suferințele și bucuriile noastre sunt mai complexe decât cele ale altor specii, deoarece sentimentele ne colorează amintirile despre trecut și memoria despre ceea ce ne așteptăm că ne va rezerva viitorul.[7] Dar probabil că Harari vrea doar să ne îngrozească cu fabula sa din *Homo Deus* și speră că vom face ceva înainte de a fi prea târziu. În cazul acesta, suntem de acord și îi împărtășesc speranța.

Dezaprob aceste viziuni distopice și dintr-un alt motiv: sunt infinit de cenușii și de plictisitoare. Ce pas înapoi de la distopia din *Minunata lume nouă* a lui Aldous Huxley[8], cu a sa acceptare a vieții plină de plăcere. Noile viziuni seamănă cu existența repetitivă și plictisitoare a personajelor lui Luis Buñuel din *Îngerul exterminator*. Prefer de departe pericolele și inteligența din *La nord prin nord-vest* al lui Alfred Hitchcock. Cary Grant face față tuturor provocărilor, îl întrece în istețime pe răufăcătorul James Mason și o cucerește pe Eva Marie Saint.

ROBOȚII ÎN SERVICIUL OAMENILOR

Din fericire, o bună parte din eforturile actuale din domeniul inteligenței artificiale și roboticii nu caută să creeze roboți asemănători oamenilor, ci dispozitive care să facă lucruri cu o mai mare competență, economie și rapiditate. Accentul se pune pe programe de acțiune inteligentă. Nu are nici o importanță că programele nu produc sentimente sau experiențe conștiente.[9] Sunt interesat de „capacitatea senzorială" a robotului meu, nu de „sensibilitatea" sa.

Ideea de a fabrica roboți asemenea oamenilor, care ne-ar putea deveni asistenți sau tovarăși folositori, este perfect rezonabilă. Dacă inteligența artificială și ingineria ne pot aduce așa ceva, de ce să nu o facă? În condițiile în care aceste creaturi proiectate se află sub control uman, în condițiile în care nu au nici o cale de a deveni autonome și de a se întoarce împotriva noastră și în condițiile în care nu vom avea posibilitatea de a programa roboții astfel încât să distrugă lumea, de ce nu? Trebuie adăugat că există câteva scenarii negre care nu au de-a face cu viitorii roboți, ci cu viitoarele programe de inteligență artificială, care vor avea potențial de distrugere totală și de care trebuie să ne ferim. Și totuși riscul ca roboții actuali să se întoarcă împotriva noastră este redus în acest moment, comparativ cu riscul real al unui război cibernetic. Nu trebuie să ne temem că nepotul lui HAL (robotul din filmul *2001: O odisee spațială*, în regia lui Stanley Kubrick) va apărea în orice clipă și va pune stăpânire pe Pentagon. Vom avea de-a face mai degrabă cu oameni rău intenționați.

Astfel de scenarii științifico-fantastice sunt astăzi mai atractive ca oricând datorită succesului evident și remarcabil al programelor informatice care au învins campioni de șah și de Go. Cu toate astea, este foarte puțin probabil ca aceste scenarii să se materializeze: inteligența pe care o afișează acele programe este spectaculoasă, dar nu are prea multe în comun cu procesele mentale umane. Ele sunt pur cognitive și complet lipsite de afecte, ceea ce înseamnă că mințile lor „inteligente" nu trec prin etapele intelectuale ce caracterizează mintea umană, nu cunosc interacțiunea cu sentimentele amintite, cu sentimentele ce însoțesc prezentul nostru și cu sentimentele legate de viziunea noastră despre viitor. Această absență a sentimentelor nu lasă aproape nici o speranță că va avea loc vreun proces de umanizare a roboților: pentru că tocmai componenta afectivă ne face vulnerabili, dar și capabili să experimentăm suferința și bucuria directă și să simțim empatie pentru suferința și bucuria altora; într-un cuvânt, pe sentimente se sprijină cea mai mare parte a ceea ce constituie moralitatea și dreptatea, care este însuși fundamentul demnității umane.

Când vorbim despre roboți asemănători omului și descoperim că nu au sentimente, vorbim despre un mit absurd și inexistent. Oamenii au viață și au sentimente, în timp ce roboții nu au nici una, nici alta.

Cu toate astea, putem considera situația într-un mod mai nuanțat. Pentru început, putem aproxima procesul vieții într-un robot construind în el condițiile homeostaziei ce definesc procesul vieții. Deși costurile în termeni de eficiență vor fi mari, nu există motive pentru care acest lucru să nu fie realizabil. Este vorba despre construirea unui „corp“ ce tinde să satisfacă anumiți parametri de reglare de tip homeostatic. Germenii acestei idei se regăsesc la Grey Walter, un pionier în domeniul roboticii.[10]

Problema sentimentelor este însă mai complicată. De obicei, în locul sentimentelor, specialiștii în robotică proiectează comportamente automate: zâmbete false, strigăte, bosumflări etc. Rezultă ceva asemănător emoticoanelor animate. Este vorba practic despre o artă a marionetelor. Acțiunile nu sunt motivate de starea internă a robotului, ci sunt pur și simplu programate în el de cineva. Ele pot să semene cu emoțiile, în sensul că emoțiile sunt programe de acțiune, dar nu sunt emoții *motivate*. Suntem atrași de astfel de roboți și ne comportăm cu ei ca și cum ar fi creaturi în carne și oase. Imaginația copilăriei înzestrează cu viață jucăriile și păpușile, iar vestigiile acestor identificări le purtăm cu noi în viața adultă. Dacă împrejurările sunt potrivite, putem cu ușurință să alunecăm în lumea marionetelor. De fapt, nu am întâlnit niciodată un robot care să nu-mi placă, și fiecare dintre ei „părea“ să mă placă la rândul său.

Dacă animarea roboților nu corespunde unor emoții, cu siguranță nu sunt nici sentimente, deoarece ultimele sunt, după cum știm, experiențe mentale ale unei stări corporale, adică experiențe mentale subiective. Iar acum problema se complică: pentru a avea experiențe mentale trebuie să ai minte, și nu de orice fel, ci o minte *conștientă*. Pentru a fi conștient, pentru a avea experiențe subiective, sunt necesare două ingrediente pe care le-am descris în capitolul 9: *o perspectivă individuală asupra propriului organism și sentimente individuale*. Putem realiza așa ceva cu roboții? Ei bine, putem parțial. Cred că, dacă vom aborda problema în mod serios, vom putea construi destul de ușor o astfel de perspectivă într-un robot. Dar construirea sentimentelor e o cu totul altă treabă: pentru asta avem nevoie de un organism viu. Proiectarea unui robot cu însușiri homeostatice ar reprezenta un pas în direcția corectă, dar problema critică o constituie gradul în care o simulare parțială a fiziologiei corpului ar putea servi ca substrat pentru sentimente cât de cât reale, ca să nu mai vorbim de sentimente umane. Aceasta este o importantă temă cercetare, și trebuie s-o investigăm.

Presupunând că am face progrese în această direcție, elaborarea sentimentelor artificiale ar putea intra pe tărâmul posibilului; și odată cu atingerea acestui stadiu, am putea întrezări o licărire de inteligență „umană“ (într-un astfel de context, îmi închipui că o formă de intuiție ar putea să apară din procesele presupuse de „big data“). În mod similar, putem întrezări posibilitatea unor comportamente de tip uman, precum predicția riscurilor, senzația de vulnerabilitate, atașamente afective, bucurii, deprimări, înțelepciune, împreună cu erorile și reușitele judecății umane.

Cu sau fără sentimente, roboții umanoizi vor putea să joace (și să câștige) multe tipuri de jocuri, să vorbească la fel de bine precum HAL din filmul lui Kubrick sau să ne fie de ajutor (deși unii ar putea fi un pic cuprinși de fiori la gândul unei societăți ce are *nevoie* de roboți de companie). Nu vor exista oare suficiente persoane fără ocupație care să îndeplinească o asemenea funcție, după ce mașinile și camioanele autonome i-au lăsat fără surse de venit? Îmi închipui că vor exista roboți umanoizi care prezintă rubricile meteo, care operează utilaje complicate sau care poate chiar se vor întoarce împotriva noastră. Dar va trece ceva timp până când vor avea cu adevărat *sentimente*. Până atunci, simularea naturii umane nu va fi decât atât: o simulare.

În timp ce așteptăm aceste progrese extraordinare promise și proclamate cu atâta exaltare, cred că ar fi bine să ne ocupăm serios de două dintre cele mai mari probleme medicale de pe planetă: dependența de droguri și gestionarea durerii. Faptul că aceste probleme au făcut obiectul a nenumărate studii și că rezistă tuturor încercărilor de a găsi o soluție satisfăcătoare este o dovadă clară a rolului central al sentimentelor și al homeostaziei în culturile umane. Putem spune că dependența de droguri și de medicamente se datorează organizațiilor criminale, industriei farmaceutice și medicilor iresponsabili. Este clar că au o vină. Putem da vina pe internet, unde oricine are inteligență și cunoștințe tehnice poate învăța să producă droguri amestecând substanțe inofensive, obținute pe cale legală. Dar toate aceste acuzări pur și simplu pierd din vedere punctul esențial. Dependențele sunt legate de molecule care au reglat procese fundamentale ale homeostaziei din cele mai vechi timpuri și de o întreagă suită de receptori opioizi. Sentimentele pozitive, negative și intermediare sunt legate de ceea ce se întâmplă la nivelul acestor receptori, sentimente care reflectă calitatea propriei vieți, înainte de consumul oricărui drog. Moleculele și receptorii de care depind sentimentele noastre sunt vechi și au experiență. Au supraviețuit timp de sute de milioane de ani, sunt diabolice, iar efectele lor sunt puternice. Sentimentele pe care le produc se potrivesc cu natura lor: sunt stupefiante și tiranice. Efectele drogurilor sunt distructive pentru sănătatea fizică și psihică a consumatorilor, atingând exact obiectivele opuse homeostaziei. Și în timp ce unii sunt preocupați să-și transfere mintea într-un computer, aceste molecule și acești receptori continuă să-și facă de cap în creierul și în corpul persoanelor chinuite de dureri cronice sau de dependența de droguri sau, adesea, de ambele.

12. CONDIȚIA UMANĂ ACTUALĂ

O SITUAȚIE AMBIGUĂ

Stând pe malul Mării Galileii, într-o dimineață însorită de iarnă, câteva trepte mai jos de sinagoga Capernaum, unde Isus din Nazaret le-a vorbit discipolilor, îmi îndrept gândurile de la vechile tulburări ale Imperiului Roman la criza actuală a condiției umane. Această criză are un aspect fascinant: deși sunt diferite, problemele locale de pe tot cuprinsul lumii declanșează reacții asemănătoare, caracterizate de furie și de conflicte, de apeluri la izolare și de alunecări către autocrație. Totodată, această criză este descurajantă, deoarece n-ar trebui să existe deloc. Se spera că cel puțin societățile cele mai avansate ar fi fost imunizate de ororile celui de-al Doilea Război Mondial și de amenințările Războiului Rece și că ar fi găsit căi de cooperare pentru a depăși (treptat și pașnic) toate problemele cu care se confruntă culturile complexe. Privind retrospectiv, ar trebui să fim mai puțin mulțumiți de noi înșine.

Aceasta ar putea fi cea mai bună perioadă în care să trăim. Suntem scăldați de descoperiri științifice spectaculoase și de tehnologii extraordinare care ne fac viața din ce în ce mai confortabilă și mai convenabilă. Cantitatea de cunoștințe disponibile și ușurința cu care le putem accesa sunt fără precedent; lucru valabil și în cazul legăturilor dintre oameni la scară planetară, după cum stau mărturie călătoriile, comunicarea electronica și tot felul de acorduri internaționale cu privire la orice formă de cooperare (în științe, în arte și în comerț). Capacitatea de diagnosticare, de gestionare și chiar de vindecare a bolilor continuă să se dezvolte, iar durata de viață continuă să se prelungească într-un mod atât de remarcabil, încât cei care s-au născut după anul 2000 au șansa de a trăi, în medie (și sperăm că bine), până la o sută de ani. În curând vom fi plimbați de mașini autonome care ne vor ușura și salva viața (deoarece va veni un moment în care accidentele fatale se vor diminua drastic).

Dar pentru a considera că epoca în care trăim e cea mai bună dintre toate, ar trebui să fim destul de neatenți, ca să nu spun indiferenți, față de situația dramatică a unora dintre oameni. Deși educația științifică și tehnologică nu a fost nicicând mai vastă, oamenii petrec puțin timp citind romane și poezie, care încă reprezintă modul cel mai sigur și mai satisfăcător de a avea acces la comedia și drama existenței și de a reflecta la cine suntem sau cine am putea fi. Aparent, nu există timp pentru a ne dedica unei chestiuni atât de puțin practice precum simpla noastră existență. Unele dintre societățile care glorifică știința și tehnologia moderne și care beneficiază cel mai mult de pe urma lor par să fie falimentare din punct de vedere spiritual, în sensul secular și religios al acestui termen. Judecând după indiferența cu care au abordat o serie de crize financiare dificile (bula internetului din 2000, abuzurile ipotecare din 2007 și colapsul băncilor din 2008), acestea par să fie falimentare și din punct de vedere moral. În mod surprinzător (sau poate nu), nivelul de fericire din societățile care au avut cel mai mult de câștigat din progresul remarcabil al timpurilor noastre este stabil sau în declin, dacă ne putem încrede în statistici.[1]

În ultimele patru sau cinci decenii, populațiile celor mai dezvoltate societăți au acceptat, fără nici cea mai mică opoziție, degradarea progresivă a abordării informațiilor și afacerilor publice din mass-media pentru a se adapta la modelul de divertisment al radioului și televiziunii; exemplu pe care societățile mai puțin dezvoltate l-au urmat fără probleme. Transformarea aproape integrală a mediei de interes public într-o afacere pentru profit a redus în continuare calitatea informației. Deși o societate eficientă trebuie să se îngrijească de felul în care guvernul promovează bunăstarea cetățenilor săi, ideea că fiecare ar trebui să facă o pauză de câteva minute în fiecare zi și să afle despre dificultățile și progresele de la nivelul guvernării și al societății nu numai că a devenit de modă veche, ci aproape a dispărut. Ideea că ar trebui să aflăm despre astfel de lucruri în mod serios și respectuos este deja ceva străin. Radioul și televiziunea transformă orice subiect politic într-o „știre" care trebuie mai mult să distreze decât să informeze. Atunci când, în 1985, scria cartea *Amusing Ourselves to Death: Public Discourse in the Age of Show Business*, Neil Postman a pus un diagnostic corect, dar nu avea idee că vom suferi atât de mult până să murim.[2] Problema a fost amplificată de reducerea de fonduri destinate educației publice, de declinul previzibil al nivelului de pregătire a cetățenilor și de agravarea situației, în cazul Statelor Unite, prin abrogarea, în 1987, a „doctrinei echității" din 1949, care impunea posesorilor de licențe de emisie să prezinte informațiile publice într-o manieră echitabilă și onestă. Rezultatul a fost și mai acut prin declinul presei scrise și dominația aproape totală a comunicării digitale și a televiziunii, ceea ce înseamnă o lipsă profundă de cunoaștere detaliată și imparțială a actualității, cuplată cu o abandonare treptată a obiceiului de a analiza faptele cu calm și cu discernământ. Trebuie să avem grijă să nu exacerbăm nostalgia după un trecut care, de fapt, nu a existat. Nu toți oamenii erau serios informați, reflexivi și cu discernământ. Nu toți aveau respect pentru adevăr și pentru noblețea sufletească, ca să nu mai vorbim și de respectul pentru viață. Totuși, prăbușirea actuală a conștientizării de la nivelul publicului este problematică. Societățile umane sunt tot mai fragmentate din diferite puncte de vedere: știința de carte, nivelul de educație, comportamentul civic, aspirațiile spirituale, libertatea de expresie, accesul la justiție, statutul economic, sănătatea și siguranța ecologică. În aceste circumstanțe, este din ce în ce mai greu să încurajezi publicul să promoveze și să susțină o bază comună de negociere a valorilor, drepturilor și obligațiilor pentru cetățenii săi.

Dat fiind progresul excepțional al noilor mijloace de informare, publicul are un acces fără precedent la știri detaliate despre starea reală a economiei, despre guvernele locale și internaționale și despre societatea în care trăiește, iar acest lucru contribuie cu siguranță la o mai mare conștientizare. În plus, internetul permite activități și decizii în afara instituțiilor tradiționale comerciale sau guvernamentale – care constituie un alt avantaj potențial. Pe de altă parte, publicul nu are, în general, metodele și timpul necesar pentru a traduce cantități uriașe de informații în concluzii rezonabile și aplicabile. Mai mult, companiile care gestionează distribuția și agregarea de informații asistă publicul într-un mod discutabil: fluxul de informație este ghidat de algoritmi proiectați de aceste companii pentru a apăra interese financiare, politice și sociale, precum și pentru a influența gusturile utilizatorilor, asigurându-se că vor rămâne în bula lor de opinie și divertisment.

Trebuie să recunoaștem cu onestitate că vocile înțelepciunii din trecut (vocile acelor mari editori de ziare și de programe de radio și televiziune) erau de asemenea părtinitoare și favorizau anumite puncte de vedere referitoare la felul în care ar trebui să funcționeze societatea. Totuși, în anumite cazuri, opiniile lor erau asociate cu perspective filozofice sau sociopolitice clar identificabile, astfel încât concluziile la care ajungeau puteau fi adoptate sau respinse. Publicul actual nu mai are această oportunitate. Fiecare persoană are acces direct la lume prin intermediul dispozitivului mobil și este încurajată să-și crească autonomia.

Oamenii nu mai sunt stimulați să consulte (și cu atât mai puțin să aibă în vedere) opiniile divergente ale altora.

Această nouă lume a comunicării este o binecuvântare pentru cetățenii obișnuiți să gândească în mod critic și în cunoștință de cauză despre istorie. Dar ce putem spune despre cei care au fost seduși de lumea unei vieți de divertisment și de consum? Ei au fost educați, în mare parte, de o lume în care stimulii afectivi negativi reprezintă regula, nu excepția, și în care cele mai bune soluții au de-a face, în primul rând, cu propriile interese pe termen scurt. Ce vină am putea spune că au?

Informațiile publice și personale au devenit accesibile pe scară largă și pot fi comunicate aproape instantaneu, ceea ce constituie neîndoielnic un avantaj. Dar, în mod paradoxal, acest lucru reduce timpul necesar pentru a reflecta asupra acestor informații. Pentru a gestiona fluxul de cunoștințe disponibile, faptele trebuie adesea clasificate rapid în două categorii: bune sau rele, plăcute sau neplăcute. Această posibilitate contribuie la o creștere a polarizării opiniilor referitoare la evenimentele sociale și politice. Epuizarea generată de fluxul de fapte induce refugiul în credințe și opinii implicite ce aparțin, de multe ori, grupului de apartenență. Această stare este agravată și mai mult de faptul că, indiferent cât de inteligenți și de bine informați suntem, avem tendința naturală de a ne opune schimbării convingerilor noastre, chiar și atunci când avem accesul la probe contrare. Un studiu al institutului nostru demonstrează acest lucru în cazul convingerilor politice, dar suspectez că rezultatele obținute sunt valabile în cazul unei game largi de credințe, de la cele ce țin de religie și justiție până la cele ce țin de estetică. Studiul arată că rezistența la schimbare este asociată cu o relație conflictuală între sistemele din creier responsabile de emotivitate și rațiune. Rezistența la schimbare este asociată, de exemplu, cu antrenarea sistemelor răspunzătoare de producerea furiei.[3] Construim un fel de refugiu natural pentru a ne apăra de informații contradictorii. Electoratul nemulțumit din întreaga lume nu se prezintă la vot. Într-un asemenea climat, răspândirea știrilor false este mai ușoară. Lumea distopică a lui George Orwell, descrisă cândva cu gândul la Uniunea Sovietică, pare să renască într-un context socio-politic diferit. Viteza de comunicare și accelerarea ritmului vieții sunt de asemenea posibili factori ai declinului comportamentului civilizat, după cum stă mărturie intoleranța tot mai accentuată a opiniei publice și creșterea gradului de impertinență a vieții urbane.[4]

O problemă importantă care continuă să fie neglijată este dependența pe care o pot crea dispozitivele electronice, de la simpla comunicare prin e-mail la rețelele de socializare. Această dependență abate timpul și atenția de la experiența imediată a lucrurilor aflate în jurul nostru către o experiență mediată de tot felul de dispozitive electronice Este o dependență care amplifică discrepanța dintre volumul de informație și timpul necesar procesării ei.

Folosirea universală a internetului și a rețelelor de socializare ne pune în pericol sfera privată și libertatea de a acționa sau de a ne exprima opinia fără a fi monitorizați în mod constant. Există mai multe tipuri de supraveghere: unele sunt necesare din motive de siguranță publică, altele sunt intruzive și complet ilegale. Acestea sunt practicate de guverne, precum și de companii din sectorul privat, cu totală impunitate. În acest context, spionajul clasic (chiar și cel al superputerilor) pare acum complet respectabil, aproape o joacă de copii. Există diferite companii specializate care se ocupă de supraveghere plătită și obțin mari profituri din acesta. Accesul nestingherit la informația privată este folosit pentru a genera scandaluri jenante, chiar dacă subiectul în sine nu este de natură criminală. De fapt, numeroși candidați politici sunt reduși la tăcere de teama că divulgarea datelor cu caracter personal le va distruge cariera politică (și chiar viața privată). Aceasta a devenit acum un alt factor important în practica guvernamentală. În sectoare largi ale celor mai bine dezvoltate tehnologic regiuni ale lumii, scandalurile mari și mici au influențat rezultatul alegerilor și au amplificat neîncrederea publicului în clasa politică și elitele profesionale. Societățile care se confruntă deja cu probleme grave (inegalități economice, dislocări ale populației din cauza lipsei de muncă și din cauza războaielor) sunt acum aproape neguvernabile. Dezorientați, alegătorii se întorc cu nostalgie sau furie către un trecut mitic îndepărtat, care în ochii lor arată mai bine. Dar e o nostalgie exagerată și o furie adesea greșit orientată. Ele reflectă o înțelegere limitată a avalanșei de fapte oferite de diverse mijloace media al căror scop principal este să distreze, să promoveze anumite interese sociale, politice și comerciale și să genereze profituri uriașe.

Există o tensiune tot mai crescută între puterea unui public ce pare a fi mai bine informat ca oricând, dar care nu are timpul sau mijloacele de a judeca și interpreta informația, și puterea companiilor și guvernelor care controlează aceste informații și, prin urmare, știu tot ce trebuie să știe despre gusturile publicului. Nu este clar cum poate fi rezolvat acest conflict.

Există și alte riscuri. Conflictele ce implică armele nucleare și biologice constituie riscuri reale și posibil mult mai mari acum decât atunci când armamentul era controlat de puterile Războiului Rece. Același lucru este valabil și în cazul pericolului terorismului, al războiului cibernetic și al infecțiilor cu microbi rezistenți la antibiotice. Putem să dăm vina pe modernitate, pe globalizare, pe distribuirea inegală a bogăției, pe lipsa locurilor de muncă, pe carențele sistemului de învățământ, pe divertismentul excesiv, pe diversitatea culturală sau pe viteza și omniprezența paralizantă a comunicării digitale. Dar, indiferent de cauză, rămâne faptul că societățile noastre pot deveni rapid neguvernabile.

Această viziune sumbră a fost temperată de analiza lui Manuel Castells, unul dintre principalii cercetători ai tehnologiei comunicațiilor și un sociolog de vârf, ale cărui investigații sunt esențiale pentru înțelegerea luptei pentru putere din secolul XXI. El crede, de exemplu, că, prin dezvăluirea carențelor și corupției guvernelor din marile democrații, media digitală a pregătit calea unei remodelări profunde și, sperăm, sănătoase, a sistemelor de guvernământ. Rezultatele pozitive încă nu și-au făcut apariția. În opinia lui Castells, o redistribuire a puterii compatibilă cu democrația este încă posibilă; în plus, el nu crede că ar fi existat vreodată o epocă mitică în care media, educația, comportamentul civic și guvernarea să fi fost mai puțin problematice decât astăzi. Democrațiile liberale trec printr-o criză de legitimitate care ar trebui să fie rezolvată mai degrabă mai devreme decât mai târziu. În acest sens, internetul (și, în general, comunicarea digitală) poate juca un rol pozitiv și ar fi mai curând o binecuvântare decât un blestem.[5]

Este important să celebrăm progresele din domeniul drepturilor omului și atenția crescută față de încălcarea acestor drepturi. Semințele ideii potrivit căreia ființele umane de pe tot globul posedă aceleași caracteristici fundamentale și își au originea într-un strămoș comun au fost sădite cu succes. Principiul potrivit căruia toate ființele umane au dreptul să-și caute fericirea și să li se respecte demnitatea este acceptat astăzi mai mult ca oricând. După al Doilea Război Mondial, Națiunile Unite au adoptat Declarația Universală a Drepturilor Omului, singurul document care se apropie de statutul unei legi internaționale și care conferă aceleași drepturi tuturor oamenilor. În unele părți ale lumii, încălcările acestor drepturi sunt considerate crime împotriva umanității și pot fi judecate de tribunale internaționale. Oamenii au obligații față de ceilalți oameni și poate, într-o zi, vor avea obligații și față de celelalte specii de pe planeta pe care s-au născut. Acesta este un progres real. Cercul preocupărilor umane (după cum au remarcat, de exemplu, Amartya Sen, Onora O'Neill, Martha Nussbaum, Peter Singer și Steven Pinker) s-a lărgit foarte mult.[6] Dar care este cauza pentru care suntem martori ai slăbirii și colapsului instituțiilor care au făcut posibile aceste progrese? Oare biologia ne-ar putea ajuta să oferim un răspuns?

OARE CRIZA CULTURALĂ ARE O CAUZĂ BIOLOGICĂ?

Cum putem analiza această situație în termeni biologici? Care sunt motivele pentru care oamenii tind să distrugă, cel puțin în parte, progresul cultural pe care l-au realizat? Înțelegerea fundamentelor biologice ale minții culturale umane nu oferă un răspuns complet, dar ne poate ajuta să înțelegem mai bine problema.

De fapt, pornind de la perspectiva biologică schițată de mine, eșuările repetate al eforturilor culturale nu ar trebui să ne surprindă. Și iată de ce. Principala preocupare a homeostaziei este viața organismului individual în interiorul limitelor sale. În aceste circumstanțe, homeostazia de bază a rămas cumva o afacere parohială centrată asupra templului pe care subiectivitatea umană l-a proiectat și ridicat: sinele. Ea se poate extinde într-o anumită măsură la familie și la un grup de mici dimensiuni, dar și la grupuri mai mari, pe baza circumstanțelor și negocierilor în care perspectivele beneficiilor generale și ale puterii sunt bine echilibrate. Dar homeostazia, așa cum o întâlnim în fiecare dintre organismele individuale, nu este preocupată *în mod spontan* de grupuri mari, în special de grupuri eterogene, ca să nu mai vorbim de culturi sau de civilizații. Este puțin probabil ca o armonie homeostatică să poată apărea spontan din colectivități umane atât de vaste și de neomogene.

Din nefericire, „societățile“, „culturile“ și „civilizațiile“ tind să fie considerate o versiune mai mare a unui organism individual animat de dorința de a se perpetua și a prospera. Desigur, metaforic vorbind, au o astfel de caracteristică, dar realitatea este adesea destul de diferită. Societățile, culturile și civilizațiile sunt de obicei fragmentate, alcătuite din „organisme“ juxtapuse și separabile, fiecare dintre ele având granițe mai mult sau mai puțin primitoare. În condiții normale, homeostazia tinde să acționeze în favoarea *fiecărui* organism cultural individual. Lăsate să funcționeze nestingherit, fără efectul compensator al eforturilor ce vizează un anumit grad de integrare și fără circumstanțe favorabile, organismele culturale nu par să fuzioneze.

Distincția poate fi lămurită și mai bine printr-un exemplu din biologie. În condiții normale, sistemul circulator nu luptă împotriva sistemului nervos pentru a deține controlul asupra organismului nostru și nici inima nu provoacă plămânii la un duel pentru a decide cine este mai important. Dar aceste aranjamente pașnice nu se aplică în cazul grupurilor sociale, în cadrul unei țări sau în cel al țărilor din cadrul unei uniuni geopolitice. Dimpotrivă, acestea se angajează deseori în lupte. Conflictele și luptele pentru putere dintre grupurile sociale sunt componente integrate ale culturilor. Uneori, conflictul poate rezulta în urma aplicării unei soluții motivate afectiv la o problemă anterioară.

Regulile ce guvernează homeostazia unui *singur* organism natural au parte de excepții grave, precum tumorile maligne și bolile autoimune. Dacă nu sunt diagnosticate din timp, aceste patologii nu numai că atacă alte părți ale organismului căruia îi aparțin, dar pot chiar să-l distrugă.

Grupurile umane au făcut cele mai sofisticate descoperiri în ceea ce privește reglarea vieții culturale în diferite medii geografice și în diferite perioade din propria istorie. Diversitatea etnică și culturală, o trăsătură fundamentală a umanității, este rezultatul natural al acestor variații și tinde să îmbogățească viața tuturor. Totuși, diversitatea conține germenii conflictului: aceasta adâncește fracturile din interiorul și din afara grupurilor, alimentează ostilitatea și îngreunează formularea și aplicarea soluțiilor de politici generale, cu atât mai mult într-o eră de globalizare și de amestec al culturilor.

Este puțin probabil ca soluția la această problemă să fie o omogenizare forțată a culturilor, lucru care nu este nici realizabil, nici de dorit. Ideea că omogenitatea, de una singură, ar face societățile mai ușor de guvernat ignoră un fapt biologic: în cadrul aceluiași grup etnic, indivizii sunt diferiți la nivel de afectivitate și temperament. În parte, aceste diferențe par să reflecte anumite preferințe politice și diverse sisteme de valori morale, după cum ar sugera cercetările lui Jonathan Haidt.[7] Singura soluție rezonabilă (și, sper eu, realizabilă) este constituită de eforturi importante prin care, cu ajutorul educației, grupurile sociale pot să coopereze pentru a stabili regulile fundamentale ale guvernării, în ciuda diferențelor mai mari sau mai mici.

Numai o mediere extrem de ambițioasă între afect și rațiune ar putea avea succes. Dar putem fi siguri că vom reuși? Nu cred. Există alte surse ale dizarmoniei, pe lângă conflictele generate de dificultatea de a împăca interesele individuale cu interesul grupului. Mă refer la *conflictele care își au originea în fiecare dintre noi*, în ciocnirea interioară dintre impulsurile pozitive și pline de iubire și impulsurile negative și distructive (sau autodistructive). În ultimii săi ani de viață, Sigmund Freud a văzut în bestialitatea nazismului o confirmare a îndoielilor sale cu privire la faptul că cultura nu va îmblânzi niciodată nefasta pulsiune de moarte care, credea el, este prezentă în fiecare dintre noi. Anterior, Freud își expusese teoriile în colecția de eseuri *Civilizația și neajunsurile ei* (publicată în 1930 și revizuită în 1931),[8] dar argumentele sale sunt cel mai bine exprimate în corespondența cu Albert Einstein. Ultimul i-a scris lui Freud în 1932, cerându-i sfatul în legătură cu modul în care ar putea împiedica conflagrația mortală pe care o vedea venind în urma Primului Război Mondial. În răspunsul său, Freud descrie condiția umană cu o claritate neiertătoare și i se plânge lui Einstein că, având în vedere forțele aflate în joc, nu are nici un sfat bun de oferit, nici un ajutor, nici o soluție.[9] Trebuie menționat că principalul motiv al pesimismului său se referea la defectele naturii umane. El nu acuza cultura sau grupurile specifice, ci ființa umană.

Atât atunci, cât și acum, ceea ce Freud numea „pulsiune de moarte" rămâne un factor important din spatele eșecurilor sociale ale oamenilor, deși eu l-aș descrie în cuvinte mai puțin misterioase și poetice. Acest factor, așa cum îl văd eu, este o componentă structurală a minții culturale umane. În termeni neurobiologici, „pulsiunea de moarte" corespunde declanșării fără restricții a unui set specific de emoții negative, întreruperii ulterioare a homeostaziei și efectelor distructive avute de procesele respective asupra comportamentului uman individual și colectiv. Aceste emoții sunt parte a mecanismelor afectelor discutate în capitolele 7 și 8. Știm că anumite emoții „negative" au de fapt o importantă funcție de protecție a homeostaziei. Printre acestea se numără tristețea și durerea, panica și frica și dezgustul. Furia este un caz aparte. A rămas în bagajul emoțional al omului deoarece, în anumite circumstanțe, oferă probabil un avantaj subiectului care o nutrește, provocând retragerea adversarului. Dar chiar și atunci când oferă avantaje, furia tinde să aibă costuri ridicate, mai ales când devine violentă. Furia este un bun exemplu de emoție negativă ale cărei beneficii au fost diminuate de evoluție. La fel și invidia, gelozia și satisfacția provocată de umilire și resentimente de tot felul. Se spune în mod frecvent că nutrirea unor astfel de emoții negative ne întoarce la emoționalitatea animală, dar aceasta este o insultă gratuită la adresa atât de multor animale. Evaluarea este parțial corectă, dar nici măcar nu atinge aspectul cel mai sumbru al problemei. În cazul nostru, lăcomia, furia și disprețul au fost răspunzătoare de cruzimi inimaginabile comise de oameni asupra altor oameni încă din cele mai vechi timpuri. Seamănă, în multe privințe, cu cruzimea altor primate, care sfâșie corpurile rivalilor lor reali sau presupuși, cruzime ce a atins noi culmi în cadrul speciei noastre. Cimpanzeii nu au crucificat niciodată alți cimpanzei, dar romanii a inventat crucificarea și au crucificat oameni. E nevoie de creativitate umană pentru a imagina noi metode de tortură și ucidere. Furia și răutatea umane sunt alimentate de cunoașterea superioară, de raționamentele nejustificate și de puterile nelimitate ale tehnologiei și științei pe care oamenii le au la dispoziție. Se pare că astăzi ar exista mai puțini oameni care să urmărească distrugerea plină de răutate a altora, ceea ce e un semn de progres. Dar potențialul de distrugere în masă pe care îl avem la dispoziție nu a fost niciodată mai mare. Freud făcea probabil aluzie la acest fapt când, la începutul capitolului 7 din *Civilizația*, se întreba de ce nu există lupte culturale între animale. Nu a răspuns la această întrebare, dar motivul e clar: animalele, spre deosebire de noi, nu au mecanisme intelectuale care să le permită asta.

Impulsurile negative și influența lor asupra comportamentului oamenilor nu sunt distribuite uniform în societățile umane. În primul rând, există diferențe dictate de gen.[10] Masculii sunt mai predispuși la violență fizică decât femelele, ceea ce corespunde cu rolurile lor sociale ancestrale (vânătoarea și lupta pentru teritoriu). Femelele pot și ele să fie violente. Este totuși destul de evident că majoritatea masculilor sunt indivizi grijulii și că nu toate femelele sunt astfel. Sentimentele pozitive sunt prezente de ambele părți.

Acțiunile impulsive, bune sau rele, au alte constrângeri. Ele depind, de exemplu, de temperamentul individual, care, la rândul său, depinde de sentimentele și emoțiile prezente într-un individ, iar aceasta este o consecință a numeroși factori: genetica, dezvoltarea și experiențele copilăriei, condițiile istorice și mediul social, în care structura familiei și educația au un rol principal. Exprimarea temperamentului este influențată chiar și de mediul social al momentului și de climă.[11] Strategiile de cooperare au făcut întotdeauna parte din constituția biologică a ființelor umane conduse de homeostazie, ceea ce înseamnă că germenul rezolvării conflictului era prezent în grupurile umane, laolaltă cu înclinația către conflicte. Totuși, pare rezonabil să presupunem că echilibrul între o cooperare benefică și o competiție potențial distructivă depinde în bună parte de restrângerile impuse de civilizație și de guvernarea dreaptă și democratică cu adevărat reprezentativă pentru cei care sunt guvernați. Un astfel de efort presupune, la rândul său, cunoaștere, discernământ și, cel puțin, un minimum de înțelepciune ce rezultă din educație, din progres științific și tehnologic și din evoluția tradițiilor umaniste (religioase și seculare).

Până când lucrarea civilizației nu va face un pas decisiv înainte, grupuri de indivizi cu identități culturale distincte și caracteristici psihologice, fizice și sociopolitice specifice se vor strădui să obțină ceea ce au nevoie sau doresc prin mijloacele disponibile. Exact asta promovează în mod natural structura biologică a grupurilor ghidată de homeostazie odată ce acestea se coalizează pentru a forma o entitate cu granițe imperfecte. Altfel decât prin control despotic al unui grup asupra altuia sau a altora, există un singur mod de a preveni și a rezolva luptele distructive: adoptarea unor comportamente de cooperare, adică a acelor tipuri de negocieri inteligente ale conflictului ce marchează societățile umane la nivelul lor cel mai înalt de civilizație.

Implementarea acestor inițiative presupune prezența unor lideri politici responsabili față de cei care ar trebui să fie beneficiari, dar și a unor cetățeni capabili să transpună aceste inițiative în practică și să controleze rezultatele. La prima vedere, ar putea părea că acest subiect nu are nici o legătură cu domeniul biologiei. Dar nu este adevărat. *De fapt, practica guvernării necesită prelungite procese de negociere care sunt direct legate de biologia afectelor, cunoașterii, raționamentului și luării deciziilor. Oamenii sunt iremediabil influențați de mecanismele afectelor și de acomodarea acestora cu rațiunea. Nu există cale de ieșire din această situație.*

Lăsând la o parte succesele din trecut, câte șanse există ca efortul civilizator să reușească astăzi? Unii sunt de părere că nu va reuși deloc, deoarece înseși instrumentele cu care am inventat soluții culturale (o interacțiune complicată a sentimentelor cu rațiunea) sunt sabotate de contradicțiile inerente ale obiectivelor homeostatice: cele ale individului, ale familiei, ale grupului cultural și ale organismelor sociale mai ample. Potrivit acestei ipoteze, falimentul periodic al culturilor s-ar datora originilor biologice foarte vechi (chiar preumane) a unora dintre trăsăturile noastre comportamentele și mentale, un fel de păcat originar de neșters care ar impregna și corupe toate încercările de a rezolva conflictele umane, de la elaborarea până la implementarea lor.

Deoarece soluțiile culturale recente și aplicarea lor nu s-au eliberat până acum de originile lor biologice, unele dintre cele mai bune și mai nobile dintre intențiile noastre vor fi în mod inevitabil zădărnicite. Nici un efort educațional transgenerațional, oricât de mare ar fi, nu ar putea să elimine acest neajuns. Am ajunge de fiecare dată la punctul de plecare, asemenea lui Sisif, care, drept pedeapsă pentru aroganța sa, a fost condamnat să împingă la nesfârșit un bolovan spre vârful unui deal.

Unii istorici și filozofi specialiști în domeniul inteligenței artificiale și roboticii și-au imaginat un scenariu alternativ la cel prezentat aici.[12] După cum am afirmat în capitolul anterior, aceștia își imaginează că progresul științific și tehnologic va degrada statutul oamenilor și al umanității și prevăd apariția superorganismelor (unde nici sentimentele şi nici conştiinţa nu-şi vor mai avea locul). Ştiinţa din spatele acestor viziuni distopice este discutabilă, iar predicţiile ar putea fi greşite. Dar chiar dacă afirmaţiile lor ar fi corecte, ar fi de neconceput să acceptăm această versiune a viitorului fără a opune cea mai mică rezistenţă.

Conform unui alt scenariu, cooperarea va ajunge să domine graţie unui efort civilizator susţinut de-a lungul mai multor generaţii. Sub multe aspecte, în ciuda catastrofelor umane ale secolului XX, au existat numeroase evoluţii pozitive în istoria umanităţii. La urma urmei, am abolit sclavia, o practică culturală milenară, şi este greu de imaginat că cineva sănătos la cap ar mai apăra aşa ceva astăzi. În Atena avansată cultural a lui Platon, Aristotel şi Epicur, pe care o admirăm în mod justificat, dintr-o populaţie formată din aproximativ 150.000 de persoane, numai 30.000 erau cetăţeni: restul erau sclavi.[13] În ciuda incertitudinilor şi momentelor de criză, atenţia asupra acestor probleme a crescut şi s-au făcut progrese.

Educaţia, în sensul larg al termenului, este cheia progresului. Un proiect educaţional pe termen lung, care să urmărească crearea unui mediu sănătos şi productiv din punct de vedere social trebuie să acorde prioritate comportamentelor etice şi civice şi să încurajeze virtuţile morale clasice: onestitatea, blândeţea, empatia şi compasiunea, gratitudinea şi modestia. Ar trebui de asemenea să învăţăm valorilor umane care depăşesc nevoile vitale imediate.

Suntem din ce în ce mai preocupaţi de bunăstarea altor fiinţe umane şi, în ultima perioadă, există o preocupare tot mai crescută pentru speciile nonumane şi pentru planeta noastră, precum şi o sensibilitate accentuată faţă de calitatea vieţii şi a mediului. Unele statistici indică de asemenea un declin al unor forme de violenţă, deşi tendinţa s-ar putea să nu fie semnificativă.

Potrivit acestui scenariu, oamenii ar fi reuşit deja să îmblânzească latura mai primitivă a naturii lor, iar culturile, dacă le acordăm timp, vor sfârşi prin a învinge barbaria şi conflictul: o perspectivă încurajatoare. Cultural vorbind, mai avem mulţi paşi de făcut: modelele noastre socioculturale ar fi departe de a corespunde cu cvasiperfecţiunea homeostatică realizată la nivel biologic pe parcursul a miliarde de ani de evoluţie. Având în vedere că evoluţia a avut nevoie de atât de mult timp pentru optimizarea proceselor homeostatice, cum ne-am putea aştepta că în doar câteva mii de ani de convieţuire umană să putem armoniza nevoile homeostatice ale unor grupuri culturale atât de numeroase şi de diverse? Acest scenariu prevede unele regrese temporare, dar îşi păstrează speranţa într-un oarecare progres, în ciuda crizei actuale a democraţiilor liberale.

Nu este pentru prima oară când prin faţa ochilor ne trec scenarii sumbre şi luminoase despre natura umană. La mijlocul secolului al XVII-lea, viziunea asociată de obicei cu Thomas Hobbes îi vedea pe oameni ca fiind solitari, josnici şi brutali. Un secol mai târziu, viziunea atribuită de obicei lui Jean- Jacques Rousseau considera că oamenii sunt, dimpotrivă, blânzi, nobili şi, iniţial, necorupţi. Deşi, în cele din urmă, Rousseau a recunoscut că societatea a corupt puritatea angelică a oamenilor, nici una dintre viziuni nu cuprindea întregul tablou.[14] Cei mai mulţi oameni pot, de fapt, să fie bestiali, sălbatici, vicleni, egoişti, nobili, proşti, inocenţi şi iubitori. Nici un om nu poate să fie în toate aceste feluri în acelaşi timp, deşi unii încearcă. Viziunile pesimiste sau optimiste asupra umanităţii sunt încă prezente în gândirea contemporană. Argumentul potrivit căruia conştiinţa noastră despre demnitatea vieţii umane a crescut şi că progresul este posibil e contrazisă de realitatea eşecurilor periodice. Aceasta este poziţia filozofului John Gray, un pesimist care crede că progresul e o iluzie, un cântec de sirenă inventat de cei care s-au convertit la miturile Iluminismului.[15] Iluminiştii au şi ei părțile lor întunecate, după cum au recunoscut Max Horkheimer și Theodor Adorno la mijlocul secolului XX.[16]

Cu toate astea, un motiv de speranță în mijlocul acestei crize actuale este faptul că, până acum, nici un program educațional nu a fost aplicat în mod suficient de serios și pe o perioadă suficient de lungă pentru a dovedi fără urmă de îndoială că nu ar duce la o condiție umană mai bună.

UN CONFLICT NEREZOLVAT

Nu ne putem da seama dacă viitorul nostru va fi dificil și optimist sau dificil și pesimist. Pur și simplu sunt mult prea multe necunoscute, iar consecințele finale ale comunicării digitale, ale inteligenței artificiale, ale roboticii și ale războiului cibernetic sunt complet imprevizibile. Știința și tehnologia pot aduce avantaje considerabile (potențialul lor rămâne extraordinar) sau pot să ne condamne la moarte. Între timp, preferința pentru primul sau cel de-al doilea scenariu are foarte mult de-a face cu dispoziția noastră sumbră sau optimistă. Problema este că însăși dispoziția noastră obișnuită tinde să oscileze între lumină și întuneric atunci când sunt în joc atât de multe probleme și incertitudini. Până una alta, putem aborda problema cu calm și putem trage următoarele concluzii.

Condiția umană include două lumi. O lume e alcătuită din legi de reglare a vieții stabilite de natură și controlate de mâinile invizibile ale durerii și plăcerii. Nu suntem conștienți de aceste legi sau de fundamentele lor, ci doar de consecințele lor, pe care le denumim durere sau plăcere. Nu am contribuit cu nimic la construirea acestor legi (și nici la existența forțelor puternice ale durerii sau plăcerii) și nu le putem modifica în aceeași măsură cum nu putem schimba nici mișcarea stelelor sau comportamentul plăcilor tectonice. De asemenea, nu am avut nici o influență asupra felului în care selecția naturală a operat vreme de miliarde de ani pentru a construi aparatul afectelor ce ne guvernează o parte atât de mare viața socială și individuală și al căror rol este acela de a limita durerea și de a amplifica plăcerea (în mare parte la nivel individual), fără a-i avea în general în vedere pe ceilalți indivizi, nici măcar pe cei care fac parte din același grup.

Totuși, mai există o altă lume. Am reușit să ocolim condițiile care ne fuseseră impuse prin inventarea unor forme culturale de gestionare a vieții capabile să integreze mecanismele elementare existente. Rezultatul e reprezentat de descoperirile pe care continuăm să le facem în legătură cu universurile din noi și din jurul nostru și de capacitatea noastră extraordinară de a acumula cunoaștere atât în memoria internă, cât și în plan extern. Aici situația e diferită. Putem să reflectăm asupra acestor cunoștințe, să le analizăm în profunzime, să le manipulăm cu inteligență și să inventăm tot felul de răspunsuri față de regulile naturii. Cunoașterea noastră (care include, în mod ironic, descoperirea legilor de reglare a vieții pe care nu le putem schimba) ne permite să ne controlăm parțial mecanismele înnăscute. „Cultură" și „civilizație" sunt numele pe care le dăm rezultatelor cumulative ale acestor eforturi.

Prăpastia dintre reglările vitale impuse de natură și răspunsurile pe care le-am inventat a fost atât de greu de gestionat, încât condiția umană a semănat deseori cu o tragedie și uneori (nu suficient de des) cu o comedie. Capacitatea de a inventa soluții este un privilegiu imens, dar este înclinată către eșecuri și e foarte costisitoare. Numim acest lucru povara libertății sau, mai precis, povara conștiinței.[17] Dacă nu am fi *cunoscut* această condiție (dacă nu am fi experimentat-o în mod *subiectiv*) nu ne-ar fi păsat. Dar odată ce a devenit importantă din punct de vedere subiectiv pentru noi și a început să ne ghideze reacțiile, această preocupare a înclinat procesul către propriile interese, care includ cercul persoanelor apropiate de noi și se extind foarte puțin la grupul nostru cultural. Acest proces ne-a subminat eforturile, cel puțin în parte, și a tulburat homeostazia în diferite puncte ale sistemului cultural global. Dar există o posibilă soluție: ne putem urmări interesele cu mai puțină intensitate pentru a permite inițiative homeostatice mai mari. Filozofiile orientale au avut de multă vreme o preocupare în acest sens, iar religiile abrahamice au urmărit o oarecare diminuare a intereselor egoiste. Creştinismul a introdus chiar iertarea și răscumpărarea și, în cadrul acestui proces, a pus accentul pe compasiune și recunoștință. Vor putea societățile noastre să introducă (cu mijloace laice sau religioase) o formă de altruism inteligent, recompensat în mod adecvat, care să ia locul egoismului ce predomină astăzi? De ce ar fi nevoie pentru ca aceste eforturi să aibă succes?[18]

Particularitatea condiției umane provine din această stranie combinație. Pe de o parte, sunt necesitățile vitale, domenii în care nu am avut niciodată un cuvânt de spus: necesitățile, riscurile și extraordinarele forțe motrice ale durerii, ale plăcerii, ale dorinței și ale tendinței de a ne reproduce. Aceste vechi nevoi provin de la strămoşi nonumani care nu puteau înțelege în nici un fel situația în care se aflau. Soarta lor și a celorlalte specii era lăsată la cheremul înzestrărilor lor biologice, în special al genelor care i-au construit și care le determinau în mare parte comportamentul. Ei au transmis aceste caracteristici înnăscute descendenților lor din generație în generație: în caz contrar, specia lor risca să dispară. Pe de altă parte, se află ființele umane care, grație resurselor cognitive aflate în expansiune neîntreruptă, s-au dovedit din ce în ce mai capabile să recunoască situații ce ar putea trezi sentimente pozitive sau negative și să reacționeze la ele într-un mod diferențiat și creativ, independent de programarea genetică. Aceste reacții pot fi transmise prin instrumente culturale nongenetice, instrumente care, la rândul lor, sunt supuse unei selecții nu mai puțin active decât cea care acționează asupra genelor. Aici se găsește noutatea revoluționară a culturilor umane: posibilitatea de a împiedica (cel puțin temporar) propria moștenire genetică să exercite un control absolut asupra destinului nostru. Ne putem opune direct și deliberat puterii geneticii atunci când, de exemplu, renunțăm la satisfacerea apetiturilor noastre alimentare sau sexuale, când ne opunem impulsului de a pedepsi o altă persoană sau când adoptăm o idee care merge împotriva tendinței naturale, precum procreația sau exploatarea nelimitată a resurselor. La fel de nou este faptul că putem transmite dezvoltările culturale prin tradiții orale sau scrise, care la rândul lor au dus la crearea consemnărilor istorice și au deschis calea către reflecție și teorie. Consecințele sunt amețitoare. Astăzi, interacțiunile dintre forțele fizice și chimice care guvernează viața, genele și cultura (forțe supuse propriilor procese selective) sunt nenumărate.

În ciuda acestor inovații spectaculoase și în ciuda progreselor din știință și tehnologie și a creșterii gradului de conștientizare, capacitatea de a ne înțelege locul pe care îl ocupăm în univers rămâne nu numai incompletă, ci și inadecvată, la fel ca în cazul capacității de a controla natura. În ceea ce privește alinarea suferinței și creșterea bunăstării, puterea noastră este limitată și inconstantă. Instrumentele pe care oamenii au fost motivați să le dezvolte pentru a-și asigura o viață mai bună (preceptele morale, religiile, modelele de guvernare, economiile, știința și tehnologia, sistemele filozofice și artele) au sporit fără îndoială bunăstarea. Dar unele dintre aceleași instrumente au generat niveluri uriașe de suferință, distrugere și moarte, deoarece au intrat în conflict cu mecanismele, simple sau complexe, ale unei reglări homeostatice nedeliberate. De nenumărate ori, oamenii au considerat cu nesăbuință că au atins o epocă de stabilitate și rațiune, din care nedreptatea și violența au fost eliminate pentru totdeauna, numai pentru a descoperi apoi că ororile războiului sau nedreptatea s-au întors cu o forță și mai mare.

Aici se află esența tragediei, surprinsă atât de bine de teatrul atenian cu douăzeci și cinci de secole în urmă, când nenorocirile suferite de personajele unei piese nu erau provocate atât de mult de deciziile lor, cât de forțele capricioase ale destinului, forțe divine, incontrolabile și inevitabile. Oedip își omoară tatăl fără să știe și nu are nici o cale de a-și da seama că Iocasta, noua sa soție, este de fapt mama sa. El este determinat să facă aceste acțiuni la fel de orbește precum orbul care devine într-un sfârșit. Este forțat să le facă.

Situația nu era foarte diferită nici în secolul al XVI-lea, când Shakespeare a reluat același spirit tragic, descriind cu o mare profunzime apariția emoțiilor rele și neașteptate în *Macbeth*, *Othello*, *Coriolanus*, *Hamlet* și *Lear*. Aceste tragedii au fost doar ușor compensate de dulceața elegiacă și melancolia figurii lui Falstaff din *Henric al IV-lea* și de *Nevestele vesele din Windsor*. Cu regret dar și cu nostalgie, John Falstaff se gândește la toate necazurile și bucuriile de care a avut parte. Prin alternări între tragic și comic, amintirile sale ilustrează nu numai condiția în care se află el, ci și noi.

Este fascinant faptul că, în secolul al XIX-lea, combinând drama și muzica, opera a preluat structura tragediei grecești și a revenit la aceleași teme tragice și la comedia care le echilibrează. Verdi a scris versiuni remarcabile la *Macbeth* și *Othello* și și-a încheiat cariera într-o notă luminoasă: o întreagă operă dedicată lui Falstaff care se termină (detaliu interesant) cu o coadă veselă, și nu cu sfârșitul trist pe care Shakespeare și-l imaginase pentru personajul său. Nu exista atunci și nu există nici astăzi o singură perspectivă asupra condiției umane sau un singur mod de a o aborda, chiar dacă oamenii trăiesc în aceeași regiune a lumii și duc o existență oarecum asemănătoare. Diferențele dintre oameni sunt cele care domină.[19]

Pentru a rămâne în domeniul teatral, putem spune că situația noastră generală s-a schimbat puțin: tragedia a devenit o simplă dramă, cu câteva interludii comice. Echilibrul dintre propriile decizii și forțele cu care acestea se confruntă s-a modificat în favoarea noastră. Totuși, plătim în mod constant pentru rele pe care nu le-am creat sau pentru acțiuni pe care nu ne-am dorit niciodată să le săvârșim.

O licărire de speranță (o mare diferență între preocupările trecutului și viitoarele încercări) se datorează faptului că astăzi avem o înțelegere aprofundată a naturii umane și putem dezvolta o strategie mai inteligentă decât în trecut. Această abordare ar considera că ideea potrivit căreia rațiunea ar trebui să preia controlul existenței noastre este o nebunie pură, un vestigiu al celor mai grave excese ale raționalismului, dar ar respinge și ideea potrivit căreia ar trebui să aprobăm pur și simplu recomandările emoțiilor (de a fi buni, plini de compasiune, furioși sau dezgustați) fără a le filtra prin cunoaștere și rațiune.[20] Este o abordare care ar încuraja un parteneriat productiv între sentimente și rațiune, punând accentul pe emoțiile pozitive și suprimându-le pe cele negative, și care, în fine, ar respinge ideea că mintea umană este echivalentă cu programele de inteligență artificială.

Deși e adevărat că nu există vreun remediu miraculos pentru viața umană și că eforturile civilizației ar putea produce rezultate doar pe termen lung, unele intervenții ar putea fi de ajutor într-un interval de timp mai scurt. Putem improviza, de exemplu, noi strategii pentru a permite, în mod rezonabil, majorității umanității să aspire la fericire și să evite durerea. O astfel de inițiativă ar cere în primul rând ca demnitatea persoanei și respectul pentru viața umană să fie considerate valori sacre și inviolabile; ar cere de asemenea o serie de obiective capabile să treacă dincolo de nevoile homeostatice imediate, iar ambele ar trebui să inspire și să ridice mintea în conformitate cu viziunea noastră asupra viitorului. Realizarea arhitecturii sociale ce ar permite astfel de soluții este departe de a fi ușoară, având în vedere viteza cu care evoluează umanitatea și diversitatea ei accentuată.

Căutarea strategică a fericirii (asemenea oricărei căutări spontane) se bazează pe sentimente. Motivele din spatele acestei căutări (maladiile vieții și reversul lor plăcut) nu ar fi putut fi imaginate fără sentimente. Experiența durerii și conștientizarea clară a propriilor dorințe le-au permis sentimentelor (bune sau rele) să orienteze intelectul și să-i dea un scop și au ajutat, astfel, la crearea unor noi modalități de a regla viața. Alianța sentimentelor cu intelectul a creat o alchimie puternică, ceea ce le-a permis oamenilor să *încerce* să realizeze homeostazia prin mijloace culturale, în loc să rămână captivi instrumentelor lor biologice fundamentale. Oamenii erau deja angajați în acest nou efort atunci când, în peșterile lor umile, cântau și inventau fluiere și, îmi imaginez, foloseau muzica pentru a seduce și consola, când Moise primea poruncile lui Dumnezeu pe munte, când Buddha concepea Nirvana, când Confucius își enunța preceptele etice sau când Platon, Aristotel și Epicur le explicau cetățenilor Atenei cum pot trăi o viață bună. Munca lor nu a fost niciodată terminată.

O viață lipsită de sentimente nu ar fi avut nevoie să fie vindecată. O viață plină de sentimente dar necercetată ar fi fost incurabilă. Sentimentele au lansat în marea vieții mii de corăbii intelectuale și au contribuit neîncetat la cârmuirea lor.

13. STRANIA ORDINE A LUCRURILOR

Titlul acestei cărți a fost sugerat de două constatări. Prima este aceea că, în urmă cu 100 de milioane de ani, unele specii de insecte au dezvoltat un complex de comportamente, deprinderi și instrumente sociale care, raportându-ne la echivalentele lor umane, pot fi considerate, pe bună dreptate, culturale. A doua este aceea că, cu mult mai în trecut, probabil acum câteva miliarde de ani, organismele unicelulare manifestau și ele comportamente sociale a căror schemă este echivalentă cu unele aspecte ale comportamentelor socioculturale umane.

Aceste constatări intră în contradicție cu o noțiune destul de răspândită: cea potrivit căreia un lucru atât de complex precum comportamentele sociale capabile să îmbunătățească gestionarea vieții nu ar fi putut să apară decât din mințile unor organisme evoluate, nu neapărat umane, dar suficient de complexe și suficient de apropiate de oameni pentru a genera mecanismele necesare. Trăsăturile sociale la care mă refer au apărut foarte devreme în istoria vieții, sunt abundente în biosferă și nu au avut nevoie să aștepte omul pentru a apărea pe Pământ. Această ordine este într-adevăr stranie sau, cel puțin, neașteptată.

O privire mai atentă evidențiază detalii surprinzătoare în spatele acestor fapte ciudate, precum comportamentele ce tind spre cooperare și pe care avem tendința să le asociem, pe bună dreptate, cu înțelepciunea și maturitatea umane. Dar strategiile bazate pe cooperare nu au trebuit să aștepte apariția minților înțelepte și mature. Ele sunt probabil tot atât de vechi ca viața și nu au fost niciodată manifestate mai strălucit decât în pactul convenabil dintre două bacterii: o bacterie intruzivă și profitoare care voia să pună stăpânire pe o altă bacterie mai mare și mai bine așezată. Lupta s-a terminat la egalitate, astfel încât bacteria intruzivă a devenit un satelit cooperant al celeilalte. Eucariotele, celule cu un nucleu și organite complicate, precum mitocondriile, s-au născut probabil în acest fel: la masa de negociere a vieții.

Bacteriile din povestea de mai sus nu au minte, și cu atât mai puțin o minte înțeleaptă. Bacteria intruzivă acționează *ca și cum* ar fi ajuns la următoarea concluzie: „Dacă nu pot s-o înving, măcar cooperăm". Bacteria mai mare, pe de altă parte, acționează ca și cum ar fi gândit: „Aș putea să accept acest invadator dacă are ceva de oferit". Dar e clar că nici una dintre bacterii nu a *gândit* nimic: nu a avut loc nici un fel de reflecție mentală, nici o evaluare a cunoștințelor anterioare, nici o viclenie, nici o înșelătorie, nici un joc cinstit și nici o negociere diplomatică. Ecuația problemei a fost rezolvată orbește și *în cadrul* procesului, de jos în sus, ca o opțiune care, privită retrospectiv, a funcționat pentru ambele părți. Alegerea eficace a fost modelată de cerințele imperative ale homeostaziei, iar acest lucru a avut ceva magic poate doar în sens poetic. A constat din constrângeri fizice și chimice concrete aplicate proceselor vieții din interiorul celulelor și în contextul relațiilor lor fizico-chimice cu mediul înconjurător. Este interesant de observat că în această situație se aplică ideea de algoritm. Mașinăria genetică a organismelor de succes s-a asigurat că strategia va rămâne în repertoriul generațiilor viitoare. Dacă nu ar fi funcționat, această opțiune s-ar fi alăturat marelui cimitir al evoluției, iar acest fapt ar fi rămas complet necunoscut.

Procesul fascinant al cooperării nu se menține singur, fără sprijin. Bacteriile percep prezența altor bacterii prin intermediul unor sonde chimice instalate în membranele lor, sonde a căror structură moleculară le permite chiar să distingă rudele de străini. Acesta este un precursor modest al percepțiilor noastre senzoriale, mai apropiat de miros și de gust decât de auz sau de văz, care sunt bazate pe imagini.

Aceste dezvoltări straniu ordonate evidențiază puterea profundă a homeostaziei. Imperativul său a operat prin încercare și eroare și a selectat soluții comportamentale disponibile în natură pentru o serie de probleme ce țin de gestionarea vieții. Organismele au evaluat în mod involuntar fizica mediului ce le înconjoară și chimia din propriul interior și au conceput într-un mod la fel de involuntar soluții adecvate (și deseori bune) pentru conservarea și perpetuarea vieții. Aspectul extraordinar este că aceleași soluții au fost descoperite atunci când, cu alte ocazii, s-au întâlnit probleme de natură similară în alte momente ale evoluției haotice a formelor de viață. Tendința către soluții particulare, către scheme similare, către un anumit grad de inevitabilitate rezultă din structura și circumstanțele organismelor vii și din relația lor cu mediul și depinde în mod clar de homeostazie. Toate acestea amintesc de scrierile lui D'Arcy Wentworth Thompson despre creștere și formă: de exemplu, forma și structurile celulelor, țesuturilor, ouălor, cochiliilor și așa mai departe.[1]

Cooperarea a evoluat ca un omolog al competiției, lucru care a ajutat la selectarea organismelor ce prezentau cele mai productive strategii. În consecință, atunci când cooperăm cu prețul unui anumit sacrificiu personal și când spunem că acest comportament este altruist nu înseamnă că noi, oamenii, am inventat o astfel de strategie din bunătatea inimii noastre, ci a apărut ciudat de devreme, iar acum este ceva deja foarte vechi. Lucrul cu adevărat diferit și „modern" este acela că, atunci când întâlnim o problemă ce poate fi rezolvată cu sau fără un răspuns altruist, putem gândi și *simți* procesul în propria minte și putem, cel puțin parțial, să alegem în mod deliberat strategia pe care o vom folosi. Avem opțiuni. Putem să alegem altruismul și să acceptăm costurile pe care le presupune sau să îl evităm și să nu pierdem nimic, sau chiar să câștigăm (cel puțin pentru moment).

Altruismul este un exemplu perfect al distincției dintre primele forme de cultură și cultură în sensul deplin al cuvântului. Originea sa se găsește în cooperarea oarbă dintre organisme lipsite de complexitate, dar poate fi analizat și predat în familii și școli ca strategie umană conștientă. Altruismul unor emoții binevoitoare și benefice (compasiunea, admirația, respectul, recunoștința) poate fi încurajat, exersat și practicat în societate. Sau poate să nu fie promovat deloc. Nimic nu ne garantează că va funcționa întotdeauna, dar constituie o resursă umană conștientă ce poate fi accesată prin educație.

Un alt exemplu al deosebirii dintre origini și culturile pe deplin dezvoltate îl oferă noțiunea de „profit". Celulele au căutat de la începuturi să obțină profit prin reglarea propriului metabolism în așa fel încât să conducă la o balanță energetică pozitivă. Acele celule care reușesc cu adevărat în viață sunt performante în generarea balanțelor energetice pozitive, adică a „profitului". Dar faptul că profitul este natural și în general benefic pentru individ nu-l face să fie *în mod necesar* un lucru bun din punct de vedere cultural. Culturile pot decide care aspecte naturale sunt bune (și în ce măsură) și care nu sunt bune. Lăcomia este la fel de naturală precum profitul, dar, din punct de vedere cultural, nu este bună, contrar opiniei personajului Gordon Gekko din filmul *Wall Street*.[2]

Dintre toate facultățile superioare, sentimentele și conștiința sunt, fără îndoială, cele care au apărut în cea mai stranie ordine. S-ar putea crede în mod rezonabil că rafinamentul mental cunoscut sub numele de „sentimente" este o prerogativă a organismelor foarte complexe sau chiar numai a ființelor umane; însă aceasta este o idee greșită. Același lucru este valabil și în cazul conștiinței. Subiectivitatea, caracteristica distinctivă a conștiinței, este capacitatea de a „poseda“ propriile experiențe mentale și de a le înzestra cu o perspectivă individuală. Potrivit opiniei încă dominante, subiectivitatea este puțin probabil să fi apărut la vreo altă creatură în afara omului. Mult mai incorectă este convingerea larg răspândită potrivit căreia procese precum sentimentele și conștiința sunt atât de sofisticate, încât nu pot fi decât rezultatul celor mai moderne și mai evoluate structuri ale sistemului nostru nervos central, și anume splendidul cortex cerebral. Cei interesați de astfel de subiecte favorizează cortexul cerebral, și gata; atitudine împărtășită de importanți specialiști în neuroștiințe și filozofi ai minții. Căutarea „corelatelor neuronale ale conștiinței“, căreia i s-au dedicat diferiți cercetători contemporani, s-a concentrat cu precădere pe cortexul cerebral, și mai ales pe procesul vizual. Vederea este de asemenea procesul ales de filozofii minții pentru a-și fundamenta discuțiile despre experiența mentală, subiectivitate și qualia.

Totuși, această opinie dominantă este greșită din toate punctele de vedere. Din câte știm, formarea sentimentelor și a subiectivității depinde de preexistența unui sistem nervos înzestrat cu elemente centrale, dar nu există nici un motiv pentru a considera cortexul cerebral singura parte a creierului responsabilă de acest proces. Dimpotrivă, structurile cruciale în susținerea sentimentelor (și, prin extensie, a proprietăților experienței pe care le asociem cu conștiința) sunt nucleii trunchiului cerebral și ai telencefalului, care sunt cu toții situați sub cortexul cerebral. În ceea ce privește conștiința, numai două dintre procesele critice pe care le-am discutat (construirea perspectivei schemei corporale și integrarea experiențelor) probabil depind în cea mai mare parte de cortexul cerebral. În plus, apariția sentimentelor și a subiectivității nu este deloc un fapt recent, și cu atât mai puțin unul exclusiv uman. Este foarte probabil să se fi întâmplat cu mult timp în urmă, în perioada Cambrianului. Probabil că toate vertebratele au experiențe conștiente ale unor sentimente de diferite tipuri, lucru valabil și pentru o serie de nevertebrate înzestrate cu un sistem nervos central ce are o structură care seamănă într-un fel cu măduva spinării și cu trunchiul cerebral. Insectele sociale îndeplinesc aceste cerințe, dar și fermecătoarele caracatițe, care au o structură cerebrală foarte diferită.

Concluzia inevitabilă este că sentimentele și subiectivitatea sunt capacități vechi și că, la începuturile lor, nu depindeau de cortexul cerebral rafinat al vertebratelor superioare (și cu atât mai puțin al celui uman). Acest lucru poate părea straniu, însă povestea nu se termină aici. Cu mult înainte de Cambrian, organismele unicelulare puteau să răspundă la pericole prin reacții chimice și fizice defensive și stabilizatoare, precum tresăriri și retrageri. Ei bine, aceste reacții sunt, în termeni practici, răspunsuri afective, tipul de programe de acțiune care, mai târziu în evoluție, au ajuns să fie reprezentate mental sub formă de sentimente. Interesant este că însăși perspectiva individuală pare a avea o origine foarte veche. Senzațiile și reacțiile unei singure celule au o „perspectivă" implicită, perspectiva acelui organism și numai a lui, cu mențiunea că perspectiva implicită nu este reprezentată pe o hartă separată. Acest lucru poate foarte bine să reprezinte strămoșul subiectivității, un strămoș care a devenit într-o zi explicit la organismele înzestrate cu minte. Trebuie să insist asupra faptului că aceste procese primitive, oricât de strălucite ar fi, țin numai de *comportamente*, de acțiuni inteligente și utile. Din câte îmi pot da seama, nu este vorba de nimic mental sau experențial în ele: nu există vreo minte, vreun sentiment sau vreo conștiință. Sunt foarte deschis la alte revelații provenite din lumea organismelor foarte mici, dar nu mă aștept să citesc prea curând (sau chiar vreodată) despre fenomenologia microorganismelor.[3]

Pe scurt, construirea a ceea ce va deveni sentimente și conștiință pentru noi a avut loc într-un mod treptat, progresiv, dar *neregulat*, de-a lungul unor linii separate ale istoriei evoluției. Faptul că putem găsi atât de multe elemente în comun în privința comportamentelor sociale și afective cu organisme unicelulare, spongieri și hidre, cefalopode și mamifere sugerează că problemele de reglare a vieții la creaturi atât de diverse au o origine comună și aceeași soluție: supunerea față de imperativul homeostatic.

O etapă importantă în istoria *acumulărilor* satisfăcătoare din punct de vedere homeostatic este constituită de apariția sistemului nervos. Acest tip de sistem a deschis calea pentru formarea hărților și imaginilor, a reprezentărilor „asemănătoare" și a configurațiilor precise, iar acest lucru a fost, în sensul cel mai profund, *transformator*. Sistemele nervoase au avut un rol transformator chiar dacă nu au lucrat (sau nu lucrează) de unele singure, chiar dacă, în primul rând, se află în slujba unei vocații mai ample: menținerea vieții productive și supuse homeostaziei în organismele complexe.

Reflecțiile anterioare ne conduc la o altă parte importantă a straniei ordini în care mintea, sentimentele și conștiința și-au făcut apariția, un aspect subtil ce poate fi ușor de pierdut din vedere. Este vorba despre faptul că *nici părțile individuale ale sistemului nervos și nici creierul în totalitatea sa nu sunt singurii producători și furnizori de fenomene mentale*. Este puțin probabil ca fenomenele neuronale să poată produce, de unele singure, fundamentul funcțional necesar nenumăratelor activități ale minții și e cert că *nu pot* face așa ceva în cazul sentimentelor. Este absolut esențial ca sistemele nervoase și alte structuri ale unui organism să interacționeze cât mai strâns. Structurile și procesele neuronale și non-neuronale nu sunt doar contigue, ci formează și un parteneriat bazat pe *continuitate* și interacțiune. Nu sunt entități separate ce își trimit semnale reciproc, precum microcipurile telefoanelor mobile. Altfel spus, creierul și corpul se află în aceeași barcă și generează laolaltă minte.

Dacă vedem relația dintre „corp și creier" în această nouă lumină, vom putea aborda nenumărate probleme din filozofie și psihologie într-un mod mai constructiv. Dualismul (care a început în Atena, a fost moștenit de Descartes, a rezistat atacului lui Spinoza și a fost exploatat cu înverșunare de științele computaționale) este o concepție căreia i-a trecut vremea. Acum este necesară o perspectivă nouă, integrată din punct de vedere biologic.

Nimic nu ar putea fi mai diferit de concepția relației dintre minte și creier cu care mi-am început eu cariera. Printre primii autori citiți (când aveam 20 de ani) s-au numărat Warren McCulloch, Norbert Wiener și Claude Shannon. În urma unor împrejurări stranii, McCulloch avea să-mi devină primul mentor american, alături de Norman Geschwind. Aceasta a fost o perioadă inovatoare și captivantă pentru știință, o perioadă care a deschis calea succeselor extraordinare din neurobiologie, informatică și inteligența artificială. Totuși, privind retrospectiv, nu avea multe de oferit în ce privește reprezentarea realistă a minții umane. Nici n-ar fi putut, având în vedere că teoria lui McCulloch, de exemplu, era o descriere matematică abstractă a activității neuronale decuplată de termodinamica procesului vieții. Algebra booleană are propriile limite când vine vorba de alcătuirea minții.[4]

Există unele elemente care au folosit în mod avantajos cortexurile cerebrale (deși nu a trebuit să aștepte apariția cortexurilor cerebrale umane sau ale altor specii). Unul dintre ele este capacitatea de a examina activitatea numeroaselor sisteme din interiorul organismului și de a face previziuni despre funcționarea lor viitoare, pornind de la antecedentele organismului și de la comportamentul său curent. Mă refer, cu alte cuvinte, la un fel de *supraveghere*, termen pe care îl folosesc în mod justificat.

Când am descris structura și funcția sistemului nostru nervos periferic, am menționat că, dată fiind uimitoarea capacitate de interacțiune a sistemului nervos cu propriul organism, fibrele nervoase „vizitează" toate părțile corpului nostru și trimit informații despre starea operațiilor din acele zone ganglionilor spinali, ganglionului trigeminal și nucleilor sistemului nervos central. Pe scurt, fibrele nervoase sunt „inspectorii" amplelor proprietăți ale organismului. Tot așa sunt, de exemplu, limfocitele sistemului imunitar care patrulează întreg teritoriul corpului nostru în căutarea intrușilor bacterieni și virali ce trebuie ținuți la distanță. Diverși nuclei din măduva spinării, din trunchiul cerebral și din hipotalamus au „competențele" neuronale necesare pentru a răspunde la informația astfel obținută și pentru a acționa pe baza ei, în mod defensiv, după cum cere situația. În plus, cortexurile cerebrale pot analiza o mulțime de date anterioare și corelate și pot prezice ce s-ar putea întâmpla după aceea. Pot prezice chiar abateri inadecvate ale funcțiilor interne, ceea ce este deosebit de util. Aceste valoroase predicții apar sub formă de sentimente care, după cum am văzut, sunt experiențe mentale complexe ce rezultă din combinarea unor seturi de date (apărute în diferite regiuni sau chiar la nivel global) referitoare la întregul corp.[5]

Recent, în domeniul informaticii și în cel al inteligenței artificiale se vorbește tot mai mult despre „big data" și despre puterile sale predictive ca invenții ale tehnologiei moderne. Dar, după cum am menționat mai sus, creierul (nu numai cel uman) manipulează de multă vreme „big data" atunci când realizează homeostazie la niveluri neuronale înalte. Atunci când, de exemplu, intuim rezultatul unui conflict, ne folosim foarte mult de mecanisme bazate pe „big data". Ne bazăm pe date ale supravegherii trecute, care sunt înregistrate în memorie, și pe algoritmi de predicție.

Ar trebui să subliniem că extraordinara capacitate de supraveghere și de spionaj a guvernelor moderne, a giganților rețelelor de socializare și a companiilor care spionează contra cost nu reprezintă decât ultimii utilizatori ai unui model stabilit cu mult înainte de natură. Nu putem învinui natura că a dezvoltat sisteme de supraveghere folositoare homeostaziei, dar putem pune în discuție și judeca guvernele și companiile care au reinventat aceleași metode pentru a-și întări puterea și a-și crește profiturile. Punerea în discuție și formarea unei opinii sunt activități legitime ale culturilor.

Ordinea apariției acestor noi dezvoltări legate de cultură este foarte diferită de ceea ce ne-am fi putut imagina la prima vedere. Există însă unele excepții bine-venite. Ne așteptăm că cercetarea filozofică, credințele religioase, sistemele morale și artele au apărut târziu în evoluție și sunt specifice oamenilor. Așa s-a și întâmplat, și așa și sunt.

Odată luate în considerare toate aceste evoluții, se obține o imagine de ansamblu mai clară. În cea mai mare parte a istoriei vieții, mai vreme de 3,5 miliarde de ani, dacă nu mai mult, numeroase specii de plante și animale au putut să perceapă și să reacționeze la stimulii mediului înconjurător, au manifestat comportamente sociale inteligente, au acumulat dispozitive biologice ce le-au făcut să trăiască mai eficient sau mai mult timp și să transmită descendenților secretul vieții lor înfloritoare. Acestea dispuneau doar de *precursori* ai minții, ai sentimentelor, ai gândirii și ai conștiinței, dar nu și de respectivele facultăți.

Acestor specii le lipsea capacitatea de a elabora imagini ale obiectelor și ale evenimentelor reale atât din exteriorul, *cât și* din interiorul organismului. Condițiile necesare materializării lumii imaginilor și a minții au început să apară cu aproximativ o jumătate de miliard de ani în urmă, iar mintea umană s-a format şi mai recent, posibil nu mai devreme de câteva sute de mii de ani.

Apariţia primelor reprezentări sub formă analogică a permis dezvoltarea imaginilor bazate pe diferite modalităţi senzoriale şi a deschis calea către sentimente şi conştiinţă. Mai târziu, reprezentările simbolice au ajuns să includă coduri şi gramatici, deschizând calea către formarea limbajului şi matematicii. A venit apoi rândul memoriei bazate pe imagini, al imaginaţiei, al reflecţiei, al investigării, al discernământului şi al creativităţii. Culturile au fost principalele lor manifestări.

Viaţa noastră actuală şi obiectele şi practicile sale culturale pot fi legate, deşi nu e o sarcină uşoară, de forme de viaţă primordială care au precedat apariţia sentimentelor şi subiectivităţii, a cuvintelor şi a deciziilor. Legătura dintre cele două seturi de fenomene trece printr-un labirint complicat în care este uşor să o iei în direcţia greşită şi să te pierzi. Ici şi colo, poţi găsi câte un fir al Ariadnei. Sarcina biologiei, psihologiei şi filozofiei este aceea de a face ca acest fir să devină continuu.

Există adesea teama că progresele din domeniul biologiei ar reduce viaţa culturală complexă, mentală şi intenţională la nivelul unei vieţi automate şi pre-mentale. Nu cred că e adevărat. În primul rând, dezvoltarea biologiei produce, de fapt, un rezultat complet diferit: o adâncire a legăturii dintre cultură şi procesele vitale. În al doilea rând, bogăţia şi originalitatea nenumăratelor aspecte culturale nu sunt reduse. În al treilea rând, o mai bună cunoaştere a vieţii şi a substraturilor şi proceselor pe care le împărtăşim cu alte fiinţe vii nu reduce caracterul biologic distinctiv al omului. Merită să repetăm că statutul excepţional al oamenilor (dincolo de lucrurile pe care le împărtăşesc cu alte creaturi) nu e pus la îndoială şi derivă din felul unic în care suferinţele şi bucuriile lor sunt amplificate de amintirile individuale şi colective despre trecut şi de perspectiva unui viitor posibil. Aprofundarea domeniului biologiei, de la molecule la sisteme, întăreşte proiectul umanist.

Merită de asemenea să repetăm că nu există nici un fel de contradicție între diferitele interpretări ale comportamentului uman: cele care îl consideră cu precădere produsul culturii și cele care acordă o mai mare importanță selecției naturale operate de gene. Ambele influențe au rolul lor, în diferite proporții și într-o ordine diferită.

Deși acest capitol este dedicat reordonării apariției capacităților și facultăților ce ne pot ajuta să înțelegem mai bine natura umană, am folosit biologia și gândirea evoluționistă convențională pentru a descrie caracterul neașteptat de straniu al desfășurării evenimentelor și pentru a clarifica fenomene pe care le-am abordat într-un mod mai puțin convențional, precum mintea, sentimentele și conștiința. În această privință, aș dori să adaug alte două comentarii.

În primul rând, este destul de firesc, în lumina noilor descoperiri științifice, să te atașezi de certitudini și de interpretări premature pe care timpul le va elimina fără milă. Sunt pregătit să-mi apăr concepția actuală cu privire la biologia sentimentelor și a conștiinței și cu privire la originea minții culturale, dar știu foarte bine că această concepție ar putea să fie revizuită. În al doilea rând, este evident că putem vorbi cu o oarecare siguranță despre caracteristicile, funcționarea și evoluția organismelor vii și că putem localiza în timp nașterea universului (în urmă cu aproximativ 13 miliarde de ani). Cu toate astea, nu avem nici o explicație științifică satisfăcătoare referitoare la originile și la sensul universului, adică nici o teorie a tuturor lucrurilor care să ne privească. Acest fapt ne arată cât de modeste și de provizorii sunt eforturile noastre și cât de deschiși trebuie să fim atunci când ne confruntăm cu ceea ce nu cunoaștem.

MULȚUMIRI

Elaborarea unei cărți este un proces îndelungat de planificare și reflecție, dar vine o zi în care trebuie să te așezi și să scrii. Îmi amintesc clar aceste momente pentru fiecare dintre cărțile mele, care erau circumstanțele în care am început să scriu. Obișnuiesc să revin la astfel de amintiri ca și cum mi-ar dezvălui cheia în care trebuie scris textul. Am început această carte în Provența, în casa prietenilor noștri Laura și Emanuel Ungaro. Vorbeam cu Emanuel despre faptul că creativitatea se hrănește adesea dintr-un sentiment de durere. Discuția avea în centru o carte surprinzătoare scrisă de Jean Genet, *Atelierul lui Alberto Gacometti* (despre care Picasso spusese că este cel mai bun eseu despre creația artistică pe care îl citise vreodată). Cuvintele lui Genet – „Frumusețea nu are altă origine decât rana, care e diferită la fiecare persoană și e ascunsă sau vizibilă" – se potriveau perfect cu ideea mea despre rolul decisiv al sentimentelor în procesul cultural. Acum mă puteam apuca serios de scris. Un an mai târziu, îi arătam prima versiune a manuscrisului lui Jean-Baptiste Huynh, un alt prieten din acele locuri.

Am scris primele secțiuni ale cărții în altă parte din Franța, în casa Barbarei Guggenheim și a lui Bert Fields. Aș dori să mulțumesc tuturor acestor prieteni: compania lor și atmosfera din acele locuri au fost o sursă inepuizabilă de inspirație.

Este de asemenea cazul să fac o precizare referitoare la titlul cărții. Când l-au auzit pentru prima oară, mai multe persoane m-au întrebat dacă fac vreo aluzie la Michel Foucault. Cu siguranță că nu, deși știu de ce am fost întrebat: Foucault a scris o carte al cărei titlu original în franceză este *Les Mots et les Choses* („Cuvintele și lucrurile"), care a devenit în versiunea engleză *The Order of Things* („Ordinea lucrurilor"). Nu are nimic de-a face cu titlul cărții mele.

Căminul meu intelectual se găsește la Dornsife College of Letters, Arts and Sciences, din cadrul University of Southern California. Mai mulți colegi de la institutul nostru (Brain and Creativity Institute) au avut suficientă răbdare să citească întregul manuscris și să discute unele pasaje în detaliu. Am avut foarte mult de câștigat de pe urma comentariilor lor și le mulțumesc tuturor din suflet, în primul rând lui Kingson Man, Max Henning, Gil Carvalho și Jonas Kaplan. Totodată, le mulțumesc pentru observații și sprijin lui Morteza Dehghani, Assal Habibi, Mary Helen Immordino-Yang, John Monterosso, Rael Cahn, Helder Araujo și Matthew Sachs.

Unii colegi din alte discipline mi-au oferit sugestii valoroase. Ei sunt Manuel Castells, savant excepțional care a urmărit vreme de ani de zile dezvoltarea ideilor mele, Steve Finkel, Marco Verweij, Mark Johnson, Ralph Adolphs, Camelo Castillo, Jacob Soll și Charles McKenna. Le mulțumesc pentru sfaturile inteligente și expertiza lor.

Le mulțumesc de asemenea lui Keith Baverstock, Freeman Dyson, Margaret Levi, Rose McDermott, Howard Gardner, Jane Isay și Maria de Sousa, care au citit cu bunăvoință părți din manuscris sau m-au ajutat cu răspunsuri la anumite probleme.

În fine, câțiva prieteni foarte răbdători au citit și au comentat diferite versiuni ale manuscrisului și mi-au ascultat opiniile cu privire la problema mereu înnebunitoare a alegerii epigrafelor. Ei sunt Jorie Graham, Peter Sacks, Peter Brook, Yo-Yo Ma și Bennett Miller.

Cercetarea pe care se bazează o foarte mare parte din această carte a fost posibilă numai prin susținerea din partea a două fundații: The Mathers Foundation, care de zeci de ani a sprijinit cercetarea biologică într-un mod exemplar, și Berggruen Foundation, al cărei președinte, Nicolas Berggruen, este extrem de interesat de tainele naturii umane. Le mulțumesc ambelor fundații pentru încrederea pe care mi-au acordat-o.

Dan Frank, directorul editorial de la Pantheon, este o voce erudită, înțeleaptă și dezarmant de calmă, o persoană care ai nevoie să-ți fie alături atunci când ajungi la câte o răspântie a drumului și nu poți merge pe ambele căi. Îi mulțumesc din inimă. Îi mulțumesc și asistentei sale, Betsy Sallee, pentru ajutorul oferit.

Michael Carlisle îmi este prieten apropiat de peste 30 de ani și agentul meu de aproape 25 de ani. Este un profesionist desăvârșit și inimos. Îi mulțumesc lui și echipei sale de la Inkwell, în special lui Alexis Hurley.

Le datorez recunoştinţă lui Denise Nakamura, un model de atenţie la detalii, de eficienţă şi de răbdare, şi Cinthyei Nunez, care răspunde de buna funcţionare a administraţiei de la Brain and Creativity Institute şi care este întotdeauna gata să rezolve problemele ce apar. Îi mulţumesc şi lui Ryan Veiga, care m-a ajutat cu pregătirea bibliografiei.

În cele din urmă, trebuie să spun că Hanna a citit tot ce scriu şi că este cel mai bun (adică cel mai riguros) critic al meu. Ea a participat la fiecare etapă a muncii mele şi a venit cu nenumărate contribuţii. Am încercat mereu s-o conving să fie coautorul acestei cărţi, dar nu a acceptat. Bineînţeles, ei îi sunt adresate cele mai multe mulţumiri.

NOTE

1. DESPRE CONDIȚIA UMANĂ

1. Această afirmație nu e valabilă în situațiile atipice, precum stările maniacale sau depresive, în care sentimentele pot să nu mai fie indicatori preciși ai stării homeostatice.
2. Pentru a afla mai multe despre afecte (porniri, motivații, emoții și sentimente), vezi capitolele 7 și 8. Pentru alte informații relevante, vezi Antonio Damasio, *Descartes' Error*, Penguin Books, New York, 1994 [*Eroarea lui Descartes*, trad. de Irina Tănăsescu, Humanitas, București, 2005]; *The Feeling of What Happens: Body and Emotion in the Making of Consciousness*, Harcourt, New York, 1999; Antonio Damasio, Gil B. Carvalho, „The Nature of Feelings: Evolutionary and Neurobiological Origins", *Nature Reviews Neuroscience* 14, 2 (2013), pp. 143–152; Jaak Panksepp, *Affective Neuroscience: The Foundations* (New York: Oxford University Press, 1998); Jaak Panksepp, Lucy Biven, *The Archaeology of Mind*, W.W. Norton, New York, 2012; Joseph Le Doux, *The Emotional Brain*, Simon & Schuster, New York, 1996; Arthur D. Craig, „How Do You Feel? Interoception: The Sense of the Physiological Condition of the Body", *Nature Reviews Neuroscience* 3, 8 (2002), pp. 655–666; Ralph Adolphs, Daniel Tranel, Hanna Damasio, Antonio Damasio, „Impaired Recognition of Emotion in Facial Expressions Following Bilateral Damage to the Human Amygdala", *Nature* 372, 6507 (1994), pp. 669–672; Ralph Adolphs, Daniel Tranel, Hanna Damasio, Antonio Damasio, „Fear and the Human Amygdala", *Journal of Neuroscience* 15, 9 (1995), pp. 5879–5891; Ralph Adolphs, Daniel Tranel, Antonio Damasio, „The Human Amygdala in Social Judgment", *Nature* 393, 6684 (1998), pp. 5879–5891; Ralph Adolphs, F. Gosselin, T. Buchanan, Daniel Tranel, P. Schyns, Antonio Damasio, „A Mechanism for Impaired Fear Recognition After Amygdala Damage", *Nature* 433, 7021, (2005), pp. 68–72;

Stephen W. Porges, *The Polyvagal Theory*, W.W. Norton, New York, 2011; Kent Berridge, Morten Kringelbach, *Pleasures of the Brain*, Oxford University Press, Oxford, 2009; Mark Solms, *The Feeling Brain: Selected Papers on Neuropsychoanalysis*, Karnac Books, London, 2015; Lisa Feldman Barrett, „Emotions Are Real", *Emotion* 12, 3 (2012), 413.

3. Această dată este în continuare împinsă tot mai înapoi, ajungându-se până la aproximativ 400.000 de ani în urmă în cazul Peninsulei Iberice. Richard Leakey, *The Origin of Humankind*, Basic Books, New York, 1994; Merlin Donald, *Origins of the Modern Mind: Three Stages in the Evolution of Culture and Cognition*, Harvard University Press, Cambridge, Mass., 1991; Steven Mithen, *The Singing Neanderthals: The Origins of Music, Language, Mind, and Body*, Harvard University Press, Cambridge, Mass., 2006; Ian Tattersall, *The Monkey in the Mirror: Essays on the Science of What Makes Us Human*, Harcourt, New York, 2002; John Allen, *Home: How Habitat Made Us Human*, Basic Books, New York, 2015; Craig Stanford, John S. Allen, Susan C. Anton, *Exploring Biological Anthropology: The Essentials*,: Pearson, Upper Saddle River, N.J., 2012. CARTA, Center for Academic Research and Training in Anthropogeny, oferă foarte bune informații științifice despre cercetarea originii omului, domeniu cunoscut sub numele de antropogeneză. Vezi https://carta.anthropogeny.org/about/carta.
4. Michael Tomasello, *The Cultural Origins of Human Cognition*, Harvard University Press, Cambridge, Mass., 1999; Michael Tomasello, *A Natural History of Human Thinking*, Harvard University Press, Cambridge, Mass., 2014; Michael Tomasello, *A Natural History of Human Morality*, Harvard University Press, Cambridge, Mass., 2016.
5. Rapoarte ale Grădinii Zoologice din Londra cu privire la vizita reginei Victoria în 1842; Jonathan Weiner, „Darwin at the Zoo", *Scientific American* 295, 6 (2006), pp. 114–119.
6. Literatura consultată pentru această secțiune include Paul B. Rainey, Katrina Rainey, „Evolution of Cooperation and Conflict in Experimental Bacterial Populations", *Nature* 425, 6953 (2003), pp. 72–74; Kenneth H. Nealson, J. Woodland Hastings, „Quorum Sensing on a Global Scale: Massive Numbers of Bioluminescent Bacteria Make Milky Seas", *Applied and Environmental Microbiology* 72, 4 (2006), pp. 2295–2297; Stephen P. Diggle, Ashleigh S. Griffin, Genevieve S. Campbell, Stuart A. West, „Cooperation and Conflict in Quorum-Sensing

Bacterial Populations", *Nature* 450, 7168 (2007), pp. 411–414; Lucas R. Hoffman, David A. D'Argenio, Michael J. MacCoss, Zhaoying Zhang, Roger A. Jones, Samuel I. Miller, „Aminoglycoside Antibiotics Induce Bacterial Biofilm Formation", *Nature* 436, 7054 (2005), pp. 1171–1175; Ivan Erill, Susana Campoy, Jordi Barbé, „Aeons of Distress: An Evolutionary Perspective on the Bacterial SOS Response", *FEMS Microbiology Reviews* 31, 6 (2007), pp. 637–656; Delphine Icard-Arcizet, Olivier Cardoso, Alain Richert, Sylvie Hénon, „Cell Stiffening in Response to External Stress Is Correlated to Actin Recruitment", *Biophysical Journal* 94, 7 (2008), pp. 2906–2913; Vanessa Sperandio, Alfredo G. Torres, Bruce Jarvis, James P. Nataro, James B. Kaper, „Bacteria-Host Communication: The Language of Hormones", *Proceedings of the National Academy of Sciences* 100, 15 (2003), pp. 8951–8956; Robert K. Naviaux, „Metabolic Features of the Cell Danger Response", *Mitochondrion* 16 (2014), pp 7–17; Daniel B. Kearns, „A Field Guide to Bacterial Swarming Motility", *Nature Reviews Microbiology* 8, 9 (2010), pp. 634–644; Alexandre Persat, Carey D. Nadell, Minyoung Kevin Kim, Francois Ingremeau, Albert Siryaporn, Knut Drescher, Ned S. Wingreen, Bonnie L. Bassler, Zemer Gitai, Howard A. Stone, „The Mechanical World of Bacteria", *Cell* 161, 5 (2015), pp. 988–997; David T. Hughes, Vanessa Sperandio, „Inter-kingdom Signaling: Communication Between Bacteria and Their Hosts", *Nature Reviews Microbiology* 6, 2 (2008), pp. 111–120; Thibaut Brunet, Detlev Arendt, „From Damage Response to Action Potentials: Early Evolution of Neural and Contractile Modules in Stem Eukaryotes", *Philosophical Transactions of the Royal Society B* 371, 1685 (2016), 20150043; Laurent Keller, Michael G. Surette, „Communication in Bacteria: An Ecological and Evolutionary Perspective", *Nature Reviews* 4 (2006), pp. 249–258.

7. Alexandre Jousset, Nico Eisenhauer, Eva Materne, Stefan Sche, „Evolutionary History Predicts the Stability of Cooperation in Microbial Communities", *Nature Communications* 4 (2013), 25273.
8. Karin E. Kram, Steven E. Finkel, „Culture Volume and Vessel Affect Long-Term Survival, Mutation Frequency, and Oxidative Stress of *Escherichia coli*", *Applied and Environmental Microbiology* 80, (2014), pp. 1732–1738; Karin E. Kram, Steven E. Finkel, „Rich Medium Composition Affects *Escherichia coli* Survival, Glycation, and Mutation Frequency During Long-Term Batch Culture", *Applied and Environmental Microbiology* 81, 13 (2015), pp. 4442–4450.

9. Pierre Louis Moreau de Maupertuis, „Accord des différentes lois de la nature qui avaient jusqu'ici paru incompatibles", *Mémoires de l'Académie des Sciences* (1744), pp. 417–426; Richard Feynman, „The Principle of Least Action", în *The Feynman Lectures on Physics* 2.19, accesat 20 ianuarie 2017, http://www.feynmanlectures.caltech .edu/II_toc.html.
10. Edward O. Wilson a scris pe larg despre complexa viață socială a insectelor. Cartea sa *The Social Conquest of the Earth* (Liveright, New York, 2012) oferă o expunere detaliată a acestui fascinant domeniu de cercetare.
11. După cum am observat mai sus, relația sistematică dintre sentimente și homeostazie este întreruptă în timpul sentimentelor negative intense. Tristețea extremă nu reflectă neapărat o deficiență homeostatică extremă, dar o poate avea drept rezultat, putând chiar să conducă la sinucidere. Tristețea legată de situație și depresia exprimă contexte sociale nefavorabile, iar în aceste circumstanțe sentimentele funcționează ca indicatori ai pericolului în care se află reglarea homeostatică.
12. Talcott Parsons, „Evolutionary Universals in Society", *American Sociological Review* 29, 3 (1964), pp 339–357; Talcott Parsons, „Social Systems and the Evolution of Action Theory", *Ethics* 90, no. 4 (1980), pp. 608–611. Ideile altor gânditori din științele sociale (precum Pierre Bourdieu, Michel Foucault și Alain Touraine) sunt mai ușor de tradus în perspectiva mea biologică.
13. F. Scott Fitzgerald, *The Great Gatsby*, Scribner's, New York, 1925.

2. ÎNTR-UN ȚINUT AL NEASEMĂNĂRII

1. Expresia „într-un ținut al neasemănării" apare la Sfântul Augustin, iar poeta Jorie Graham a folosit-o ca titlu al uneia dintre primele sale cărți. În opinia mea, transmite perfect ideea că viața se petrece într-un anumit perimetru celular și că acest proces este diferit de oricare altul.
2. Freeman Dyson, *Origins of Life*, Cambridge University Press, New York, 1999.
3. Maupertuis, „Accord des différentes lois de la nature qui avaient jusqu'ici paru incompatibles"; Feynman, „Principle of Least Action".
4. Vezi Antonio Damasio, *Looking for Spinoza: Joy, Sorrow, and the Feeling Brain*, Harcourt, New York, 2003.

5. Fraza se găsește în titlul unei cărți din 1964 de Paul Éluard ilustrată de Marc Chagall. William Faulkner, discurs de acceptare a Premiului Nobel din 1949, susținut în 1950.
6. Christian de Duve, *Vital Dust: The Origin and Evolution of Life on Earth*, Basic Books, New York, 1995; Christian de Duve, *Singularities: Landmarks in the Pathways of Life*, Cambridge University Press, Cambridge, U.K., 2005.
7. Francis Crick, *Life Itself: Its Origins and Nature*, Simon & Schuster, New York, 1981.
8. Tibor Gánti, *The Principles of Life*, Oxford University Press, New York, 2003.
9. Richard Dawkins, *The Selfish Gene*, Oxford University Press, New York, 2006
10. Stanley L. Miller, „A Production of Amino Acids Under Possible Primitive Earth Conditions“, *Science* 117, 3046 (1953), pp. 528–529.
11. Pe lângă lucrările citate anterior, literatura consultată pentru pregătirea acestui text a mai inclus Eörs Szathmáry, John Maynard Smith, „The Major Evolutionary Transitions“, *Nature* 374, 6519 (1995), pp. 227–232; Arto Annila, Erkki Annila, „Why Did Life Emerge?“, *International Journal of Astrobiology* 7, 3–4 (2008), pp. 293–300; Thomas R. Cech, „The RNA Worlds in Context“, *Cold Spring Harbor Perspectives in Biology* 4, 7 (2012), a006742; Gerald F. Joyce, „Bit by Bit: The Darwinian Basis of Life“, *PLoS Biology* 10, 5 (2012), e1001323; Michael P. Robertson, Gerald F. Joyce, „The Origins of the RNA World“, *Cold Spring Harbor Perspectives in Biology* 4, 5 (2012), a003608; Liudmila S. Yafremava, Monica Wielgos, Suravi Thomas, Arshan Nasir, Minglei Wang, Jay E. Mittenthal, Gustavo Caetano- Anollés, „A General Framework of Persistence Strategies for Biological Systems Helps Explain Domains of Life“, *Frontiers in Genetics* 4 (2013), 16; Robert Pascal, Addy Pross, John D. Sutherland, „Towards an Evolutionary Theory of the Origin of Life Based on Kinetics and Thermodynamics“, *Open Biology* 3, 11 (2013), 130156; Arto Annila, Keith Baverstock, „Genes Without Prominence: A Reappraisal of the Foundations of Biology“, *Journal of the Royal Society Interface* 11, 94 (2014), 20131017; Keith Baverstock, Mauno Rönkkö, „The Evolutionary Origin of Form and Function“, *Journal of Physiology* 592, 11 (2014), pp. 2261–2265; Kepa Ruiz-Mirazo, Carlos Briones, Andrés de la Escosura, „Prebiotic Systems Chemistry:

New Perspectives for the Origins of Life", *Chemical Reviews* 114, 1 (2014), 285–366; Paul G. Higgs, Niles Lehman, „The RNA World: Molecular Cooperation at the Origins of Life", *Nature Reviews Genetics* 16, 1 (2015), pp. 7–17; Stuart Kauffman, „What Is Life?", *Israel Journal of Chemistry* 55, 8 (2015), pp. 875–79; Abe Pressman, Celia Blanco, Irene A. Chen, „The RNA World as a Model System to Study the Origin of Life", *Current Biology* 25, 19 (2015), pp. R953–R963; Jan Spitzer, Gary J. Pielak, Bert Poolman, „Emergence of Life: Physical Chemistry Changes the Paradigm", *Biology Direct* 10, 33 (2015); Arto Annila, Keith Baverstock, „Discourse on Order vs. Disorder", *Communicative and Integrative Biology* 9, 4 (2016), e1187348; Lucas John Mix, „Defending Definitions of Life", *Astrobiology* 15, 1 (2015), pp. 15–19; Robert A. Foley, Lawrence Martin, Marta Mirazón Lahr, Chris Stringer, „Major Transitions in Human Evolution," *Philosophical Transactions of the Royal Society B* 371, 1698 (2016), 20150229; Humberto R. Maturana, Francisco J. Varela, „Autopoiesis: The Organization of Living", în *Autopoiesis and Cognition*, Humberto R. Maturana, Francisco J. Varela (ed.), Reidel, Dordrecht, 1980, pp. 73–155.

12. Erwin Schrödinger, *What Is Life?*, Macmillan, New York, 1944 [Erwin Schrödinger, *Ce este viața?*, trad. de V. Efimov, Editura Politică, București, 1980].
13. Daniel G. Gibson, John I. Glass, Carole Lartigue, Vladimir N. Noskov, Ray-Yuan Chuang, Mikkel A. Algire, Gwynedd A. Benders *et al.*, „Creation of a Bacterial Cell Controlled by a Chemically Synthesized Genome", *Science* 329, 5987 (2010), pp. 52–56.

3. VARIETĂȚILE HOMEOSTAZIEI

1. Paul Butke, Scott C. Sheridan, „An Analysis of the Relationship Between Weather și Aggressive Crime in Cleveland, Ohio", *Weather, Climate, and Society* 2, 2 (2010), pp. 127–139.
2. Joshua S. Graff Zivin, Solomon M. Hsiang, Matthew J. Neidell, „Temperature and Human Capital in the Short- and Long-Run", *National Bureau of Economic Research* (2015), w21157.
3. Maya E. Kotas, Ruslan Medzhitov, „Homeostasis, Inflammation, and Disease Susceptibility", *Cell* 160, 5 (2015), pp. 816–827.
4. Antonio Damasio, Hanna Damasio, „Exploring the Concept of Homeostasis and Considering Its Implications for Economics", *Journal*

of Economic Behavior & Organization, 125, 2016, pp. 126–129, articol pe care se bazează o mare parte din acest capitol; Antonio Damasio, *Self Comes to Mind: Constructing the Conscious Brain*, Pantheon, New York 2010 [*Sinele: Construirea creierului conștient*, trad. de Doina Lică, Humanitas, București, 2016]; Damasio, Carvalho, „Nature of Feelings"; Kent C. Berridge, Morten L. Kringelbach, „Pleasure Systems in the Brain", *Neuron* 86, 3 (2015), pp. 646–664.

5. Pentru o sinteză scurtă și inteligentă a acestei cercetări, vezi Michael Pollan, „The Intelligent Plant", *New Yorker*, 23 și 30 dec. 2013; Anthony J. Trewavas, „Aspects of Plant Intelligence", *Annals of Botany* 92, 1 (2003), pp. 1–20; Anthony J. Trewavas, „What Is Plant Behaviour?", *Plant, Cell, and Environment* 32, 6 (2009), pp. 606–616.
6. John S. Torday, „A Central Theory of Biology", *Medical Hypotheses* 85, 1 (2015), pp. 49–57.
7. Claude Bernard, *Leçons sur les phénoménes de la vie communs aux animaux et aux végétaux*, Librarie J. B. Baillière et Fils, Paris, 1879.
8. Walter B. Cannon, „Organization for Physiological Homeostasis", *Physiological Reviews* 9, 3 (1929), pp. 399–431; Walter B. Cannon, *The Wisdom of the Body*, Norton, New York, 1932; Curt P. Richter, „Total Self- Regulatory Functions in Animals and Human Beings", *Harvey Lecture Series* 38, 63 (1943), pp. 1942–1943.
9. Bruce S. McEwen, „Stress, Adaptation, and Disease: Allostasis and Allostatic Load", *Annals of the New York Academy of Sciences* 840, 1 (1998), pp. 33–44.
10. Trevor A. Day, „Defining Stress as a Prelude to Mapping Its Neurocircuitry: No Help from Allostasis", *Progress in Neuro- psychopharmacology and Biological Psychiatry* 29, 8 (2005), pp. 1195–1200.
11. David Lloyd, Miguel A. Aon, Sonia Cortassa, „Why Homeodynamics, Not Homeostasis?", *Scientific World Journal* 1 (2001), pp. 133–145.

4. DE LA CELULE LA SISTEMUL NERVOS ȘI LA MINTE

1. Margaret McFall-Ngai, „The Importance of Microbes in Animal Development: Lessons from the Squid-Vibrio Symbiosis", *Annual Review of Microbiology* 68 (2014), pp. 177–194; Margaret McFall-Ngai, Michael G. Hadfield, Thomas C.G. Bosch, Hannah V. Carey, Tomislav Domazet-Lošo, Angela E. Douglas, Nicole Dubilier *et al.*, „Animals in a

Bacterial World, a New Imperative for the Life Sciences", *Proceedings of the National Academy of Sciences* 110, 9 (2013), pp. 3229–3236.
2. Lynn Margulis, *Symbiotic Planet: A New View of Evolution*, Basic Books, New York, 1998.
3. Intervalul de timp necesar apariției sistemelor circulatorii, imunitare și hormonale variază foarte mult. Sistemele circulatorii și-au făcut apariția cu aproximativ 700 de milioane de ani în urmă. Cavitatea gastrovasculară a cnidarilor (de acum aproximativ 740 milioane de ani) este un sistem protocirculator, după cum se afirmă în Eunji Park, Dae-Sik Hwang, Jae-Seong Lee, Jun- Im Song, Tae- Kun Seo, Yong- Jin Won, „Estimation of Divergence Times in Cnidarian Evolution Based on Mitochondrial Protein- Coding Genes and the Fossil Record", *Molecular Phylogenetics and Evolution* 62, 1 (2012), pp. 329–345. Sistemele circulatorii deschise permit sângelui și limfei să se amestece liber și sunt prezente la artropode de acum 600 milioane de ani (Gregory D. Edgecombe and David A. Legg, „Origins and Early Evolution of Arthropods", *Palaeontology* 57, 3 [2014], pp. 457–468). Sistemul circulator închis al vertebratelor este caracterizat de prezența unei bariere celulare (endoteliul) ce separă celulele de sângele aflat în circulație. Endoteliul a evoluat la vertebratele ancestrale în urmă cu 510–540 milioane de ani și a optimizat dinamica fluidelor, funcția de barieră, imunitatea locală și coagularea (R. Monahan- Earley, A.M. Dvorak, W.C. Aird, „Evolutionary Origins of the Blood Vascular System and Endothelium", *Journal of Thrombosis and Haemostasis* 11, S1 [2013], pp. 46–66). Sistemul imunitar înnăscut pare să își aibă originea la cnidari, în perioada Precambrianului (Thomas C.G. Bosch, Rene Augustin, Friederike Anton-Erxleben, Sebastian Fraune, Georg Hemmrich, Holger Zill, Philip Rosenstiel *et al.*, „Uncovering the Evolutionary History of Innate Immunity: The Simple Metazoan Hydra Uses Epithelial Cells for Host Defence", *Developmental and Comparative Immunology* 33, 4 [2009], pp. 559–569). Sistemul imunitar adaptativ apărut în urmă cu aproximativ 450 milioane de ani, la vertebratele mandibulate (gnatostome) (Martin F. Flajnik, Masanori Kasahara, „Origin and Evolution of the Adaptive Immune System: Genetic Events and Selective Pressures", *Nature Reviews Genetics* 11, 1 [2010], pp. 47–59). Reglarea hormonală are origini mult mai îndepărtate decât ne-am aștepta, care pot fi identificate până la organismele unicelulare. Celulele bacteriene „comunică" cu molecule asemănătoare hormonilor,

numite autoinductori, care coordonează expresia genetică (Vanessa Sperandio, Alfredo G. Torres, Bruce Jarvis, James P. Nataro, James B. Kaper. „Bacteria-Host Communication"). În plus, molecule asemănătoare insulinei au fost identificate la organisme unicelulare (Derek Le Roith, Joseph Shiloach, Jesse Roth, Maxine A. Lesniak, „Evolutionary Origins of Vertebrate Hormones: Substances Similar to Mammalian Insulins Are Native to Unicellular Eukaryotes", *Proceedings of the National Academy of Sciences* 77, 10 [1980], pp. 6184–6188).

4. Pentru lecturi suplimentare referitoare la activitatea neuronilor, vezi Eric Kandel, James H. Schwartz, Thomas M. Jessell, Steven A. Siegelbaum, A.J. Hudspeth, *Principles of Neural Science*, ediția a cincea, McGraw-Hill, New York, 2013.
5. František Baluška, Stefano Mancuso, „Deep Evolutionary Origins of Neurobiology: Turning the Essence of «Neural» Upside-Down", *Communicative and Integrative Biology* 2, 1 (2009), pp. 60–65.
6. Damasio, Carvalho, „Nature of Feelings".
7. Anil K. Seth, „Interoceptive Inference, Emotion, and the Embodied Self", *Trends in Cognitive Sciences* 17, 11 (2013), pp. 565–573.
8. Andreas Hejnol, Fabian Rentzsch, „*Neural* Nets", *Current Biology* 25, 18 (2015), pp. R782–R786.
9. Detlev Arendt, Maria Antonietta Tosches, Heather Marlow, „From Nerve Net to Nerve Ring, Nerve Cord, and Brain – Evolution of the Nervous System", *Nature Reviews Neuroscience* 17, 1 (2016), pp. 61–72. După cum va reieși cu claritate, pun în contrast „inteligența", de care organismele unicelulare sunt pe deplin capabile, cu „mintea, conștiința și sentimentele", care, în opinia mea, necesită prezența unui sistem nervos.
10. Pentru detalii legate de neuroanatomie, vezi Larry W. Swanson, *Brain Architecture: Understanding the Basic Plan*, Oxford University Press, Oxford, 2012; Hanna Damasio, *Human Brain Anatomy in Computerized Images*, ediția a doua, Oxford University Press, New York, 2005; Kandel *et al.*, *Principles of Neural Science*.
11. Datorăm această idee fundamentală lui Warren McCulloch, unul dintre pionierii neuroștiințelor moderne și unul dintre fondatorii neuroștiințelor computaționale. Dacă ar fi trăit astăzi, ar fi fost un critic vehement al primelor sale teorii. Warren S. McCulloch, Walter Pitts, „A Logical Calculus of the Ideas Immanent in Nervous Activity",

Bulletin of Mathematical Biophysics 5, 4 (1943), pp. 115–133; Warren S. McCulloch, *Embodiments of Mind*, MIT Press, Cambridge, Mass., 1965.

12. Neuronii pot comunica cu alți neuroni nu numai prin intermediul sinapselor, ci și prin „căi laterale de comunicare, mediate de fluxul extracelular". Fenomenul este cunoscut sub numele de efapsă (vezi Damasio, Carvalho, „Nature of Feelings", pentru o ipoteză legată de acest aspect).

5. ORIGINEA MINȚII

1. Există numeroase dovezi care susțin această teorie. Pentru o expunere exhaustivă, vezi František Baluška, Michael Levin, „On Having No Head: Cognition Throughout Biological Systems", *Frontiers in Psychology* 7 (2016).
2. Senzația și reacția în raport cu lumea exterioară sunt puternic reduse și aproape eliminate în cursul somnului profund și al anesteziei profunde. Interiorul corpului continuă să fie perceput și să producă reacții de diferite grade în vederea menținerii homeostaziei. Anestezia este de regulă considerată o negare a conștiinței, dar nu e în esență așa. František Baluška *et al.*, „Understanding of Anesthesia – Why Consciousness Is Essential for Life and Not Based on Genes", *Communicative and Integrative Biology* 9, 6 (2016), e1238118. Se pare că *toate* creaturile vii pot fi anesteziate, inclusiv plantele. Anestezia suspendă procesul specific senzației și reacției. Cred că la ființele complexe cum sunt oamenii anestezia suspendă sentimentele și conștiința deoarece acestea depind de mașinăria generală a senzației și reacției. Dar sentimentele și conștiința depind și de alte procese: nu se limitează la senzații și reacții. Prin urmare, *nu* avem cum să conchidem că bacteriile au sentimente și conștiință pe baza reacției lor la anestezice. Comportamentul complex și obișnuit al bacteriilor nu necesită sentimente și conștiință în felul în care aceste fenomene sunt definite de obicei, așa cum voi discuta în următoarele capitole.
3. Descoperirile făcute de Tootell și colegii săi au fost lămuritoare în acest sens. Roger B.H. Tootell, Eugene Switkes, Martin S. Silverman, Susan L. Hamilton, „Functional Anatomy of Macaque Striate Cortex. II. Retinotopic Organization", *Journal of Neuroscience* 8 (1983), pp. 1531–1568. Vezi și David Hubel, Torsten Wiesel, *Brain and Visual Perception*,

Oxford University Press, New York, 2004; Stephen M. Kosslyn, *Image and Mind*, Harvard University Press, Cambridge, Mass.,1980; Stephen M. Kosslyn, Giorgio Ganis, William L. Thompson, „Neural Foundations of Imagery", *Nature Reviews Neuroscience* 2 (2001), pp. 635–642; Stephen M. Kosslyn, William L. Thompson, Irene J. Kim, Nathaniel M. Alpert, „Topographical Representations of Mental Images in Primary Visual Cortex", *Nature* 378 (1995), pp. 496–498; Scott D. Slotnick, William L. Thompson, Stephen M. Kosslyn, „Visual Mental Imagery Induces Retinotopically Organized Activation of Early Visual Areas", *Cerebral Cortex* 15 (2005), pp. 1570–1583; Stephen M. Kosslyn, Alvaro Pascual-Leone, Olivier Felician, Susana Camposano *et al.* „The Role of Area 17 in Visual Imagery: Convergent Evidence from PET and rTMS", *Science* 284 (1999), pp. 167–170; Lawrence W. Barsalou, „Grounded Cognition", *Annual Review of Psychology* 59 (2008), pp. 617–645; W. Kyle Simmons, Lawrence W. Barsalou, „The Similarity-in-Topography Principle: Reconciling Theories of Conceptual Deficits", *Cognitive Neuropsychology* 20 (2003), pp. 451–486; Martin Lotze, Ulrike Halsband, „Motor Imagery", *Journal of Physiology, Paris* 99 (2006), pp. 386–395; Gerald Edelman, *Neural Darwinism: The Theory of Neural Group Selection*, Basic Books, New York, 1987, oferă o discuție utilă în legătură cu hărțile neuronale și insistă pe noțiunea de valoare aplicată în selectarea hărților; Kathleen M. O'Craven, Nancy Kanwisher, „Mental Imagery of Faces and Places Activates Corresponding Stimulus-Specific Brain Regions", *Journal of Cognitive Neuroscience* 12 (2000), pp. 1013–1023; Martha J. Farah, „Is Visual Imagery Really Visual? Overlooked Evidence from Neuropsychology", *Psychological Review* 95 (1988), pp. 307–317; *Principles of Neural Science: Fifth Edition*, Eric Kandel, James H. Schwartz, Thomas M. Jessell, Steven A. Siegelbaum, A. J. Hudspeth (ed.), McGraw-Hill, New York, 2013.

4. Hejnol and Rentzsch, „Neural Nets".
5. Inge Depoortere, „Taste Receptors of the Gut: Emerging Roles in Health and Disease", *Gut* 63, 1 (2014), pp. 179–190. Pentru a simplifica lucrurile, nu am luat în considerare simțul vestibular, care ne informează cu privire la poziția corpului în spațiul tridimensional. Simțul vestibular este strâns legat de auz atât din punct de vedere anatomic, cât și funcțional. Senzorii sunt situați la nivelul urechii interne, deci în cap. Simțul nostru de echilibru se bazează pe sistemul vestibular.
6. Semnalele de la fiecare simț sunt mai întâi procesate în regiuni corticale „timpurii" (de exemplu, cortexul vizual, cel auditiv sau cel

somatosenzorial), dar aceste semnale sau unele asemănătoare lor sunt ulterior integrate, în funcție de necesități, în cortexurile de asociație ale regiunilor temporale, parietale și chiar frontale. Fiecare dinte aceste regiuni este interconectată prin intermediul unor căi de comunicare bidirecționale. Procesarea este mai departe susținută de rețele de sprijin, cum ar fi rețelele modului implicit, și prin semnalele modulatoare normale provenite de la nucleii trunchiului cerebral și cei ai prozencefalului bazal. Kingson Man, Antonio Damasio, Kaspar Meyer, Jonas T. Kaplan, „Convergent and Invariant Object Representations for Sight, Sound, and Touch", *Human Brain Mapping* 36, 9 (2015), pp. 3629–3640, doi:10.1002/hbm.22867; Kingson Man, Jonas T. Kaplan, Hanna Damasio, Antonio Damasio, „Neural Convergence and Divergence in the Mammalian Cerebral Cortex: From Experimental Neuroanatomy to Functional Neuroimaging", *Journal of Comparative Neurology* 521, 18 (2013), pp. 4097–4111, doi:10.1002/cne.23408; Kingson Man, Jonas T. Kaplan, Antonio Damasio, Kaspar Meyer, „Sight and Sound Converge to Form Modality-Invariant Representations in Temporoparietal Cortex", *Journal of Neuroscience* 32, 47 (2012), pp. 16629–16636, doi:10.1523/JNEUROSCI.2342-12.2012. Pentru o expunere a arhitecturii neuronale capabile să susțină astfel de procese, vezi Antonio Damasio *et al.*, „Neural Regionalization of Knowledge Access: Preliminary Evidence", *Symposia on Quantitative Biology* 55 (1990), pp. 1039–1047; Antonio Damasio, „Time-Locked Multiregional Retroactivation: A Systems- Level Proposal for the Neural Substrates of Recall and Recognition", *Cognition* 33 (1989), pp. 25–62; Antonio Damasio, Daniel Tranel, Hanna Damasio, „Face Agnosia and the Neural Substrates of Memory", *Annual Review of Neuroscience* 13 (1990), pp. 89–109. Vezi și Kaspar Meyer, Antonio Damasio, „Convergence and Divergence in a Neural Architecture for Recognition and Memory", *Trends in Neurosciences* 32, 7 (2009), pp. 376–382. Descoperirea celulelor de poziționare din hipocamp (de către J. O'Keefe) și a celulelor de rețea din cortexul entorinal (de către M. H. și E. Moser) ne-a permis să înțelegem mai bine aceste sisteme.

6. EXPANSIUNEA MINȚII

1. Fernando Pessoa, *The Book of Disquiet*, Penguin Books, New York, 2001 [Fernando Pessoa, *Cartea neliniștirii*, trad. de Dinu Flămând, Humanitas, București, 2012, p. 340].
2. Visând cu ochii deschiși la succesul său trecător, personajul lui Oscar Levant, un compozitor, se imaginează pe scena unei săli de concert cântând la pian pentru un public alcătuit din mai mulți Oscar Levant, care aplaudă cu entuziasm, desigur. În cele din urmă, acesta cântă și la alte instrumente și chiar dirijează în același timp.
3. Simplificarea descrierii relației dintre periferie și creier este una dintre principalele probleme căreia trebuie să-i facă față orice încercare de a înțelege procesele mentale în termeni biologici. Procesul efectiv contrazice concepția tradițională potrivit căreia creierul este un organ separat ce primește semnale asemenea unui computer și răspunde în funcție de necesități. Realitatea este că semnalele nu sunt niciodată pur neuronale și se schimbă treptat pe drumul către sistemul nervos central. În plus, sistemul nervos poate răspunde la semnalele primite la diferite niveluri și, astfel, poate modifica condițiile inițiale care au generat acele semnale.
4. Investigarea bazei neuronale a procesării conceptelor și limbajului a reprezentat unul dintre principalele domenii de cercetare din neuroștiința cognitivă. Grupul nostru de cercetare a adus noi rezultate în acest domeniu, iar următoarele elemente bibliografice evidențiază unele dintre contribuțiile noastre de-a lungul anilor: Antonio Damasio, Patricia Kuhl, „Language", în Kandel *et al.*, *Principles of Neural Science*; Hanna Damasio, Daniel Tranel, Thomas J. Grabowski, Ralph Adolphs, Antonio Damasio, „Neural Systems Behind Word and Concept Retrieval", *Cognition* 92, 1 (2004), pp. 179–229; Antonio Damasio, Daniel Tranel, „Nouns and Verbs Are Retrieved with Differently Distributed Neural Systems", *Proceedings of the National Academy of Sciences* 90, 11 (1993), pp 4957–4960; Antonio Damasio, „Concepts in the Brain", *Mind and Language* 4, 1–2 (1989), pp. 24–28, doi:10.1111/j.1468-0017.tb00236.x; Antonio Damasio, Hanna Damasio, „Brain and Language", *Scientific American* 267 (1992), pp. 89–95.
5. Corelatele neuronale ale procesului construirii narațiunilor pot fi acum studiate în laborator. Vezi, de exemplu, Jonas Kaplan, Sarah I. Gimbel, Morteza Dehghani, Mary Helen Immordino-Yang, Kenji

Sagae, Jennifer D. Wong, Christine Tipper, Hanna Damasio, Andrew S. Gordon, Antonio Damasio, „Processing Narratives Concerning Protected Values: A Cross-Cultural Investigation of Neural Correlates", *Cerebral Cortex* (2016), pp. 1–11, doi:10.1093/cercor/ bhv325.

6. Sintagma „rețeaua modului implicit" se referă la un grup de regiuni corticale bilaterale care devin active în mod deosebit în anumite condiții comportamentale și mentale, cum ar fi repaosul și hoinărirea minții, și pot deveni mai puțin active atunci când mintea este concentrată asupra unui conținut particular. Sau poate că nu, deoarece în anumite condiții de procesare atentă rețeaua devine, de fapt, *mai* activă. Nodurile acestei rețele corespund unor regiuni de înaltă convergență și divergență a conexiunilor corticale din interiorul cortexurilor de asociație. Rețeaua joacă, probabil, un rol în organizarea conținuturilor mentale în procesul de sondare a memoriei și de alcătuire a narațiunilor. Multe dintre trăsăturile acestei rețele (și ale altor rețele înrudite) sunt o enigmă. Observațiile atente ale lui Marcus Raichle au dus la descoperirea ei. Marcus E. Raichle, „The Brain's Default Mode Network", *Annual Review of Neuroscience* 38 (2015), pp. 433–447.
7. Meyer, Damasio, „Convergence and Divergence in a Neural Architecture for Recognition and Memory" și alte articole asemănătoare referitoare la schema convergență–divergență.
8. Filozoful Avishai Margalit a adus o contribuție importantă la studiul acestor aspecte, vezi *The Ethics of Memory*, Harvard University Press, Cambridge, Mass., 2002.

7. AFECTELE

1. Vezi *Descartes' Error* pentru o descriere a noțiunii de „buclă corporală ca-și-cum". Descrierea sentimentelor de către Lisa Feldman Barrett cuprinde ideea mea despre sentimentele intelectualizate și atrage atenția asupra unei elaborări a procesului fundamental al sentimentelor care se bazează pe memorie și rațiune. Lisa Feldman Barrett, Batja Mesquita, Kevin N. Ochsner, James J. Gross, „The Experience of Emotion", *Annual Review of Psychology* 58 (2007), p. 373.
2. Fac o distincție de principiu între conținuturile mentale care aparțin procesului de bază al sentimentelor (de exemplu, valența) și conținuturile mentale care aparțin intelectualizării procesului: amintirile,

raționamentele, descrierile. Doar dau Cezarului ce este al Cezarului, și nimic mai mult.

3. Lauri Nummenmaa, Enrico Glerean, Riitta Hari, Jari K. Hietanen, „Bodily Maps of Emotions“, *Proceedings of the National Academy of Sciences* 111, 2 (2014), pp. 646–651.
4. William Wordsworth, „Lines Composed a Few Miles Above Tintern Abbey, on Revisiting the Banks of the Wye During a Tour, July 13, 1798“, în *Lyrical Ballads*, Old Stile Press, Monmouthshire, U.K., 2002, pp. 111–117.
5. Comunicare personală de la Mary Helen Immordino-Yang.
6. Condițiile fiziologice recompensatoare sunt asociate cu eliberarea moleculelor de endorfine endogene, care sunt agoniști pentru receptorul ^{2}-opioid (MOR). Acești receptori sunt cel mai bine cunoscuți în contextul analgeziei și al dependenței de droguri, dar, recent, le-a fost atribuită medierea calității plăcute a unor experiențe. Morten L. Kringelbach, Kent C. Berridge, „Motivation and Pleasure in the Brain“, în *The Psychology of Desire*, Wilhelm Hofmann, Loran F. Nordgren (ed.), Guilford Press, New York, 2015, pp. 129–145.
7. Prin definiție, stresul este costisitor din punct de vedere metabolic, iar studii recente au demonstrat că, deși stresul acut poate crește puterea sistemului imunitar, stresul cronic are efectul opus, deoarece inhibă capacitatea unui organism de a lupta împotriva provocărilor imune. Implicarea răspunsului imunitar activează fabricile celulare care produc celule specializate. Procesul este costisitor din punct de vedere metabolic, iar declanșarea unui răspuns imunitar eficient necesită uneori mai multe resurse decât poate să pună la dispoziție un organism, mai ales dacă se află deja într-o stare de stres. Când apare această situație, starea de bine a organismului se deteriorează și, pe măsură ce alte rezerve se epuizează pentru a contribui la apărare, apar epuizarea și letargia, reducând în continuare șansele de recuperare completă. În acest context, este evident că un organism nestresat va avea cele mai mari șanse de a crea un răspuns imunitar eficient și, prin urmare, cele mai mari șanse de a alimenta o stare de prosperitate. Vezi Terry L. Derting, Stephen Compton, „Immune Response, Not Immune Maintenance, Is Energetically Costly in Wild White-Footed Mice (*Peromyscus leucopus*)“, *Physiological and Biochemical Zoology* 76, 5 (2003), pp. 744–752; Firdaus S. Dhabhar, Bruce S. McEwen, „Acute Stress Enhances While

Chronic Stress Suppresses Cell-Mediated Immunity in Vivo: A Potential Role for Leukocyte Trafficking", *Brain, Behavior, and Immunity* 11, 4 (1997), pp. 286–306; Suzanne C. Segerstrom, Gregory E. Miller, „Psychological Stress and the Human Immune System: A Meta-analytic Study of 30 Years of Inquiry", *Psychological Bulletin* 130, 4 (2004), p. 601. Stresul activează axa hipotalamo-hipofizară și induce eliberarea hormonului corticotropinei (CRH), care se leagă de receptorii CRH1 și determină eliberarea de dinorfină, o clasă diferită de peptide opioide endogene. Dinorfina este un agonist al receptorului κ-opioid (KOR): dacă, pe de o parte, MOR sunt asociați cu calitatea plăcută a experiențelor, pe de altă parte, activitatea KOR din amigdala bazolaterală este asociată cu reacția față de experiențelle neplăcute. Vezi Benjamin B. Land *et al.*, „The Dysphoric Component of Stress Is Encoded by Activation of the Dynorphin K-Opioid System", *Journal of Neuroscience* 28, 2 (2008), pp. 407–414; Michael R. Bruchas, Benjamin B. Land, Julia C. Lemos, Charles Chavkin, „CRF1-R Activation of the Dynorphin/ Kappa Opioid System in the Mouse Basolateral Amygdala Mediates Anxiety-Like Behavior", *PLoS One* 4, 12 (2009), e8528.

8. Jaak Panksepp a adus contribuții fundamentale la înțelegerea rolului avut de trunchiul cerebral și de prozencefalul bazal în afect. Vezi Panksepp, *Affective Neuroscience*; alte lucrări relevante includ Antonio Damasio, Thomas J. Grabowski, Antoine Bechara, Hanna Damasio, Laura L.B. Ponto, Josef Parvizi, Richard Hichwa, „Subcortical and Cortical Brain Activity During the Feeling of Self-Generated Emotions", *Nature Neuroscience* 3, 10 (2000), pp. 1049–1056, doi:10.1038/79871; Antonio Damasio, Joseph LeDoux, „Emotion", în Kandel *et al.*, *Principles of Neural Science*. Vezi Berridge, Kringelbach, *Pleasures of the Brain*, Oxford University Press, Oxford, 2009; Damasio, Carvalho, „Nature of Feelings"; Josef Parvizi, Antonio Damasio, „Consciousness and the Brainstem", *Cognition* 79, 1 (2001), pp. 135–160, doi:10.1016/S0010-0277(00)00127-X. Pentru unele discuții recente, vezi Anand Venkatraman, Brian L. Edlow, Mary Helen Immordino-Yang, „The Brainstem in Emotion: A Review", *Frontiers in Neuroanatomy* 11, 15 (2017), pp. 1–12; Jaak Panksepp, „The Basic Emotional Circuits of Mammalian Brains: Do Animals Have Affective Lives?", *Neuroscience and Biobehavioral Reviews* 35, 9 (2011), pp. 1791–1804; Antonio Alcaro, Jaak Panksepp, „The SEEKING Mind: Primal Neuro-affective Substrates for Appetitive

Incentive States and Their Pathological Dynamics in Addictions and Depression“, *Neuroscience and Biobehavioral Reviews* 35, 9 (2011), pp. 1805–1820; Stephen M. Siviy, Jaak Panksepp, „In Search of the Neurobiological Substrates for Social Playfulness in Mammalian Brains“, *Neuroscience and Biobehavioral Reviews* 35, 9 (2011), pp. 1821–1830; Jaak Panksepp, „Cross-Species Affective Neuroscience Decoding of the Primal Affective Experiences of Humans and Related Animals“, *PLoS One* 6, 9 (2011), e21236.

9. Atunci când auzi un țipăt și te cuprinde teama, mecanismul din spatele acestui sentiment emoțional se bazează pe o reacție afectivă declanșată de caracteristicile acustice ale țipătului; înălțimea sunetului poate contribui la reacție, dar, de fapt, se pare că elementul critic este *asprimea* sunetului. Circumstanțele în care auzi țipătul sunt de asemenea relevante. Dacă o aud pe Janet Leight țipând în *Stigmatul răului* de Orson Welles (sau în *Psycho* de Hitchcock), pe care le-am văzut de multe ori, este vorba despre un țipăt la care mă aștept. Reacția afectivă este încă acolo, dar e surdă. Aș putea chiar să înlocuiesc sentimentul negativ cu unul pozitiv în timp ce observ felul în care Welles a montat scena cu pricina. Dar dacă aud un țipăt asemănător când sunt singur, noaptea, pe o alee unde mi-am parcat mașina, povestea e cu totul alta. Voi fi speriat. Voi avea o variație a fricii afective „convenționale“ și a sentimentului fricii ce îi urmează. Consecința inevitabilă a desfășurării acestui program afectiv este modificarea unor aspecte ale stării homeostatice în derulare. Reprezentarea mentală a acestui proces de modificare și punctul său culminant (durabil sau trecător) sunt sentimente emoționale, varietatea standard a sentimentului provocat. Vezi Luc H. Arnal, Adeen Flinker, Andreas Kleinschmidt, Anne-Lise Giraud, David Poeppel, „Human Screams Occupy a Privileged Niche in the Communication Soundscape“, *Current Biology* 25, 15 (2015), pp. 2051–2056; Ralph Adolphs, Hanna Damasio, Daniel Tranel, Greg Cooper, Antonio Damasio, „A Role for Somatosensory Cortices in the Visual Recognition of Emotion as Revealed by Three-Dimensional Lesion Mapping“, *Journal of Neuroscience* 20, 7 (2000), pp. 2683–2690.
10. „Dorința“ de relații sociale este, în mod nesurprinzător, veche și motivată homeostatic. Organismele unicelulare manifestă forme primordiale ale acestor fenomene și putem găsi alte exemple la păsări și la mamifere. În natură, transmiterea mai accentuată a paraziților și

concurența pentru resurse între animalele sociale pot reduce succesul reproductiv și longevitatea. Acest lucru poate fi rezolvat prin toaletare socială, un comportament adaptativ care nu numai că reduce încărcătura parazitară, ci și alimentează legăturile sociale și alianțele dintre indivizii care practică așa ceva. La unele primate, toaletarea reciprocă este piesa centrală a sistemelor complexe de ierarhie socială, a reciprocității și a schimbului de resurse sau de servicii. Vezi Cyril C. Greuter, Annie Bissonnette, Karin Isler, Carel P. van Schaik, „Grooming and Group Cohesion in Primates: Implications for the Evolution of Language", *Evolution and Human Behavior* 34, 1 (2013), pp. 61–68; Karen McComb, Stuart Semple, „Coevolution of Vocal Communication and Sociality in Primates", *Biology Letters* 1, 4 (2005), pp. 381–385; Max Henning, Glenn R. Fox, Jonas Kaplan, Hanna Damasio, Antonio Damasio, „A Role for mu-Opioids in Mediating the Positive Effects of Gratitude", în *Focused Review: Frontiers in Psychology*, 21 iunie 2017, doi.org/ 10.3389/ fpsyg.2017.00868.

11. Comportamentul ce ține de jocul social este mediat de circuite cerebrale subcorticale. Cercetările au arătat că hârjoana animalelor tinere este esențială pentru învățarea comportamentelor sociale acceptabile. Pisicile domestice care cresc fără joc social devin agresive mai târziu în viață. În plus, comportamentul asociat cu jocul social pare să fie modulat de mecanisme opiodidergice, iar activarea receptorilor ^{2}- și κ-opioid exercită efecte facilitatorii sau inhibitorii. Aceste mecanisme opioide sunt asociate în general cu pornirile homeostatice și cu valența afectivă; implicarea lor în sociabilitate sugerează că în spatele comportamentului prosocial se află o motivație homeostatică. Vezi Siviy, Panksepp, „In Search of the Neurobiological Substrates for Social Playfulness in Mammalian Brains"; Panksepp, „Cross-Species Affective Neuroscience Decoding of the Primal Affective Experiences of Humans and Related Animals"; Gary W. Guyot, Thomas L. Bennett, Henry A. Cross, „The Effects of Social Isolation on the Behavior of Juvenile Domestic Cats", *Developmental Psychobiology* 13, 3 (1980), pp. 317–329; Louk J.M.J. Vanderschuren, Raymond J.M. Niesink, Berry M. Spruijt, Jan M. Van Ree, „^{2}-and κ-Opioid Receptor-Mediated Opioid Effects on Social Play in Juvenile Rats", *European Journal of Pharmacology* 276, 3 (1995), pp. 257–266; Hugo A. Tejeda, Danielle S. Counotte, Eric Oh, Sammanda Ramamoorthy, Kristin N. Schultz-Kuszak, Cristina M.

Bäckman, Vladmir Chefer, Patricio O'Donnell, Toni S. Shippenberg, „Prefrontal Cortical Kappa-Opioid Receptor Modulation of Local Neurotransmission and Conditioned Place Aversion", *Neuropsychopharmacology* 38, 9 (2013), pp. 1770–1779; Stephen W. Porges, *The Polyvagal Theory*, W.W. Norton, New York, 2011.
În studii recente întreprinse pe specii înzestrate cu un sistem neuronal necesar pentru formarea de imagini, valența pozitivă și negativă a fost corelată în mod sistematic cu receptorii ^{2}- și κ-opioid. Quartetul de receptori opioizi (δ, ^{2}, κ și NOP) din corpul uman este conservat de pe vremea apariției vertebratelor mandibulate, după explozia cambriană de acum aproximativ 450 milioane de ani, și este interesant de luat în considerare posibilitatea ca valența și chiar sentimentele să fi fost mult mai larg răspândite în regnul animal decât se crede de obicei. Susanne Dreborg, Görel Sundström, Tomas A. Larsson, Dan Larhammar, „Evolution of Vertebrate Opioid Receptors", *Proceedings of the National Academy of Sciences* 105, 40 (2008), pp. 15487–15492.

8. CONSTRUIREA SENTIMENTELOR

1. Pierre Beaulieu *et al.*, *Pharmacology of Pain*, Lippincott Williams & Wilkins, Philadelphia, 2015.
2. George B. Stefano, Beatrice Salzet, Gregory L. Fricchione, „Enkelytin and Opioid Peptide Association in Invertebrates and Vertebrates: Immune Activation and Pain", *Immunology Today* 19, 6 (1998), pp. 265–268; Michel Salzet, Aurélie Tasiemski, „Involvement of Pro-enkephalin-derived Peptides in Immunity", *Developmental and Comparative Immunology* 25, 3 (2001), pp. 177–185; Halina Machelska, Christoph Stein, „Leukocyte- Derived Opioid Peptides and Inhibition of Pain", *Journal of Neuroimmune Pharmacology* 1, 1 (2006), pp. 90–97; Simona Farina, Michele Tinazzi, Domenica Le Pera, Massimiliano Valeriani, „Pain-Related Modulation of the Human Motor Cortex", *Neurological Research* 25, 2 (2003), pp. 130–142; Stephen B. McMahon, Federica La Russa, David L.H. Bennett, „Crosstalk Between the Nociceptive and Immune Systems in Host Defense and Disease", *Nature Reviews Neuroscience* 16, 7 (2015), 389–402.
3. Brunet, Arendt, „From Damage Response to Action Potentials"; Hoffman *et al.*, „Aminoglycoside Antibiotics Induce Bacterial Biofilm

Formation"; Naviaux, „Metabolic Features of the Cell Danger Response"; Icard-Arcizet *et al.*, „Cell Stiffening in Response to External Stress Is Correlated to Actin Recruitment"; Kearns, „Field Guide to Bacterial Swarming Motility"; Erill, Campoy, Barbé, „Aeons of Distress". Canalele ionice ce determină variații tranzitorii ale potențialului (TRP) acționează ca senzori în organismele unicelulare și sunt conservați în filogenie. La nevertebrate, de exemplu, acești senzori pot detecta condiții ambientale nocive, precum temperatura crescută, și sunt, astfel, importanți pentru deplasarea în siguranță. Combinarea sistemelor de detecție a situațiilor nocive cu sistemul nervos a dus, în cele din urmă, la dezvoltarea unei întregi clase de neuroni senzoriali numiți nociceptori. Acești neuroni sunt distribuiți în întreaga structură corporală și sunt echipați cu canale ionice TRP cu prag înalt ce reacționează la intensitatea nocivă a unor senzații altminteri nevătămătoare. Nociceptorii sunt echipați și cu receptori de tip Toll (TLR), santinelele sistemului imunitar, care sunt distribuiți în tot corpul. Activarea receptorilor TLR induce un răspuns imunitar și, odată activați, nociceptorii TLR produc un răspuns inflamator puternic și localizat ce contribuie la creșterea sensibilității la durerea asociată cu o leziune sau cu o infecție. Durerea, la rândul ei, inhibă cortexul motor și, după cum s-a demonstrat, inhibă inițierea mișcării în sine prin activarea grupelor musculare antagoniste. În caz de vătămare, acest mecanism ar putea preveni apariția unor răni suplimentare.
Aferențele senzoriale nociceptive se ocupă de durere și de alte leziuni, în timp ce aferențele nenociceptive culeg alte informații importante despre condițiile din interiorul și exteriorul organismului, producând astfel imagini procesate simultan. Sistemul nervos permite localizarea precisă a stimulării senzoriale și coordonarea diferitelor procese fiziologice complexe ce integrează toate sistemele de reglare vitală în vederea obținerii echilibrului homeostatic. Giorgio Santoni, Claudio Cardinali, Maria Beatrice Morelli, Matteo Santoni, Massimo Nabissi, Consuelo Amantini, „Danger- and Pathogen-Associated Molecular Patterns Recognition by Pattern-Recognition Receptors and Ion Channels of the Transient Receptor Potential Family Triggers the Inflammasome Activation in Immune Cells and Sensory Neurons", *Journal of Neuroinflammation* 12, 1 (2015), p. 21; McMahon, La Russa, Bennett, „Crosstalk Between the Nociceptive and Immune

Systems in Host Defense and Disease"; Ardem Patapoutian, Simon Tate, Clifford J. Woolf, „Transient Receptor Potential Channels: Targeting Pain at the Source", *Nature Reviews Drug Discovery* 8, 1 (2009), pp. 55–68; Takaaki Sokabe, Makoto Tominaga, „A Temperature-Sensitive TRP Ion Channel, Painless, Functions as a Noxious Heat Sensor in Fruit Flies", *Communicative and Integrative Biology* 2, 2 (2009), pp. 170–173; Farina *et al.*, „Pain-Related Modulation of the Human Motor Cortex".

4. Santoni *et al.*, „Danger- and Pathogen-Associated Molecular Patterns Recognition by Pattern-Recognition Receptors and Ion Channels of the Transient Receptor Potential Family Triggers the Inflammasome Activation in Immune Cells and Sensory Neurons"; Sokabe, Tominaga, „Temperature-Sensitive TRP Ion Channel, Painless, Functions as a Noxious Heat Sensor in Fruit Flies".
5. Colin Klein, Andrew B. Barron, „Insects Have the Capacity for Subjective Experience", *Animal Sentience* 1, no. 9 (2016): 1. Deși rețelele nervoase de la hidre nu puteau probabil să producă imagini, a apărut totuși un stadiu intermediar. Receptori de tip Toll (TLR), acei receptori interni a căror activare semnalizează prezența unei invazii de patogeni sau o vătămare tisulară provocată de un șoc termic sau de alte condiții nocive, se găsesc la hidre și, astfel, precedă cartografierea dependentă de sistemul nervos. Sensibilitatea specifică a TLR la vătămare sau la tipare moleculare asociate agenților patogeni permit ca activarea TLR să provoace un răspuns imunitar afectiv și înnăscut specific. Această specificitate în detecție/răspuns reprezintă un progres față de senzațiile generalizate facilitate de canalele ionice ce determină variații tranzitorii ale potențialului prezente în organismele unicelulare. Sören Franzenburg, Sebastian Fraune, Sven Künzel, John F. Baines, Tomislav Domazet-Lošo, Thomas C.G. Bosch, „MyD88-Deficient Hydra Reveal an Ancient Function of TLR Signaling in Sensing Bacterial Colonizers", *Proceedings of the National Academy of Sciences* 109, 47 (2012), pp. 19374–19379; Bosch *et al.*, „Uncovering the Evolutionary History of Innate Immunity".
6. Sentimentele pot face diferența între viață și moarte. Fiecare organism viu trebuie să răspundă la condițiile ambientale pe măsură ce le percepe. Cu toate astea, există multe cazuri în care timpul necesar identificării calității unui mediu care să fie relevantă din punct de

vedere homeostatic este o chestiune de supraviețuire. Un animal ce poate prezice prezența prădătorilor pornind de la semnale cunoscute venite din mediul înconjurător are șanse mai mari de supraviețuire, iar sentimentele sunt cele care permit exact acest lucru. Unele studii despre fenomenul aversiunii/preferinței condiționate de mediul înconjurător au abordat această problemă. Un animal de laborator este antrenat să asocieze semnale ambientale neutre cu un stimul relevant homeostatic, astfel încât semnalele respective încep să inducă o reacție chiar și în absența unui stimul relevant homeostatic. Este puțin probabil ca astfel de tipuri de învățare flexibilă să poată apărea la organismele lipsite de sentimente. Pentru a avea loc, trebuie mai întâi să existe o reprezentare internă a unor semnale ambientale specifice și o reprezentare a suferinței fiziologice, astfel încât cele două modele să se alăture. Următoarea ocazie în care sunt detectate, semnalele ambientale vor provoca starea fiziologică asociată. Capacitatea de a avea sentimente permite unui animal să reacționeze în mod predictibil la condițiile percepute ale mediului exterior într-un mod care reflectă experiențele sale trecute. Această proiecție a relevanței homeostatice subiective asupra stimulilor ambientali altminteri neutri permite o creștere semnificativă a capacității de supraviețuire și a productivității organismului. Vezi Cindee F. Robles, Marissa Z. McMackin, Katharine L. Campi, Ian E. Doig, Elizabeth Y. Takahashi, Michael C. Pride, Brian C. Trainor, „Effects of Kappa Opioid Receptors on Conditioned Place Aversion and Social Interaction in Males and Females“, *Behavioural Brain Research* 262 (2014), pp. 84–93; M.T. Bardo, J.K. Rowlett, M.J. Harris, „Conditioned Place Preference Using Opiate and Stimulant Drugs: A Meta-analysis“, *Neuroscience and Biobehavioral Reviews* 19, 1 (1995), pp. 39–51.

7. În timp ce activarea *sistemului imunitar înnăscut* induce o reacție generalizată de protecție față de orice fel de distrugere tisulară sau infecție, *sistemul imunitar adaptativ* (care a evoluat mai târziu, la vertebratele mandibulate, în urmă cu aproximativ 450 de milioane de ani) organizează un atac direct orientat către un patogen specific. Odată ce patogenul este identificat, se generează rapid o armată de celule specializate care străbat corpul în căutarea oricărei celule care poartă amprenta moleculară a invadatorului. Aceste amprente sunt memorate pe viață de către organism, iar expunerea repetată la patogeni

amplifică, în timp, reacțiile imunitare adaptative. Martin F. Flajnik, Masanori Kasahara, „Origin and Evolution of the Adaptive Immune System: Genetic Events and Selective Pressures“, *Nature Reviews Genetics* 11, 1 (2010), pp. 47–59.

8. Klein, Barron, „Insects Have the Capacity for Subjective Experience“.
9. Yasuko Hashiguchi, Masao Tasaka, Miyo T. Morita, „Mechanism of Higher Plant Gravity Sensing“, *American Journal of Botany* 100, 1 (2013), pp. 91–100; Alberto P. Macho, Cyril Zipfel, „Plant PRRs and the Activation of Innate Immune Signaling“, *Molecular Cell* 54, 2 (2014), pp. 263–272.
10. Colegul meu Kingson Man a sugerat termenul „continuitate“ pentru a sugera condițiile în care au loc interacțiunile dintre corp și sistemul nervos.
11. Sistemele de gândire metafizice orientale tradiționale afirmă că, deși dualitatea este intrinsecă modalității normale a percepției umane, lumea pe care o percepem (plină de obiecte sau fenomene discrete și independente) este un ecran perceptiv ce maschează un substrat al realității mai fundamental și nondual. „Nondualitatea“ descrie o lume a interdependenței absolute, în care mintea, corpul și toate fenomenele sunt inextricabile. Deși această concepție este incompatibilă cu paradigma culturală dominantă a Occidentului, unii filozofi occidentali (în special Spinoza) au ajuns la concluzii asemănătoare. În plus, încă sunt descoperite paralele între acești piloni ai gândirii orientale tradiționale și științele naturale actuale. Să luăm în considerare, de exemplu, remarcabilele descoperiri din fizica cuantică, care ne spune că sub realitatea pe care o percepem cu simțurile noastre există o interacțiune mai relațională și mai dinamică a forțelor ce contrazice concepția dominantă. David Loy, *Nonduality: A Study in Comparative Philosophy*, Humanity Books, Amherst, N.Y., 1997; Vlatko Vedral, *Decoding Reality: The Universe as Quantum Information*, Oxford University Press, New York, 2012.
12. Arthur D. Craig, „How Do You Feel? Interoception: The Sense of the Physiological Condition of the Body“, *Nature Reviews Neuroscience* 3, 8 (2002), pp. 655–666; Arthur D. Craig, „Interoception: The Sense of the Physiological Condition of the Body“, *Current Opinion in Neurobiology* 13, 4 (2003), pp. 500–505; Arthur D. Craig, „How Do You Feel – Now? The Anterior Insula and Human Awareness“, *Nature Reviews Neuroscience* 10, 1 (2009); Hugo D. Critchley, Stefan Wiens, Pia Rotshtein, Arne Öhman, Raymond J. Dolan, „Neural

Systems Supporting Interoceptive Awareness“, *Nature Neuroscience* 7, 2 (2004), pp. 189–195.

13. Alexander J. Shackman, Tim V. Salomons, Heleen A. Slagter, Andrew S. Fox, Jameel J. Winter, Richard J. Davidson, „The Integration of Negative Affect, Pain, and Cognitive Control in the Cingulate Cortex“, *Nature Reviews Neuroscience* 12, 3 (2011), pp. 154–167.
14. Jaak Panksepp era un susținător al nucleilor subcorticali într-o perioadă în care nimeni nu le acorda atenție. Această teorie a fost puternic susținută inclusiv de propriile noastre cercetări: Damasio *et al.*, „Subcortical and Cortical Brain Activity During the Feeling of Self-Generated Emotions“. Anatomia trunchiului cerebral al primatelor a fost bine explicată în Parvizi, Damasio, „Consciousness and the Brainstem“.
15. Importanța acestor nuclei poate fi desprinsă din masivele proiecții pe care le primesc în legătură cu modificările stării homeostatice. Esther-Marije Klop, Leonora J. Mouton, Rogier Hulsebosch, José Boers, Gert Holstege, „In Cat Four Times as Many Lamina I Neurons Project to the Parabrachial Nuclei and Twice as Many to the Periaqueductal Gray as to the Thalamus“, *Neuroscience* 134, 1 (2005), pp. 189–197.
16. Michael M. Behbehani, „Functional Characteristics of the Midbrain Periaqueductal Gray“, *Progress in Neurobiology* 46, 6 (1995), pp. 575–605.
17. Craig, „How Do You Feel?“; Craig, „Interoception“; Craig, „How Do You Feel – Now?“; Critchley *et al.*, „Neural Systems Supporting Interoceptive Awareness“; Richard P. Dum, David J. Levinthal, Peter L. Strick, „The Spinothalamic System Targets Motor and Sensory Areas in the Cerebral Cortex of Monkeys“, *Journal of Neuroscience* 29, 45 (2009), pp. 14223–14235; Antoine Louveau, Igor Smirnov, Timothy J. Keyes, Jacob D. Eccles, Sherin J. Rouhani, J. David Peske, Noel C. Derecki, „Structural and Functional Features of Central Nervous System Lymphatic Vessels“, *Nature* 523, 7560 (2015), pp. 337–341.
18. Michael J. McKinley, *The Sensory Circumventricular Organs of the Mammalian Brain: Subfornical Organ, OVLT, and Area Postrema*, Springer, New York, 2003; Robert E. Shapiro, Richard R. Miselis, „The Central Neural Connections of the Area Postrema of the Rat“, *Journal of Comparative Neurology* 234, 3 (1985), pp. 344–364.
19. Marshall Devor, „Unexplained Peculiarities of the Dorsal Root Ganglion“, *Pain* 82 (1999), pp. S27–S35.

20. He-Bin Tang, Yu-Sang Li, Koji Arihiro, Yoshihiro Nakata, „Activation of the Neurokinin-1 Receptor by Substance P Triggers the Release of Substance P from Cultured Adult Rat Dorsal Root Ganglion Neurons“, *Molecular Pain* 3, 1 (2007), p. 42.
21. J.A. Kiernan, „Vascular Permeability in the Peripheral Autonomic and Somatic Nervous Systems: Controversial Aspects and Comparisons with the Blood-Brain Barrier“, *Microscopy Research and Technique* 35, 2 (1996), pp. 122–136.
22. Malin Björnsdotter, India Morrison, Håkan Olausson, „Feeling Good: On the Role of C Fiber Mediated Touch in Interoception“, *Experimental Brain Research* 207, 3–4 (2010), pp. 149–155; A. Harper și S.N. Lawson, „Conduction Velocity Is Related to Morphological Cell Type in Rat Dorsal Root Ganglion Neurones“, *Journal of Physiology* 359 (1985), p. 31.
23. Damasio, Carvalho, „Nature of Feelings“; Ian A. McKenzie, David Ohayon, Huiliang Li, Joana Paes De Faria, Ben Emery, Koujiro Tohyama, William D. Richardson, „Motor Skill Learning Requires Active Central Myelination“, *Science* 346, 6207 (2014), pp. 318–322.
24. Cercetările actuale ale grupului nostru indică faptul că transmisia nonsinaptică din ganglionii sistemului nervos periferic este controlată de un neurotransmițător omniprezent ce joacă de asemenea un rol-cheie în transmiterea sinaptică, precum și în durere, în percepția senzorială, în contracția musculaturii netede și într-o serie de alte funcții ale corpului. Interesant este că această moleculă eclectică nu afectează neuronii în mod nediscriminat. Se pare că își păstrează impactul cel mai dramatic asupra neuronilor vechi și nemielinizați de tip C, care formează cea mai mare parte a structurilor noastre interoceptive și par să joace un rol în generarea sentimentelor. Vezi Damasio, Carvalho, „Nature of Feelings“; Björnsdotter, Morrison, Olausson, „Feeling Good“; Gang Wu, Matthias Ringkamp, Timothy V. Hartke, Beth B. Murinson, James N. Campbell, John W. Griffin, Richard A. Meyer, „Early Onset of Spontaneous Activity in Uninjured C-Fiber Nociceptors After Injury to Neighboring Nerve Fibers“, *Journal of Neuroscience* 21, 8 (2001), RC140; R. Douglas Fields, „White Matter in Learning, Cognition, and Psychiatric Disorders“, *Trends in Neurosciences* 31, 7 (2008), pp. 361–370; McKenzie *et al.*, „Motor Skill Learning Requires Active Central Myelination“; Julia J. Harris, David Attwell, „The Energetics of CNS White Matter“, *Journal of Neuroscience* 32, 1 (2012), pp. 356–371; Richard A. Meyer,

Srinivasa N. Raja, James N. Campbell, „Coupling of Action Potential Activity Between Unmyelinated Fibers in the Peripheral Nerve of Monkey“, *Science* 227 (1985), pp. 184–188; Hemant Bokil, Nora Laaris, Karen Blinder, Mathew Ennis, Asaf Keller, „Ephaptic Interactions in the Mammalian Olfactory System“, *Journal of Neuroscience* 21 (2001), pp. 1–5; Henry Harland Hoffman, Harold Norman Schnitzlein, „The Numbers of Nerve Fibers in the Vagus Nerve of Man“, *Anatomical Record* 139, 3 (1961), pp. 429–435; Marshall Devor, Patrick D. Wall, „Cross- Excitation in Dorsal Root Ganglia of Nerve-Injured and Intact Rats“, *Journal of Neurophysiology* 64, 6 (1990), pp. 1733–1746; Eva Sykova, „Glia and Volume Transmission During Physiological and Pathological States“, *Journal of Neural Transmission* 112, 1 (2005), pp. 137–147.

25. Emeran Mayer, *The Mind-Gut Connection: How the Hidden Conversation Within Our Bodies Impacts Our Mood, Our Choices, and Our Overall Health*, HarperCollins, New York, 2016.
26. Jane A. Foster, Karen-Anne McVey Neufeld, „Gut- Brain Axis: How the Microbiome Influences Anxiety and Depression“, *Trends in Neurosciences* 36, 5 (2013), pp. 305–312; Mark Lyte, John F. Cryan (ed.), *Microbial Endocrinology: The Microbiota-Gut- Brain Axis in Health and Disease*, Springer, New York, 2014; Mayer, *Mind-Gut Connection.*
27. Doe-Young Kim, Michael Camilleri, „Serotonin: A Mediator of the Brain-Gut Connection“, *American Journal of Gastroenterology* 95, 10 (2000), p. 2698.
28. Timothy R. Sampson, Justine W. Debelius, Taren Thron, Stefan Janssen, Gauri G. Shastri, Zehra Esra Ilhan, Collin Challis *et al.*, „Gut Microbiota Regulate Motor Deficits and Neuroinflammation in a Model of Parkinson’s Disease“, *Cell* 167, 6 (2016), pp. 1469–1480.
29. Tristețea poate cu siguranță să afecteze starea de sănătate, dar stările pozitive, precum recunoștința, par să aibă un efect opus. Recunoștința este indusă atunci când primim un ajutor important sau o susținere care este motivată de compasiune și este asociată cu efecte pozitive asupra sănătății și calității vieții. Recent, un studiu efectuat de către colegul meu Glenn Fox cu ajutorul rezonanței magnetice funcționale a definit corelatele neuronale ale recunoștinței și a arătat că experiența recunoștinței profunde este corelată cu activitate cerebrală în regiuni considerate structuri centrale în reglarea stresului, în cogniția socială și în raționamentul moral. Aceste descoperiri

susțin cercetări anterioare care arată că dezvoltarea recunoștinței ca deprindere mentală poate duce la îmbunătățirea stării de sănătate, lucru care, la rândul său, evidențiază teoria continuității dintre minte și corp. Vezi Glenn R. Fox, Jonas Kaplan, Hanna Damasio, Antonio Damasio, „Neural Correlates of Gratitude", *Frontiers in Psychology* 6 (2015); Alex M. Wood, Stephen Joseph, John Maltby, „Gratitude Uniquely Predicts Satisfaction with Life: Incremental Validity Above the Domains and Facets of the Five Factor Model", *Personality and Individual Differences* 45, 1 (2008), pp. 49–54; Max Henning, Glenn R. Fox, Jonas Kaplan, Hanna Damasio, Antonio Damasio, „The Positive Effects of Gratitude Are Mediated by Physiological Mechanisms", *Frontiers in Psychology* (2017).

30. Sarah J. Barber, Philipp C. Opitz, Bruna Martins, Michiko Sakaki, Mara Mather, „Thinking About a Limited Future Enhances the Positivity of Younger and Older Adults' Recall: Support for Socioemotional Selectivity Theory", *Memory and Cognition* 44, 6 (2016), pp. 869–882; Mara Mather, „The Affective Neuroscience of Aging", *Annual Review of Psychology* 67 (2016), pp. 213–238.
31. Daniel Kahneman, „Experienced Utility and Objective Happiness: A Moment-Based Approach", în *Choices, Values, and Frames*, Daniel Kahneman, Amos Tversky (ed.), Russell Sage Foundation, New York, 2000; Daniel Kahneman, „Evaluation by Moments: Past and Future", în *ibid.*; Bruna Martins, Gal Sheppes, James J. Gross, Mara Mather, „Age Differences in Emotion Regulation Choice: Older Adults Use Distraction Less Than Younger Adults in High-Intensity Positive Contexts", *Journals of Gerontology Series B: Psychological Sciences and Social Sciences* (2016), gbw028.

9. CONȘTIINȚA

1. Două scurte observații. În primul rând, folosesc termenul „subiectivitate" în sensul său cognitiv și filozofic, și nu în sens popular, unde „subiectiv" se referă la „o opinie personală"; în al doilea rând, am fost preocupat de problema conștiinței de mai mulți ani și mi-am prezentat câteva dintre idei în două cărți: *The Feeling of What Happens* și *Self Comes to Mind*. Apoi, mi-am dezvoltat teoriile în alte studii: vezi Antonio Damasio, Hanna Damasio, Daniel Tranel, „Persistence of Feelings

and Sentience After Bilateral Damage of the Insula", *Cerebral Cortex* 23 (2012), pp. 833–846; Damasio, Carvalho, „Nature of Feelings"; Antonio Damasio, Hanna Damasio, „Pain and Other Feelings in Humans and Animals", *Animal Sentience* 1, 3 (2016), p. 33. Ideile mele au continuat să evolueze, influențate de cercetări axate asupra tulburărilor afective și asupra conștiinței, dar nu este aici locul să prezint cele mai noi descoperiri, care vor constitui obiectul unui volum separat.

2. Sintagma „teatru cartezian" provine din discuțiile lui Daniel Dennett referitoare la conștiință, care includ o clară și bine-venită desființare a mitului „homunculului" și un avertisment despre pericolele regresului infinit – ideea că o persoană în miniatură locuiește în creier și observă mintea, o persoană care la rândul său ar fi observată de un alt liliputan și așa mai departe, la infinit.
3. În general, am tratat subiectul subiectivității folosind termenul „sine", dar acum evit să folosesc acest termen pentru a nu crea impresia, complet nejustificată, că sinele este un fel de obiect, un centru de control fix și cu limite clare. Nu ar trebui niciodată să subestimăm riscul confundări ideii de sine cu un homunculus, situație ce poate evoca spectrul frenologiei (chiar dacă nu se spune nimic despre corelatele neuroanatomice ale fenomenelor asociate cu sinele).
4. Mai mulți colegi au propus explicații ale integrării mentale care sunt în general compatibile cu ale mele, în special Bernard Baars, Stanislas Dehaene și Jean-Pierre Changeux. Ideile lor sunt prezentate cu claritate în Stanislas Dehaene, *Consciousness and the Brain: Deciphering How the Brain Codes Our Thoughts*, Viking, New York, 2014.
5. Acest lucru este valabil în cazul unei regiuni cerebrale cunoscute sub numele de claustru, promovată de Francis Crick, Christof Koch, „A Framework for Consciousness", *Nature Neuroscience* 6, 2 (2003), pp. 119–126; și în cel al cortexului insular, regiunea aleasă de A.D. Craig, *How Do You Feel? An Interoceptive Moment with Your Neurobiological Self*, Princeton University Press, Princeton, N.J., 2015.
6. Deși esența conștiinței este mentală, și deci accesibilă numai subiectului care e conștient, există o lungă tradiție ce abordează conștiința din perspectiva comportamentului, dinspre exterior, ca să spun așa. Medicii care lucrează în camere de gardă, săli de operație sau la terapie intensivă sunt instruiți să urmărească semnele exterioare și sunt dispuși să aprecieze absența sau prezența conștiinței pe baza

observațiilor sau a conversației cu pacientul, în condițiile în care o astfel de conversație este posibilă. Ca neurolog am fost instruit să fac acest lucru. Ce anume caută medicul? Starea de veghe, nivelul de atenție, animarea emoțională și gesturile intenționale sunt semne utile ale prezenței conștiinței. Pacienții inconștienți, ca în cazul celor aflați în comă, nu sunt treji, nu manifestă atenție, nu exprimă emoții și nu fac gesturi (dacă fac vreunul) care să aibă vreo legătură cu ce se petrece în jurul lor. Dar concluziile pe care le poți extrage din acest scenariu sunt complicate de condițiile în care conștiința poate fi compromisă (de exemplu, de stări vegetative prelungite), iar persoana trece în mod alternativ de la starea de veghe la cea de somn. Problema presupunerii prezenței sau absenței conștiinței pornind de la manifestările exterioare poate deveni deosebit de complicată în cazul tulburării cunoscute sub numele de sindrom de dezaferentare. În acest caz, conștiința este de fapt menținută, dar pacienții sunt aproape complet imobili, astfel încât riscăm să nu observăm mișcările subtile pe care aceștia le pot face și care, în general, constau în clipit și în deplasări limitate ale ochilor. Arta medicinei a fost perfecționată până la un punct rezonabil de siguranță, și totuși singurul mod sigur de a stabili dacă o persoană este conștientă o constituie manifestarea directă a unei stări mentale normale. Medicii sunt dispuși să afirme că o persoană este sau nu conștientă după trei întrebări legate de (a) identitatea persoanei, de (b) locul în care se află și de (c) data aproximativă. Acest lucru nu este comparabil cu faptul de a ști în mod direct și fără echivoc că persoana respectivă are o minte activă și e conștientă.

Există o literatură bogată referitoare la condițiile neurologice care provoacă deteriorări ale conștiinței sau care doar par să provoace astfel de situații, cum e cazul sindromului de dezaferentare. Există de asemenea o mulțime de studii referitoare la anestezie și la felul în care administrarea unor substanțe chimice tulbură în mod reversibil experiența mentală. Ambele tipuri de cercetare oferă indicii importante cu privire la fundamentele neuronale ale conștiinței. Totuși, trebuie să observăm că leziunile cerebrale specifice care provoacă comă sau substanțele folosite în anestezie sunt instrumente grosiere ce ne împiedică să intuim procesele neurobiologice responsabile de experiența mentală. Unele anestezice au capacitatea de a suspenda procesele de senzație și de reacție pe care le întâlnim la bacterii sau la plante. Anestezicele blochează senzația și capacitatea de reacție de-a lungul mai multor ramificații ale vieții. Ele nu suspendă conștiința în mod direct, ci blochează procesele de care depind stările mentale, sentimentele și adoptarea unei perspective. Vezi Parvizi, Damasio, „Consciousness and the Brainstem"; Josef Parvizi, Antonio Damasio, „Neuroanatomical Correlates of Brainstem Coma", *Brain* 126, 7 (2003), pp. 1524–1536; Antonio Damasio, Kaspar Meyer, „Consciousness: An Overview of the Phenomenon and of Its Possible Neural Basis", în *The Neurology of Consciousness*, Steven Laureys, Giulio Tononi (ed.), Elsevier, Burlington, Mass., 2009, pp. 3–14.

7. Eric D. Brenner, Rainer Stahlberg, Stefano Mancuso, Jorge Vivanco, František Baluška, Elizabeth Van Volkenburgh, „Plant Neurobiology: An Integrated View of Plant Signaling", *Trends in Plant Science* 11, 8 (2006), pp. 413–419; Lauren A.E. Erland, Christina E. Turi, Praveen K. Saxena, „Serotonin: An Ancient Molecule and an Important Regulator of Plant Processes", *Biotechnology Advances* (2016); Jin Cao, Ian B. Cole, Susan J. Murch, „Neurotransmitters, Neuroregulators, and Neurotoxins in the Life of Plants", *Canadian Journal of Plant Science* 86, 4 (2006), pp. 1183–1188; Nicolas Bouché, Hillel Fromm, „GABA in Plants: Just a Metabolite?", *Trends in Plant Science* 9, 3 (2004), pp. 110–115. Aceasta este cauza pentru care am o opinie parțial diferită față de concluziile lui Arthur S. Reber, „Caterpillars, Consciousness, and the Origins of Mind", *Animal Sentience* 1, 11 (2016). Organismele unicelulare simt și reacționează, capacități care sunt fundamentale pentru dezvoltarea ulterioară a minții, a sentimentelor și a subiectivității, dar nu ar trebui să considerăm că aceste organisme ar avea minte, sentimente sau conștiință.
8. Sunt puțini autorii care să fi inclus sentimentele în conceptul conștiinței sau care să fi considerat conștiința din punctul de vedere al afectelor. Pe lângă Jaak Panksepp și A. Craig, am mai întâlnit o excepție în cercetările lui Michel Cabanac; vezi Michel Cabanac, „On the Origin of Consciousness, a Postulate and Its Corollary", *Neuroscience and Biobehavioral Reviews* 20, 1 (1996), pp. 33–40.
9. David J. Chalmers, „How Can We Construct a Science of Consciousness?", în *The Cognitive Neurosciences III*, Michael S. Gazzaniga (ed.), MIT Press, Cambridge, Mass., 2004), pp. 1111–1119; David J. Chalmers, *The Conscious Mind: In Search of a Fundamental Theory*, Oxford University Press, Oxford, 1996; David J. Chalmers, „Facing Up to the Problem of Consciousness", *Journal of Consciousness Studies* 2, 3 (1995), pp. 200–219.

10. CULTURILE

1. Charles Darwin, *On the Origin of Species*, Penguin Classics, New York, 2009; William James, *Principles of Psychology*, Hardpress, 2013; Sigmund Freud, *The Basic Writings of Sigmund Freud*, Modern Library, New York, 1995; Émile Durkheim, *The Elementary Forms of Religious Life*, Free Press, New York, 1995.
2. Ideea că anumite aspecte ale culturilor au origini biologice este controversată. Amintirea unor incursiuni nefericite ale biologiei în chestiunile sociopolitice încă alimentează o oarecare reticență a disciplinelor umaniste și a științelor sociale de a integra descoperiri din biologice. Există, de asemenea, o aversiune justificată față de explicațiile fenomenelor mentale și sociale care le reduc pe ultimele la mecanisme pur biologice și care mai și suferă de triumfalism științific. Toate aceste lucruri țin de diviziunea celor două culturi semnalată de C.P. Snow într-o celebră prelegere. Era o problemă în urmă cu jumătate de secol și, din nefericire, încă nu am scăpat de ea.
3. Edward O. Wilson, *Sociobiology*, Harvard University Press, Cambridge, Mass., 1975. Sociobiologia și exponentul său, E.O. Wilson, nu au dus lipsă de critici: vezi Richard C. Lewontin, *Biology as Ideology: The Doctrine of DNA*, HarperPerennial, New York, 1991. În mod curios, poziția lui Wilson referitoare la afect era compatibilă cu a mea, după cum au demonstrat-o și cercetările sale ulterioare. Vezi E.O. Wilson, *Consilience*, Knopf, New York, 1998. Vezi și William H. Durham, *Coevolution: Genes, Culture and Human Diversity*, Stanford University Press, Palo Alto, Calif., 1991, ca exemplu de compatibilitate a biologiei cu procesele culturale.
4. Parsons, „Social Systems and the Evolution of Action Theory"; Parsons, „Evolutionary Universals in Society".
5. Este rezonabil să considerăm că, pe lângă procesele care mențin stabilitatea chimică (tendința naturală a întregii materii de a rămâne în conformația cea mai stabilă, în timp ce conformațiile mai puțin stabile dispar), există un alt proces ce îi permite unei molecule să creeze o alta asemănătoare cu ea însăși.
6. Gradul de violență masculină este corelat cu anumite caracteristici fizice ce pot fi incluse sub termenul „formidabilitate". Vezi Aaron Sell, John Tooby, and Leda Cosmides, „Formidability and the Logic of Human Anger", *Proceedings of the National Academy of Sciences* 106, 35 (2009), pp. 15073–15078.

7. Richard L. Velkley, *Being After Rousseau: Philosophy and Culture in Question*, University of Chicago Press, Chicago, 2002; Samuel Pufendorf, Friedrich Knoch, *Samuelis Pufendorfii Eris Scandica: Qua adversus libros De jure naturali et gentium objecta diluuntur*, Sumptibus Friderici Knochii, Frankfurt-am-Main, 1686.
8. Literatura consultată pentru această secțiune include William James, *The Varieties of Religious Experience*, Penguin Classics, New York, 1983; Charles Taylor, *Varieties of Religion Today: William James Revisited*, Harvard University Press, Cambridge, Mass., 2002; David Hume, *Dialogues Concerning Natural Religion and the Natural History of Religion*, Oxford University Press, New York, 2008; John R. Bowen, *Religions in Practice: An Approach to the Anthropology of Religion*, Pearson, Boston, 2014; Walter Burkert, *Creation of the Sacred: Tracks of Biology in Early Religions*, Harvard University Press, Cambridge, Mass., 1996; Durkheim, *Elementary Forms of Religious Life*; John R. Hinnells (ed.), *The Penguin Handbook of the World's Living Religions*, Penguin Books, London, 2010; Claude Lévi-Strauss, *L'anthropologie face aux problemes du monde moderne*, Seuil, Paris, 2011; Scott Atran, *In Gods We Trust: The Evolutionary Landscape of Religion*, Oxford University Press, New York, 2002.
9. Martha C. Nussbaum, *Political Emotions: Why Love Matters for Justice*, Belknap Press of Harvard University Press, Cambridge, Mass., 2013; Jonathan Haidt, *The Righteous Mind: Why Good People Are Divided by Politics and Religion*, Pantheon Books, New York, 2012; Steven W. Anderson, Antoine Bechara, Hanna Damasio, Daniel Tranel, Antonio Damasio, „Impairment of Social and Moral Behavior Related to Early Damage in Human Prefrontal Cortex", *Nature Neuroscience* 2 (1999), pp. 1032–1037; Joshua D. Greene, R. Brian Sommerville, Leigh E. Nystrom, John M. Darley și Jonathan D. Cohen, „An fMRI Investigation of Emotional Engagement in Moral Judgment", *Science* 293, 5537 (2001), pp. 2105–2108; Mark Johnson, *Morality for Humans: Ethical Understanding from the Perspective of Cognitive Science*, University of Chicago Press, 2014; L. Young, Antoine Bechara, Daniel Tranel, Hanna Damasio, M. Hauser, Antonio Damasio, „Damage to Ventromedial Prefrontal Cortex Impairs Judgment of Harmful Intent", *Neuron* 65, 6 (2010), pp. 845–851.
10. Cyprian Broodbank, *The Making of the Middle Sea: A History of the Mediterranean from the Beginning to the Emergence of the Classical World*, Thames & Hudson, London, 2015; Malcolm Wiener, „The Interaction of

Climate Change and Agency in the Collapse of Civilizations ca. 2300–2000 BC", *Radiocarbon* 56, 4 (2014), pp. S1–S16; Malcolm Wiener, „Causes of Complex Systems Collapse at the End of the Bronze Age", în *„Sea Peoples" Up-to-Date*, Austrian Academy of Sciences, 2014, pp. 43–74.

11. Karl Marx, *Critique of Hegel's „Philosophy of Right"*, Cambridge University Press, New York, 1970. După cum am observat anterior, ideile unor specialişti în ştiinţe sociale precum Bourdieu, Touraine şi Foucault pot fi la rândul lor transpuse în termeni biologici
12. Assal Habibi, Antonio Damasio, „Music, Feelings, and the Human Brain", *Psychomusicology: Music, Mind, and Brain* 24, 1 (2014), p. 92; Matthew Sachs, Antonio Damasio, Assal Habibi, „The Pleasures of Sad Music: A Systematic Review", *Frontiers in Human Neuroscience* 9, 404 (2015), pp. 1–12, doi:10.3389/fnhum.2015.00404.
13. Din Antonio Damasio, „Suoni, significati affettivi e esperienze musicali", *Musica Domani*, 5–8, 176 (2017).
14. Sebastian Kirschner, Michael Tomasello, „Joint Music Making Promotes Prosocial Behavior in 4-Year-Old Children", *Evolution and Human Behavior* 31, 5 (2010), pp. 354–364.
15. Panksepp, „Cross-Species Affective Neuroscience Decoding of the Primal Affective Experiences of Humans and Related Animals"; Henning *et al.*, „A Role for mu- Opioids in Mediating the Positive Effects of Gratitude".
16. Contradicţiile întâlnite în cazul automutilărilor prin tăiere, anorexiei sau a obezităţii morbide sunt mai uşor de abordat. Există oameni care obişnuiesc să-şi facă tăieturi pe piele, iar aceasta este o practică ce poate fi considerată culturală, deoarece se poate răspândi prin imitaţie şi pare să aibă o distribuţie aleatorie. Este posibil ca cea mai bună explicaţie a acestor fenomene să fie legată de circumstanţele patologice ale indivizilor respectivi, circumstanţe ce pot fi înrăutăţite într-un context cultural la fel de patologic. Acelaşi lucru se poate spune despre comunităţile online ale indivizilor care se încurajează reciproc să consume mari cantităţi de hrană pentru a se îngrăşa, îşi urmăresc reciproc rezultatele şi se angajează în relaţii sexuale. Într-o oarecare măsură, ambele exemple se încadrează într-un vechi diagnostic: masochism. Practica masochismului produce plăcere, o situaţie care corespunde unei reglări pozitive a homeostaziei. Însă costul final al acestei reglări depăşeşte câştigul, un scenariu

fiziologic nu foarte diferit de cel al dependenței de substanțe. Plăcerea duce la dependență și suferință. Este puțin probabil ca astfel de practici bizare vor fi încorporate în evoluția biologică sau vor fi selectate din punct de vedere cultural dincolo de limitele unor grupuri de mici dimensiuni. Faptul că aceste practici și grupuri mai există și astăzi reprezintă o dovadă a riscurilor la care se pot expune comunitățile formate în spațiul online.

17. Talita Prado Simão, Sílvia Caldeira, Emilia Campos de Carvalho, „The Effect of Prayer on Patients' Health: Systematic Literature Review", *Religions* 7, 1 (2016), p. 11; Samuel R. Weber, Kenneth I. Pargament, „The Role of Religion and Spirituality in Mental Health", *Current Opinion in Psychiatry* 27, 5 (2014), pp. 358–363; Neal Krause, „Gratitude Toward God, Stress, and Health in Late Life", *Research on Aging* 28, 2 (2006), pp. 163–183.
18. Kirschner și Tomasello, „Joint Music Making Promotes Prosocial Behavior", citat anterior.
19. Jason E. Lewis, Sonia Harmand, „An Earlier Origin for Stone Tool Making: Implications for Cognitive Evolution and the Transition to *Homo*", *Philosophical Transactions of the Royal Society B* 371, 1698 (2016), 20150233.
20. Robin I.M. Dunbar, John A.J. Gowlett, „Fireside Chat: The Impact of Fire on Hominin Socioecology", *Lucy to Language: The Benchmark Papers*, Robin I.M. Dunbar, Clive Gamble, John A.J. Gowlett (ed.), Oxford University Press, New York, 2014, pp. 277–296.
21. Polly W. Wiessner, „Embers of Society: Firelight Talk Among the Ju/'hoansi Bushmen", *Proceedings of the National Academy of Sciences* 111, 39 (2014), pp. 14027–14035.

11. MEDICINĂ, NEMURIRE ȘI ALGORITMI

1. Jennifer A. Doudna, Emmanuelle Charpentier, „The New Frontier of Genome Engineering with CRISPR-Cas9", *Science* 346, 6213 (2014), 1258096.
2. Pedro Domingos, *The Master Algorithm: How the Quest for the Ultimate Learning Machine Will Remake Our World*, Basic Books, New York, 2015.
3. Krishna V. Shenoy, Jose M. Carmena, „Combining Decoder Design and Neural Adaptation in Brain- Machine Interfaces", *Neuron* 84,

4 (2014), pp. 665–680, doi:10.1016/j.neuron.2014.08.038; Johan Wessberg, Christopher R. Stambaugh, Jerald D. Kralik, Pamela D. Beck, Mark Laubach, John K. Chapin, Jung Kim, S. James Biggs, Mandayam A. Srinivasan, Miguel A. Nicolelis, „Real-Time Prediction of Hand Trajectory by Ensembles of Cortical Neurons in Primates", *Nature* 408, 6810 (2000), pp. 361–365; Ujwal Chaudhary *et al.*, „Brain-Computer Interface-Based Communication in the Completely Locked-In State", *PLoS Biology* 15, 1 (2017), e1002593, doi:10.1371/journal.pbio.1002593; Jennifer Collinger, Brian Wodlinger, John E. Downey, Wei Wang, Elizabeth C. Tyler-Kabara, Douglas J. Weber, Angus J. McMorland, Meel Velliste, Michael L. Boninger, Andrew B. Schwartz, „High-Performance Neuroprosthetic Control by an Individual with Tetraplegia", *Lancet* 381, 9866 (2013), pp. 557–564, doi:10.1016/S0140-6736(12)61816-9.

4. Ray Kurzweil, *The Singularity Is Near: When Humans Transcend Biology*, Penguin, New York, 2005; Luc Ferry, *La révolution transhumaniste: Comment la technomédecine et l'uberisation du monde vont bouleverser nos vies*, Plon, Paris, 2016.
5. Yuval Noah Harari, *Homo Deus: A Brief History of Tomorrow*, Signal Books, Oxford, 2016.
6. Nick Bostrom, *Superintelligence: Paths, Dangers, Strategies*, Oxford University Press, Oxford, 2014.
7. Margalit, *Ethics of Memory*.
8. Aldous Huxley, *Brave New World* (1932), Vintage, London, 1998.
9. George Zarkadakis, *In Our Own Image: Savior or Destroyer? The History and Future of Artificial Intelligence*, Pegasus Books, New York, 2015.
10. W. Grey Walter, „An Imitation of Life", *Scientific American* 182, 5 (1950), pp. 42–45.

12. CONDIȚIA UMANĂ ACTUALĂ

1. Epicur și Bertrand Russel ar fi fost încântați să afle că preocupările lor filozofice cu privire la fericirea oamenilor nu au fost uitate. Epicurus, *The Epicurus Reader*, B. Inwood, L.P. Gerson (ed.), Hackett, Indianapolis, 1994; Bertrand Russell, *The Conquest of Happiness*, Liveright, New York, 1930; Daniel Kahneman, „Objective Happiness", în *Well-Being: Foundations of Hedonic Psychology*, Daniel Kahneman, Edward Diener, Norbert Schwarz (ed.), Russell Sage Foundation, New York, 1999; Amartya

Sen, „The Economics of Happiness and Capability“, în *Capabilities and Happiness*, Luigino Bruni, Flavio Comim, Maurizio Pugno (ed.), Oxford University Press, New York, 2008; Richard Davidson, Brianna S. Shuyler, „Neuroscience of Happiness“, în *World Happiness Report 2015*, John F. Helliwell, Richard Layard, Jeffrey Sachs (ed.), Sustainable Development Solutions Network, New York, 2015.

2. Neil Postman, *Amusing Ourselves to Death: Public Discourse in the Age of Show Business*, Penguin, New York, 2006. Vezi și Robert D. Putnam, *Our Kids*, Simon & Schuster, New York, 2015.
3. Jonas T. Kaplan, Sarah I. Gimbel, Sam Harris, „Neural Correlates of Maintaining One's Political Beliefs in the Face of Counterevidence“, *Nature Scientific Reports* 6 (2016).
4. Sherry Turkle, *Alone Together: Why We Expect More from Technology and Less from Each Other*, Basic Books, New York, 2011; Alain Touraine, *Pourrons-nous vivre ensemble?*, Fayard, Paris, 1997.
5. Manuel Castells, *Communication Power*, Cambridge University Press, New York, 2009; Manuel Castells, *Networks of Outrage and Hope: Social Movements in the Internet Age*, John Wiley & Sons, New York, 2015.
6. Amartya Sen, „The Economics of Happiness and Capability“; Onora O'Neill, *Justice Across Boundaries: Whose Obligations?*, Cambridge University Press, Cambridge, 2016; Nussbaum, *Political Emotions*; Peter Singer, *The Expanding Circle: Ethics, Evolution, and Moral Progress*, Princeton University Press, Princeton, N.J., 2011; Steven Pinker, *The Better Angels of Our Nature: Why Violence Has Declined*, Penguin Books, New York, 2011.
7. Vezi Haidt, *Righteous Mind*.
8. Sigmund Freud, *Civilization and Its Discontents: The Standard Edition*, W.W. Norton, New York, 2010.
9. Albert Einstein, Sigmund Freud, *Why War? The Correspondence Between Albert Einstein and Sigmund Freud*, trad. de Fritz Moellenhoff și Anna Moellenhoff, Chicago Institute for Psychoanalysis, Chicago, 1933.
10. Janet L. Lauritsen, Karen Heimer, James P. Lynch, „Trends in the Gender Gap in Violent Offending: New Evidence from the National Crime Victimization Survey“, *Criminology* 47, 2 (2009), pp. 361–399; Richard Wrangham, Dale Peterson, *Demonic Males: Apes and the Origins of Human Violence*, Houghton Mifflin Company, Boston/New York, 1996; Sell, Tooby, Cosmides, „Formidability and the Logic of Human Anger“.

11. Zivin, Hsiang, Neidell, „Temperature and Human Capital in the Short- and Long-Run"; Butke and Sheridan, „Analysis of the Relationship Between Weather and Aggressive Crime in Cleveland, Ohio".
12. Harari, *Homo Deus*; Bostrom, *Superintelligence*.
13. Parsons, „Evolutionary Universals in Society".
14. Thomas Hobbes, *Leviathan*, A&C Black, New York, 2006; Jean-Jacques Rousseau, *A Discourse on Inequality*, Penguin, New York, 1984.
15. John Gray, *Straw Dogs: Thoughts on Humans and Other Animals*, Farrar, Straus şi Giroux, New York, 2002; John Gray, *False Dawn: The Delusions of Global Capitalism*, Granta, London, 2009; John Gray, *The Silence of Animals: On Progress and Other Modern Myths*, Farrar, Straus and Giroux, New York, 2013.
16. Max Horkheimer, Theodor W. Adorno, *Dialectic of Enlightenment: Philosophical Fragments*, Stanford University Press, Stanford, Calif., 2002.
17. Termenul „povară" este foarte potrivit pentru mare parte a efectelor conştiinţei: vezi George Soros, *The Age of Fallibility: Consequences of the War on Terror*, Public Affairs, New York, 2006.
18. Vezi monografia valoroasă a lui David Sloan Wilson, *Does Altruism Exist? Culture, Genes, and the Welfare of Others*, Yale University Press, New Haven, Conn., 2015.
19. Verdi a compus *Falstaff* în 1893. Cu un deceniu înainte, deci nu foarte departe în timp, Richard Wagner, care nu a reuşit niciodată să separe iubirea de moarte, încă nu se desprinsese de haosul păgân. Cel mai apropiat pas pe care l-a făcut către o versiune optimistă a condiţiei umane a fost izbăvitorul *Parsifal*.
20. Definiţia empatiei oferită de Paul Boom este grăitoare în acest sens, Paul Bloom, *Against Empathy: The Case for Rational Compassion*, Harper Collins, New York, 2016.

13. STRANIA ORDINE A LUCRURILOR

1. D'Arcy Thompson, „On Growth and Form", în *On Growth and Form*, Cambridge University Press, Cambridge, U.K., 1942.
2. Howard Gardner, *Truth, Beauty, and Goodness Reframed: Educating for the Virtues in the Twenty-First Century*, Basic Books, New York, 2011; Mary Helen Immordino-Yang, *Emotions, Learning, and the Brain: Exploring the Educational Implications of Affective Neuroscience*, W.W. Norton,

New York, 2015; Wilson, *Does Altruism Exist?*; Mark Johnson, citat anterior.

3. Colin Klein, Andrew B. Barron, „Insects Have the Capacity for Subjective Experience“, *Animal Sentience* (2016), p. 100; Peter Godfrey-Smith, *Other Minds: The Octopus, the Sea, and the Deep Origins of Consciousness*, Farrar, Straus and Giroux, New York, 2016. În privința capacităților cognitive și comportamentale nonumane, sunt complet de acord cu pozițiile lui Frans De Waal, Jaak Panksepp și a unui număr tot mai mare de biologi și de psihologi cognitiviști. După cum am menționat anterior, recunoașterea poziției excepționale a oamenilor nu implică diminuarea capacităților altor animale. Pe de altă parte, deși admit că cele mai primitive specii vii dau deseori dovadă de comportament inteligent, consider că inteligența bine adaptată nu presupune conștiință și, în acest sens, gândesc diferit Arthur Reber. Revista *Animal Sentience*, editată de Steven Hanard, este un nou și excelent spațiu pentru discuții academice referitoare la aceste probleme.
4. Într-un eseu recent referitor la problema relației minte–corp, Siri Hustvedt exprimă același punct de vedere. Siri Hustvedt, *A Woman Looking at Men Looking at Women: Essays on Art, Sex, and the Mind*, Simon & Schuster, New York, 2016.
5. Seth, „Interoceptive Inference, Emotion, and the Embodied Self“.

INDICE